JN297515

# 事例・演習でよくわかる水理学
― 基本をイメージして理解しよう ―

篠田 成郎
藤田 一郎
児島 利治   共著
寶　　馨

コロナ社

# ま え が き

　日常生活で水を使うことを考えてみましょう。家で水道の蛇口をひねると水が出てきます。何故でしょう。都市水道だと，浄水場から配水施設に水を送りそこから管路で各家庭に上水道が導かれています。あるいは，自分の敷地に井戸を掘ってポンプでくみ上げて家の水道に水を送り込んでいる場合もあることでしょう。水道管の太さは？　水圧は？　使ったあとの水はどこに行くのでしょうか。下水として流し，下水管を通って水質浄化のプロセスを経て下水道へと送られていきます。下水道から下水処理場に送られ，下流の川に放出されます。その時には管路ではなく，水面が大気と触れながら水路を重力で流れ下ります。その場合の水路の大きさ（幅，深さ），形状は？　川に出た水はどのように流れ下って行くのでしょうか。時折起こる洪水は大災害をもたらしますが，どのように防御したら良いのでしょう？　洪水の水位は？　堤防の高さは？

　水理学（hydraulics）は，こうした我々の身の回りの水に関する諸問題に答えを与えてくれる学問分野です。上述したことからわかるように土木工学（civil engineering）の大きな一分野を占めます。一方，工業プラントや工場内で水を使う場合もあります。敷地内に管路のネットワークが張り巡らされています。そのような機械工学で水を扱う場合は，水理学は「水力学」と呼ばれることもあります。また，水は流体ですから，油のようなどろりとした密度の高い液体や，空気のような密度の低い気体などとも統一的に取り扱うことができます。この場合は，さらに一般的に流体力学（fluid dynamics）といいます。均質の流体ではなく，水と油が同時に流れ下る場合，水に土砂や流木などが混ざった流れも水理学や流体力学の枠組みで考えることができます。

　本書は，教科書として，大学や高等専門学校で学ぶ学生の皆さんを対象に，わかりやすく水理学について説明しています。直観的理解が得やすいように事例や演習をたくさん採用するとともに，図など視覚的要素をなるべく多く取り入れ，頭の中でイメージしやすくしました。また，水理学になじみやすいように関連したエピソードを紹介するコラムも各章に取り入れています。水理学は，土木技術系の公務員試験，入社試験，大学院の入学試験で必修とされる重要科目です。水に関するこの基礎科目をしっかり学んで，皆さんの生活をまさに潤いのあるものにしていただきたいというのが私たち著者の願いです。

2015 年 8 月

著者　篠田　成郎<br>
　　　藤田　一郎<br>
　　　児島　利治<br>
　　　寶　　　馨

# 本書の構成と使い方

　水理学は土木工学の分野において重要な基礎科目の一つであり，必修科目となっている。しかし，学生にとっては，多くの基礎科目の中で最も難しいとの印象が持たれている。水理学では数式に基づく現象の取り扱いが中心となっており，数学的な展開の難しさが，こうした原因の一つとなっている。また，水理学における流れの解析や理解には基礎的な考え方の積み重ねが欠かせず，途中で躓（つまず）くとつぎの部分がわからなくなってしまう。理解不足のままつぎに進むと，さらにわからないことが増えてしまい，悪循環に陥る。

　一方，水理学は土木工学の基礎科目の一つであるものの，土木工学を学んだ卒業生の中で水理学に関わる割合はそれほど高くはない。それでは，なぜ水理学が土木工学の中の必修科目になっているのであろうか。土木工学の技術者は近年の水災害・土砂災害の頻発や様々な環境問題に対応しなければならず，水理学に関わる専門技術者でなくても，水の流れに関する基本的な知識と理解は不可欠である。また，これ以上に重要なことは，水理学の基礎的な理論体系の理解が論理的思考能力を養うことに極めて効果的となる点である。上述のように，水理学における様々なトピックスは相互に関連し合い，こうした理解の積み重ねによって初めて水理学の導入部分を理解できるようになる。また，数式によるそれぞれの理論展開でも，単に数学的な扱いをするだけでなく，現象を説明するために一つずつの数式の意味とその解釈が重要であり，これらを理解しながら論理的に考え積み上げていくことこそが論理的思考のトレーニングになっている。水理学では，覚える（暗記する）べきことはほとんどない。水理学で学ぶことの大部分には必ず「理由」があり，その理由を理解することによって，暗記が不要になるためである。それぞれに理由を持ちながら繋がり合っている知見を論理的に積み重ねることが水理学の理解そのものとなる。

　水理学では，質量保存則，運動量保存則およびエネルギー保存則という三つの力学の基本法則を水の流れに適用して，流れの現象を記述することを学習する。その際，数学や力学での考え方を道具として，様々な現象の理解が図られる。水理学の中での数学的理論展開は華麗であり，知的好奇心や興味を満足させるものである。しかし，この部分を重視することは，その難解さゆえに，初学者にとって逆効果になることも少なくない。著者らは30年近く水理学やその演習の授業を担当してきた中で，様々な学生の躓きや理解不足を解消し，興味を持って意欲的に取り組んでもらうためにどうすれば良いかを考え，毎回の授業の中で試行錯誤を続けてきた。こうした経験から，初学者にとっての水理学学習のポイントは流れの現象およびこれを表現する数式のイメージ化にあると考えている。この中には，理論展開の見通しを明確にすることや身近に存在する流れを想定した解析方法の理解も含まれる。

そこで，本書では，つぎの四つの点を重視した解説を試みることにした。
1) 力学の基本法則から出発し，流れの様子を頭の中にイメージとして形作れるようにする。
2) 流体運動そのものを可視化することに留まらず，流れを支配する基本的な関係を数学的および力学的に把握する考え方を図を用いて視覚的に示すことによって，流れの様子のイメージ化を図る。
3) 数学的・力学的な厳密さは追求せず，考え方そのものを頭の中でイメージ化できるように解説する。
4) 身近な事例や想像しやすい例えを多用することにより，流れの解析における考え方を論理的につなぎ合わせられるようにする。

こうした解説方針と併せて，理解を助けるために多くの例題や演習問題などを掲載した。原則的に，各章は以下の七つのパーツから構成される。

- □確認クイズ：各章の冒頭において，そこで学ぶ要点をクイズ形式で列記したものであり，学習前にこれから学ぶべき目標を明確にするとともに，学習後にその習得状況を確認するために用いる。なお，各クイズの解答は，本文中に記載してある。
- □本文　　　：各章の学習内容を解説している。
- □例題　　　：代表的または具体的な解析例を解説するだけでなく，本文での学習内容を発展的に理解することを目的とする。
- □課題　　　：本文での学習内容の理解を確実にしたり，発展させるために用いる。学習者自らが考えることを期待して，解答は付けていない。
- □脚注　　　：より詳細かつ発展的な学習事項について本文での解説を補足している。初学者は読み飛ばしても良い。
- □コラム　　：本文での解説の理解を助けたり，学習者の興味を引き出すために用いる。
- □演習問題　：各章末において，その章における代表的な問題を掲載する。演習問題の解答は，コロナ社 Web サイトの本書書籍ページ（http://www.coronasha.co.jp/np/isbn/9784339052466/）の関連資料から閲覧・ダウンロードできるようにした（コロナ社 Web サイトのトップページの書名検索からもアクセス可能）。

本書は基礎編と応用編に分かれている。基礎編では，主に粘性を無視した完全流体を対象としており，流れの基礎的な解析法について学ぶ。このため，上述の力学の基本法則に基づく考え方を基礎とした理論展開に重点を置いて解説している。応用編では，現実に存在する粘性流体を対象とした実際的な流れの解析法を学ぶ。特に，管路流れや開水路流れといった水理学における応用範囲について，できるだけ多くの実例を示しながら解説する。また，巻末には，付録として次元解析および水理学で必要となる数学についてまとめている。本編を学習する中で，適宜参照しながら学習すると有用であろう。

# 目 次

## 【基礎編】

## 1 水理学を学ぶ目的 ―水理学の対象を理解する―

- 1.1 身近な水の流れ ………………… 2
- 1.2 流れの具体例と保存則 ………… 2
  - 1.2.1 質量保存則 ………………… 3
  - 1.2.2 流量の定義と連続式 ……… 4
  - 1.2.3 エネルギー保存則 ………… 5
  - 1.2.4 質量保存則とエネルギー保存則の連立 … 5
- 1.3 水 の 性 質 …………………… 6
  - 1.3.1 圧 縮 性 ………………… 6
  - 1.3.2 粘 性 ……………………… 7
- 1.4 流れの表現方法 ………………… 9
  - 1.4.1 連続体の運動 ……………… 9
  - 1.4.2 ラグランジュ表示と流跡線 … 10
  - 1.4.3 オイラー表示と流線 ……… 11
  - 1.4.4 流体力学的微分 …………… 13
- 演 習 問 題 …………………………… 16

## 2 流れの基礎理論 ―水理学を構成する理論体系をイメージ化する―

- 2.1 質点系力学と水理学との対比 … 18
  - 2.1.1 流体解析における対象領域の考え方 … 18
  - 2.1.2 質量の捉え方 ……………… 19
  - 2.1.3 力の釣合い ………………… 19
  - 2.1.4 運動量保存 ………………… 19
  - 2.1.5 エネルギーと水頭 ………… 20
- 2.2 質量保存則と連続式 …………… 21
  - 2.2.1 流体素分内の質量収支による連続式の導出 … 21
  - 2.2.2 連続式の意味 ……………… 22
  - 2.2.3 1次元流れの連続式 ……… 23
- 2.3 オイラーの運動方程式による完全流体の運動の記述 …………… 24
  - 2.3.1 流体素分に作用する力の釣合いによるオイラーの運動方程式の導出 … 24
  - 2.3.2 オイラーの運動方程式の意味 … 25
  - 2.3.3 オイラーの運動方程式の体積積分による運動量方程式の導出 … 26
- 2.4 ベルヌーイの定理による損失を無視した流れの記述 …………… 28
  - 2.4.1 オイラーの運動方程式の積分によるベルヌーイの定理の導出 … 28
  - 2.4.2 ベルヌーイの定理の適用条件 … 29
  - 2.4.3 ベルヌーイの定理の各項の意味とエネルギー保存則との関係 … 30
- 2.5 オイラーの運動方程式，運動量方程式，ベルヌーイの定理の相互関係 … 30
- 演 習 問 題 …………………………… 32

# 3 静止流体の力学 ―流れの基礎式の応用として静水力学の原理を理解する―

3.1 オイラーの運動方程式による静水圧の表現 ································ 34
  3.1.1 オイラーの運動方程式による静水圧の基礎式の導出 ············ 34
  3.1.2 積分定数 $p_0$ の意味とゲージ圧 ········ 35
  3.1.3 マノメーター ···························· 36
3.2 壁面に作用する静水圧 ·················· 38
  3.2.1 平面に作用する全水圧とその作用点位置 ····························· 38
  3.2.2 曲面に作用する全水圧とその作用点位置 ····························· 41
  3.2.3 圧力と浮力―アルキメデスの原理― ······································ 42
3.3 浮力と浮体の安定 ························ 43
  3.3.1 重力と浮力の釣合い ··············· 43
  3.3.2 転倒モーメントと復元モーメント ······ 44
  3.3.3 浮体の傾きに関する安定条件式 ······· 45
3.4 相対的静止 ································ 47
  3.4.1 オイラーの運動方程式による水圧の表示 ····························· 47
  3.4.2 水面形の計算 ························ 49
演 習 問 題 ···································· 50

# 4 基本的な流れの解析法 ―流れの基礎的な解き方を理解する―

4.1 連続式とベルヌーイの定理による解析 ························································ 54
  4.1.1 ピエゾ水頭と動水勾配 ············ 54
  4.1.2 ベルヌーイの定理の応用例 ······ 57
    〔1〕 応用例1：ピエゾ水頭差による流速・流量の算出 ················· 57
    〔2〕 応用例2：オリフィスによる流速・流量の算出 ····················· 58
    〔3〕 応用例3：水圧分布の算出 ···· 60
4.2 運動量方程式による流体力の解析 ······ 62
  4.2.1 1次元流れにおける運動量の表現方法 ······························· 62
  4.2.2 流体力の計算例 ···················· 65
    〔1〕 応用例1：流れの断面積が変化することによる流体力の算出 ······ 66
    〔2〕 応用例2：流れが壁面に衝突することによる流体力の算出 ········ 67
    〔3〕 応用例3：流れの方向が変化することによる流体力の算出 ········ 68
4.3 ポテンシャル解析法による流れのイメージ化 ························· 69
  4.3.1 流れの全体像を把握する方法 ···· 69
  4.3.2 速度ポテンシャルの導入 ········ 70
  4.3.3 流れ関数と流線 ···················· 72
  4.3.4 コーシー・リーマンの関係式とポテンシャル流れの解析例 ·········· 73
  4.3.5 複素速度ポテンシャルと複素速度の導入 ······························· 75
  4.3.6 複素速度ポテンシャルを用いたポテンシャル流れの解析例 ·········· 76
演 習 問 題 ···································· 79

# 【応用編】

## 5 粘性流体の運動 ―実際の流体における性質を理解する―

- 5.1 実際の流れの解析における基本的な
  アプローチの考え方 …………………… 83
  - 5.1.1 粘性応力の表現 …………………… 83
  - 5.1.2 粘性流体の運動方程式
    ―ナビエ・ストークス方程式― …… 83
  - 5.1.3 ナビエ・ストークス方程式による
    解析法の基本的な考え方 ………… 85
- 5.2 層流と乱流 …………………………… 86
  - 5.2.1 レイノルズの実験 ………………… 86
  - 5.2.2 層流と乱流の発生メカニズム ……… 86
  - 5.2.3 ナビエ・ストークス方程式による
    レイノルズ数の定義 ……………… 87
  - 5.2.4 層流と乱流の相違 ………………… 90
    - 〔1〕 流速分布の違い ……………… 90
    - 〔2〕 圧力降下量の違い …………… 90
- 5.3 ナビエ・ストークス方程式の
  層流解析解 …………………………… 91
  - 5.3.1 粘性流体に関する運動方程式の
    扱いとその解析解 ………………… 91
  - 5.3.2 簡単な層流の場合の解析手順 …… 93
  - 5.3.3 ナビエ・ストークス方程式の
    層流解析解の例 …………………… 93
- 5.4 乱流の性質と扱い方 ………………… 98
  - 5.4.1 不規則過程としての乱流の記述方法 … 98
  - 5.4.2 平均流に関する乱流の基礎式 …… 99
    - 〔1〕 平均流に関する連続式 ……… 99
    - 〔2〕 平均流に関する運動方程式
      ―レイノルズ方程式の導出 …… 100
  - 5.4.3 乱れの輸送モデル ………………… 101
  - 5.4.4 乱流の流速分布 …………………… 103
    - 〔1〕 開水路乱流に関するレイノルズ
      方程式の解析解 ……………… 103
    - 〔2〕 粘性底層 ……………………… 106
- 5.5 粘性流体の1次元解析法 …………… 107
  - 5.5.1 断面平均流速 ……………………… 107
  - 5.5.2 連続式 ……………………………… 108
  - 5.5.3 運動方程式 ………………………… 109
- 演習問題 ………………………………… 112

## 6 管路の定常流 ―管路流れの性質と解析法を理解する―

- 6.1 管路流れの基礎式 …………………… 114
- 6.2 エネルギー損失 ……………………… 116
  - 6.2.1 損失水頭とエネルギー勾配 ……… 116
  - 6.2.2 摩擦損失 …………………………… 117
  - 6.2.3 形状損失 …………………………… 118
    - 〔1〕 流入による損失 ……………… 118
    - 〔2〕 流出による損失 ……………… 119
    - 〔3〕 曲り・屈折による損失 ………… 119
    - 〔4〕 断面変化による損失 ………… 119
      a）急拡による損失　b）急縮による損失
    - 〔5〕 弁による損失 ………………… 121
  - 6.2.4 平均流速公式 ……………………… 121
- 6.3 管路流れの解析法 …………………… 123
  - 6.3.1 単線管路 …………………………… 123
  - 6.3.2 サイホン …………………………… 126
  - 6.3.3 水車とポンプ ……………………… 126
  - 6.3.4 枝状管路 …………………………… 129
  - 6.3.5 管網 ………………………………… 131
- 演習問題 ………………………………… 132

# 7 開水路の定常流 ―水路や河川での流れの解析法を理解する―

- 7.1 開水路流れの分類 …………………… 136
- 7.2 開水路流れの基礎式 ………………… 136
- 7.3 等　　　流 …………………………… 139
  - 7.3.1 等流状態における力の釣合い ……… 139
  - 7.3.2 等流の計算 ……………………… 140
  - 7.3.3 水理学的有利断面 ……………… 145
- 7.4 常流と射流 …………………………… 146
  - 7.4.1 比エネルギーと限界水深 ………… 146
  - 7.4.2 フルード数 ……………………… 148
  - 7.4.3 流れの遷移と水面形 …………… 149
  - 7.4.4 跳水と比力 ……………………… 152
  - 7.4.5 堰を越える流れ ………………… 154
    - 〔1〕 全幅堰 ……………………… 155
    - 〔2〕 四角堰 ……………………… 155
    - 〔3〕 三角堰 ……………………… 155
  - 7.4.6 衝撃波 …………………………… 156
- 7.5 不等流（漸変流） …………………… 157
  - 7.5.1 不等流の基礎式 ………………… 157
  - 7.5.2 限界勾配 ………………………… 158
  - 7.5.3 不等流水面形の概形 …………… 159
    - 〔1〕 不等流水面形の基本形 ……… 159
      - a) 緩勾配水路　　b) 急勾配水路
      - c) 限界勾配水路　d) 水平勾配水路
      - e) 逆勾配水路
    - 〔2〕 堰を含む水路での水面形 …… 161
    - 〔3〕 ゲートを含む水路での水面形 … 162
- 演習問題 …………………………………… 163

# 【付　録】

# A 次元解析

- A.1 単位系と次元 ………………………… 167
  - A.1.1 工学単位系と国際単位系（SI単位系） …………………………………… 167
  - A.1.2 次　　　元 ……………………… 167
- A.2 次元解析 ……………………………… 168
- A.3 相　似　則 …………………………… 169
  - A.3.1 相似条件 ………………………… 169
  - A.3.2 レイノルズの相似則 …………… 169
  - A.3.3 フルードの相似則 ……………… 170

## B 水理学で必要となる数学

- B.1 常微分・偏微分と全微分 ……… 172
  - B.1.1 常微分 ……… 172
  - B.1.2 偏微分 ……… 172
  - B.1.3 全微分 ……… 172
- B.2 テイラー展開 ……… 173
- B.3 部分積分とグリーン・ガウスの定理 ……… 174
  - B.3.1 式 (2.36) の部分積分に関する説明 ……… 174
  - B.3.2 グリーン・ガウスの定理 ……… 175
- B.4 ベクトル演算子 ……… 175
  - B.4.1 ベクトル場の発散 ……… 175
  - B.4.2 ベクトル場の回転 ……… 176
- B.5 複素数の基礎 ……… 177
  - B.5.1 虚数単位と複素数 ……… 177
  - B.5.2 複素平面 ……… 178
  - B.5.3 オイラーの公式 ……… 178

**索 引** ……… 180

## コラム

- 水道橋 ……… 4
- ニュートン流体と非ニュートン流体 ……… 8
- 水理学をつくった人たち：ニュートン ……… 15
- 土砂や流木の流れ ……… 20
- 水理学をつくった人たち：オイラー ……… 23
- 大気圧 ……… 37
- 水理学をつくった人たち：ベルヌーイ ……… 56
- 洪水時における下水道マンホールの吹上がり現象 ……… 61
- 振り子による二つの球の衝突時の挙動 ……… 89
- 水理学をつくった人たち：レイノルズ ……… 92
- 流速の鉛直分布に対する平均流速の算定法（1点法と2点法） ……… 98
- 滑面と粗面における乱流の流速分布 ……… 108
- 水理学と水力学の違い ……… 115
- 水撃作用と音 ……… 123
- サイホンが使われている実例 ……… 128
- 開水路流れの実際への応用 ……… 137
- 斜面上の流れと流出解析 ……… 142
- なぜ水位でなく流量を使うのか ……… 151
- 画像で流量を計る ……… 156

# 【基礎編】
# 1 水理学を学ぶ目的
## 水理学の対象を理解する

### 確認クイズ

1.1　力学の基本法則を三つ挙げよ。
1.2　時間的に状態が変化する流れをなんと呼ぶか。
1.3　1次元流れの連続式を記せ。
1.4　粘性係数 $\mu$ を動粘性係数 $\nu$ と密度 $\rho$ を用いて記せ。
1.5　水の動粘性係数の値はおよそいくらか。
1.6　粘性流体中のせん断応力を求める法則をなんと呼ぶか。
1.7　粘性係数の単位を記せ。
1.8　速度勾配の次元を記せ。
1.9　せん断応力の単位を記せ。
1.10　風船を追跡して流れの様子を調べるのはオイラーあるいはラグランジュのいずれの方法か。
1.11　流線と流跡線が一致するのはどんな流れか。
1.12　流線の式が満たすべき条件を記せ。
1.13　2次元場の流跡線の方程式を記せ。
1.14　2次元流れにおける流体の加速度を表す式を記せ。
1.15　加速度における移流項が発生しない流れはどんな流れか。
1.16　加速度における非定常項が発生する流れはどんな流れか。

## 1.1 身近な水の流れ

水理学は水の理（ことわり）の学問と書かれるが，土木系の教育では，おもに水の力学的性質について取り扱われることが多い。河川・海岸の堤防や給排水のパイプ網など，土木工学分野では，水の流れに関係した社会基盤施設の設計・維持管理が重要になるためである。こうした水の流れを制御する構造物のみならず，われわれの身の回りにはいくつもの水の流れが存在する。家庭や学校の中，街の中，自然の中など，気をつけて見回すことで，多くの興味深い現象が発見できるはずである。

**課題 1.1**
身近に存在する水の流れについて，デジタルカメラなどで写真撮影するとともに，その現象と水理学との関係について簡単に説明せよ。

水理学を学ぶ目的は，一般には，水の流れに関する現象を理解し，実際問題への応用力を習得することにある。水の流れは力学法則に支配される。水理学では，きわめて単純な力学の基本法則（**質量保存則**，**運動量保存則**および**エネルギー保存則**）を基に，さまざまな流れの現象を統一的に解明する方法を学ぶ。こうした解析手法は基本法則の上に論理的に積み上げられており，その考え方を修得することは，現実の諸問題を解決するために必要となる知識だけでなく，論理的思考力や解析・計算能力を身に付けるうえでも効果的と考えられる。このため，水理学の学習は，水に関わる現象を扱う土木技術者に必須となる知的基盤を形成するだけでなく，幅広い分野において欠かせない論理的展開能力の養成に役立つことも期待される。これこそが，水理学を学ぶ最も重要な目的となっている。

このように，水理学では，力学の基本法則に基づく数学的理論展開が重要な手法となる。数学はすべての工学的分野において重要かつ有効なツールとなるが，初学者にとっては，その展開過程そのものに捕らわれるあまり，理論展開の目的や見通しを見失うことが少なくなく，理解そのものを困難にするケースも発生する。初学者がつまずきやすいこうしたケースでは，身近な現象を例としながら，流れのイメージを絶えず思考することにより，数式による理論展開の道筋を理解できるようになることが多い。このため，本書では，具体的な流れを頭の中に思い描きつつ，数式によるイメージ化のポイントを重点的に解説することにより，上述の論理的思考力を養えるようにすることを最大の目標とする。

## 1.2 流れの具体例と保存則

図 1.1 は，蛇口から水が流れ出る日常的に目にする様子を示している。こうした流出水の表面は，部分的には円筒形となっているが，注意深く観察すると，その断面（円）の直径は下方ほど小

## 1.2 流れの具体例と保存則 3

さくなっていることに気がつく。落下とともに流出水が細くなるのはどうしてであろうか？ 以下，この身近な現象を例として，水理学における解析の基本的な考え方について説明してみる。

### 1.2.1 質量保存則

**図1.2**は，図1.1の写真における水の流れを模式的に示したものである。まず，蛇口から流れ出る水の様子は，時間的に変化しないと考える。この状態を定常といい，定常な流れを**定常流**（steady flow）と呼ぶ。定常流では，時間経過があっても，流れの速度（流速）などの物理量は特定箇所において変化しない。一方，時間経過とともに流速や圧力などが変化する流れを**非定常流**（unsteady flow）という。

**図1.1** 蛇口から流れ出る水の写真　　**図1.2** 蛇口から流れ出る水の模式図

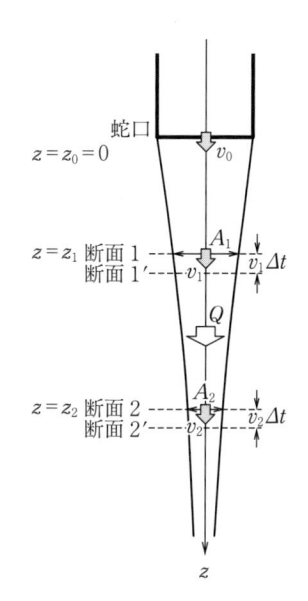

図1.2に示す定常な流れを断面1で切り取った箇所の断面積を $A_1$，流速を $v_1$ とする。断面1を通過した水が，時間 $\Delta t$ 経過後に断面1′を通過するとき，$\Delta t$ の時間で断面1と断面1′の間の水が流れたと考えられる。$\Delta t$ が微小で断面1′での断面積が断面1と変わらないとみなせば，これらの断面間の水の体積は $A_1 v_1 \Delta t$ で求められる。断面1と断面1′の間の水の密度（単位体積当りの質量）を $\rho_1$ とすれば，この間の水の質量は $\rho_1 A_1 v_1 \Delta t$ と表される。一方，断面2（断面積 $A_2$，流速 $v_2$，密度 $\rho_2$）と断面2′の間についても同様に考えることにより，時間 $\Delta t$ でのこの間の水の質量は $\rho_2 A_2 v_2 \Delta t$ と表される。すなわち，断面1と断面2で切り取られる水の管に対して，$\Delta t$ の時間で断面1から流入する水の質量が $\rho_1 A_1 v_1 \Delta t$ で，断面2から流出する水の質量が $\rho_2 A_2 v_2 \Delta t$ となっていると考えられる。断面1と断面2との間の水の質量は変わらないため，流入質量と流出質量は同じとなるはずであり

$$\rho_1 A_1 v_1 \Delta t = \rho_2 A_2 v_2 \Delta t \tag{1.1}$$

が成り立ち，これより，次式の関係を得る。

$$\rho_1 A_1 v_1 = \rho_2 A_2 v_2 \tag{1.2}$$

式（1.2）の左辺および右辺は，それぞれ単位時間内に断面1および断面2を通過する水の質量を表している。断面1および断面2は任意の場所に設けられているため，どの断面でも水の質量が変わらないという質量保存則（law of mass conservation）を表すことにほかならない。

### 1.2.2 流量の定義と連続式

水の密度が各断面で一定のときには，式（1.2）の両辺を $\rho = \rho_1 = \rho_2$ で除すことができる。

$$A_1 v_1 = A_2 v_2 \tag{1.3}$$

式（1.3）の両辺は，単位時間内に各断面を通過する水の体積を表し，**流量**（discharge）と呼ばれ

---

**コラム**

### 水道橋

古くから「ローマは一日にしてならず」，「すべての道はローマに通ず」，「水を治める者は天下を治む」といわれる。いずれも国を治めてきた為政者をたたえる言葉である。

ローマ帝国が栄えたのは，BC 27年からAD 330年ごろである。帝国内の大都市には水供給施設が必要であり，遠く離れた水源から水を運んでいた。じつはさらに前のBC 4 世紀くらいから，そのような水道が存在したことが知られている。現代は，水をポンプを使って高いところに上げ，重力を用いて水道管で各家庭に配水しているが，2000年以上も前のローマ時代にはそのような電動式のポンプはもちろんない。したがって，何十 km も離れた標高の高い水源からローマに水を引くことになる。**ローマ水道**と呼ばれるこの水道事業は，土木史の中で最も偉大な業績である。世界に冠たるローマの人口が欲する水を満足するために11のローマ水道があったという。

数十 km も離れた水源から水を引く場合，途中に，山や谷や盆地が存在する。山ではトンネルを掘らねばならない。低いところでは水を持ち上げてやらねばならないし，川を横切る水路を作らねばならない箇所もある。そのような場所では，橋を作り，橋の上を水が流れるようにしなければならない。これが水道橋である。

ローマ水道の技術はすばらしく，水源の水量・水質を調べ，トンネルや水道橋で水を運ぶ場合，その勾配は周到に測量された。例えば，1/3 000の勾配で数十 km もの距離を運んだ。また，政敵に破壊されないように，あるいは，水が汚れないように，地下を通したり，地表や水道橋の上を流す場合は，覆いをかぶせたりしていた。現代のような金属製の水道管のない時代であるから，石づくりの水路であった。自然水源，自然重力を利用した巨大な土木構造物である。

こうしたローマ水道の遺構は，現在も残っていて世界遺産になっている。例えば，フランス南部のポン・デュ・ガール，スペインの都市セゴビアのローマ水道がある。そして，わが国にも水道橋は存在する。有名なのは，熊本の通潤橋，京都・南禅寺の水路閣である。通潤橋は長さ78 mであり，江戸時代（1854年）に作られた。肥後の石工の技術力の高さを示すものとして土木遺産にも指定されている。水路閣は，長さ93.2 mで琵琶湖疏水を京都市街の北部に分水するために1890年に田辺朔郎の設計で作られた。東京にも神田上水を引く水路に水道橋があった。これが，現在の水道橋という地名の由来となっているそうである。

る。任意断面での流量を $Q$, 断面積を $A$, 流速を $v$ とすれば

$$Q = Av = 一定 \quad : 連続式 \tag{1.4}$$

と表現でき，質量保存則から導かれるこの関係を，水理学では，**連続式**（continuity equation；正確には，1次元流れの連続式）と呼ぶ。

### 1.2.3 エネルギー保存則

図1.1のように，蛇口から出た水は自由落下している。そこで，質点系の力学と同様に，エネルギー保存則を用いて，各断面での流速を求めてみる。

図1.2に示すように，蛇口の先端に原点をとり，鉛直下向きに $z$ 軸を設ける。原点（$z = z_0 = 0$）での流速を $v_0$，位置エネルギーをゼロとし，断面1および断面2の座標をそれぞれ $z_1$ および $z_2$ とする。このとき，原点，断面1および断面2における位置エネルギー，運動エネルギーおよび全エネルギーは**表1.1**のように表される。表中，$m$ は水の質量，$g$ は重力加速度を表す。エネルギー保存則より，全エネルギーは各断面で変わらないため，つぎの関係が成り立つ。

$$\frac{mv_0^2}{2} = -mgz_1 + \frac{mv_1^2}{2} = -mgz_2 + \frac{mv_2^2}{2} \tag{1.5}$$

上式の各辺を $m$ で除して整理すると，各断面の流速がつぎのように求められる。

$$v_1 = \sqrt{v_0^2 + 2gz_1}, \quad v_2 = \sqrt{v_0^2 + 2gz_2} \tag{1.6}$$

これより，任意座標 $z$ における流速 $v$ は次式で表され，蛇口から流出した水は，その落下とともに流速が大きくなることがわかる。

$$v = \sqrt{v_0^2 + 2gz} \tag{1.7}$$

表1.1 各断面における位置エネルギー，運動エネルギーおよび全エネルギー

|  | 位置エネルギー | 運動エネルギー | 全エネルギー |
|---|---|---|---|
| 原点（$z = z_0 = 0$） | $mgz_0 = 0$ | $\dfrac{mv_0^2}{2}$ | $\dfrac{mv_0^2}{2}$ |
| 断面1（$z = z_1$） | $mg(-z_1) = -mgz_1$ | $\dfrac{mv_1^2}{2}$ | $-mgz_1 + \dfrac{mv_1^2}{2}$ |
| 断面2（$z = z_2$） | $mg(-z_2) = -mgz_2$ | $\dfrac{mv_2^2}{2}$ | $-mgz_2 + \dfrac{mv_2^2}{2}$ |

### 1.2.4 質量保存則とエネルギー保存則の連立

質量保存則から得られる連続式（1.4）とエネルギー保存則から得られる式（1.7）を連立することにより，任意座標 $z$ における断面積 $A$ を求めてみる。

式（1.4）に式（1.7）を代入すれば

$$Q = Av = A\sqrt{v_0^2 + 2gz} \tag{1.8}$$

が得られる。この式を $A$ について整理すれば，断面積 $A$ が次式で表される。

$$A = \frac{Q}{\sqrt{v_0^2 + 2gz}} \tag{1.9}$$

連続式（1.4）より流量 $Q$ は一定であるため，断面積 $A$ は鉛直座標 $z$ だけの関数となり，$z$ の増加とともに単調減少することがわかる．図1.1で観察された蛇口からの流出水が落下とともに細くなる現象は，このように，質量保存則とエネルギー保存則によって説明することができる．

### 課題1.2

図1.1のように観察される蛇口からの流出水が落下とともに細くなる現象を，式を用いずに，言葉だけで説明せよ（数式で表される現象を言葉で説明することにより，数式を具体的なイメージとして捉える訓練となる）．

蛇口から流れ出る水の例のように，水理学では，基本となる法則によって水の流れを解析することが本質となっている．本項の例では質量保存則とエネルギー保存則の二つが連立されたが，これらに加えて，運動量保存則が適用されることも多く，基本的には質量保存則，運動量保存則およびエネルギー保存則の三つの保存則を用いることによる解析が行われる．

## 1.3 水 の 性 質

水分子は $H_2O$ で表され，水素イオン $H^+$ と酸素イオン $O^{2-}$ が**共有結合**で強固に結ばれている．また，O に対する二つの H の結合位置が偏っているため，電子的な極性が生じ，水分子同士が強く結合する擬似的な結晶構造を持つことになる．この結合を水素結合と呼ぶ．こうした水分子の連続的な結合構造が，水の持つ性質を形作っている．液体では，水と同様に，一般にこうした結合構造が存在するため，以下で説明する非圧縮性や粘性といった特徴的な性質を示すことになる．

### 1.3.1 圧 縮 性

図1.3に示すように，ピストンの付いたシリンダー内に流体を入れ，ピストンに力を与えることにより，内部の流体に圧力を加えてみる．この流体が気体の場合には流体を容易に圧縮することができるが，液体の場合にはなかなか圧縮することはできない．こうした圧縮の程度は，流体の体

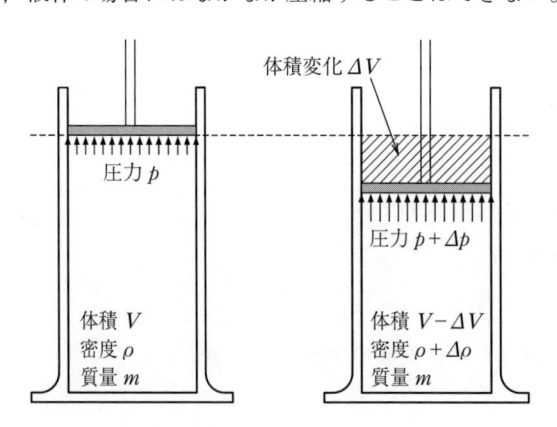

図1.3 シリンダー内の流体の圧縮

積変化の割合（体積ひずみ）$\Delta V/V$ と加圧量 $\Delta p$ の比として定義される**圧縮率** $\alpha$（compressibility）で評価される。

$$\alpha = -\frac{\Delta V/V}{\Delta p} = -\frac{1}{V}\frac{dV}{dp} \tag{1.10}$$

シリンダー内の流体の質量 $m$ は変化せず，流体の密度 $\rho$ は

$$\rho = \frac{m}{V} \tag{1.11}$$

で表されるので，流体の体積 $V$ は，密度 $\rho$ の関数として，次式で求められる。

$$V = \frac{m}{\rho} \tag{1.12}$$

この式を微分すれば

$$dV = -\frac{m}{\rho^2} d\rho \tag{1.13}$$

となり，式（1.12）および式（1.13）を式（1.10）に代入すれば，次式を得る。

$$\alpha = \frac{1}{\rho}\frac{d\rho}{dp} \tag{1.14}$$

20℃，1気圧において，空気の圧縮率が $10^{-2}\,\mathrm{m^2/kN}$ 程度であるのに対し，水は上述のような擬似的な結晶構造を有するため，その圧縮率は $0.46\times10^{-6}\,\mathrm{m^2/kN}$ ときわめて小さく，ほとんど圧縮されない。このように，圧縮率をゼロと扱える流体を**非圧縮性流体**（incompressible fluid）という。非圧縮性流体では，式（1.14）より，圧力変化に対して密度は一定とみなせる。パイプ内での弾性波（圧力波）の現象などを除き，水理学では水の流れを非圧縮性流体として扱うことが一般的であるため，本書では，流体の密度 $\rho$ を一定と扱う。

### 1.3.2 粘　　性

上述のように，液体を構成する分子には，分子の連続的結合構造に伴い，相互に引き合う**分子間力**が作用している。また，その移動時にはこの分子間力に伴う速度変化が発生する。**図 1.4（a）**は，無数の液体分子からなる仮想的な流体粒子の運動の様子を模式的に表したものである。各流体粒子の速度が異なる場合，流体粒子相互に引き合う力によって，その移動には抵抗が生じる。図 1.4（a）に示す流体粒子を人と考え，隣り合う人同士が手をつなぎながら，異なる速度で歩いている場合をイメージするとわかりやすい。速度の遅い人は速い人から手を引っ張られるため，速度を上げることになる。逆に，速度の速い人は遅い人の手を引っ張りながらも，その速度を下げることになる。このように，それぞれの人の移動に対する抵抗を**粘性**（viscosity）と呼ぶ。

粘性の存在により，人の移動方向に対して平行な方向に力（つないでいる手を引き離そうとする力または引き留めようとする力）が発生する。これをせん断力といい，この力は手をつないでいる人の速度差に比例すると考えられる。図 1.4（b）に示すように，人の歩く速度を $u$ として，歩く方向に対して垂直に $y$ 軸を設けると，速度差は $y$ 方向の速度勾配 $du/dy$ で表されるため，両者の

## 1. 水理学を学ぶ目的

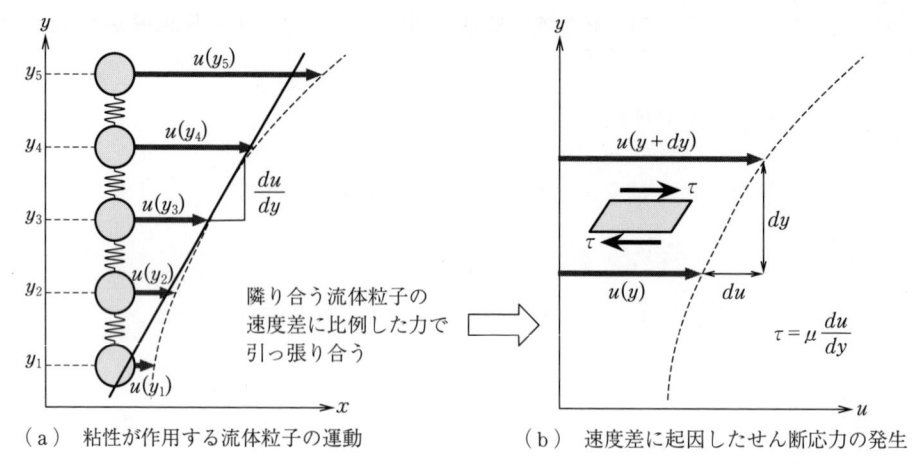

**図1.4** 流速の空間変化率とせん断応力との関係

(a) 粘性が作用する流体粒子の運動
(b) 速度差に起因したせん断応力の発生

間の単位断面積当りに作用するせん断力，すなわち，せん断応力 $\tau$ は比例係数 $\mu$ を用いて，次式のように表せることになる。

$$\tau = \mu \frac{du}{dy} \quad : \text{ニュートンの粘性法則} \tag{1.15}$$

比例係数 $\mu$ を**粘性係数**（coefficient of viscosity）と呼び，流体の種類および温度によって異なる値となる。式（1.15）は**ニュートンの粘性法則**（Newton's law of viscosity）と呼ばれる。粘性係数を，次式のように，流体の密度 $\rho$ で割ったものを**動粘性係数** $\nu$（coefficient of kinematic viscosity）という。

$$\nu = \frac{\mu}{\rho} \tag{1.16}$$

質量，長さおよび時間の次元をそれぞれ [M]，[L] および [T] と表すとき，式（1.15）より粘性係数 $\mu$ の次元は $[ML^{-1}T^{-1}]$ となる。一方，動粘性係数 $\nu$ の次元は式（1.16）より $[L^2T^{-1}]$ となることがわかる。**図1.5**に水の場合の温度 $T$ と密度 $\rho$，粘性係数 $\mu$ および動粘性係数 $\nu$ の関係を示す。水の密度は水温4℃で最大となる，上に凸のグラフを描くが，粘性係数は水温の増大に

---

**コラム**

### ニュートン流体と非ニュートン流体

式（1.15）で示されるニュートンの粘性法則は，せん断応力が速度勾配に比例することを表している。しかし，現実の流体では，こうした比例関係が成り立たないものも存在する。蜂蜜やペンキなどは，これらの液体が入った容器をある程度傾けなければ流出してこない。下水汚泥や川底に堆積しているヘドロも同様な性質を持つ。このようにある一定以上の力を加えることで流動する流体を**ビンガム流体**と呼ぶ。また，マヨネーズや溶かしたチーズなどは，大きな力を加えることで流動性を増し，速度勾配とせん断応力が比例するようになる性質を持っている。こうした流体を**擬塑性流体**と呼ぶ。このように，ニュートンの粘性法則に従う流体を**ニュートン流体**，従わない流体を**非ニュートン流体**と呼んで区別される。

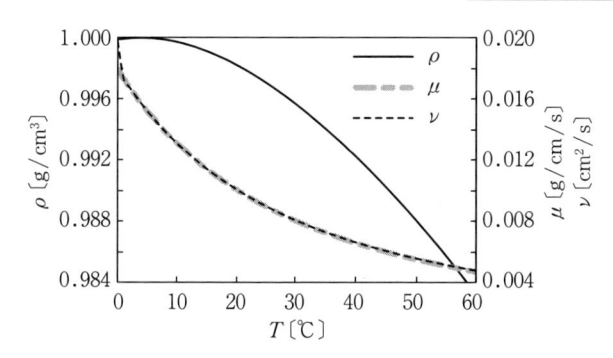

**図 1.5** 水温 $T$ に対する水の密度 $\rho$,粘性係数 $\mu$ および動粘性係数 $\nu$ の関係

伴って単調に減少する。しかし,水温に対する粘性係数の変化率に比べて密度の変化率はきわめて小さいため,式 (1.16) で定義される動粘性係数も粘性係数と同様に単調減少となる。

一般に,実在する流体は粘性を持っている。しかし,粘性の影響がそれほど大きくなく,これを無視して扱うことにより,流れを数学的に比較的容易に解析できるようになるケースがある。また,その解析結果は多くの現象を説明できることが知られている。こうした粘性を無視した流体を**完全流体**(perfect fluid)と呼ぶ。完全流体は実際には存在せず,理想的な流体といえるため,**理想流体**(ideal fluid)とも呼ばれる。これに対して,粘性を考慮した実在する流体を**粘性流体**(viscous fluid)あるいは**実在流体**(real fluid)という。本書では,まず最初は完全流体を対象とした流れの解析法について述べ,5 章以降で粘性流体を扱う。

## 1.4 流れの表現方法

### 1.4.1 連続体の運動

図 1.4 に示したように,流体の運動を扱う場合には,ブラウン運動を伴う分子の動きではなく,無数の分子の集合からなる仮想的な流体粒子の運動に着目する。水理学では,膨大な数の水分子から構成される**水粒子**を仮定し,これに力学法則を適用する。こうした流体粒子または水粒子は,流れの中で隙間なく埋め尽くされており,連続体として取り扱うことができる。

流体粒子の運動は質点の運動と同様に扱うことができるが,その集合である連続体としての運動を記述する場合には,どの流体粒子に着目するべきなのかということや,場所・時間で変化する流体粒子の動きをどの場所・どの時間で評価するべきかという点において,工夫が必要になる。特定の流体粒子に着目してその運動を表現することを**ラグランジュ表示**(Lagrangian description)と呼び,特定の時間(ある瞬間)における流れの中の各流体粒子の運動を表現することを**オイラー表示**(Eulerian description)と呼ぶ。これら 2 種類の表示方法は,それぞれ**ラグランジュの方法**および**オイラーの方法**と呼ばれ,流れの解析目的に応じて使い分けられる。両者の違いをイメージとして掴むために,自動車の速度取り締まりを例として,図 1.6 に示す。

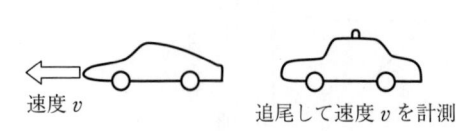

速度 $v$ 　　追尾して速度 $v$ を計測　　　　　　　　　速度 $v$

　　特定の車（流体粒子）に着目して　　　　不特定の車（流体粒子）に対して
　　これを追跡　　　　　　　　　　　　　　特定箇所で監視

　　　　（a）ラグランジュの方法　　　　　　　（b）オイラーの方法

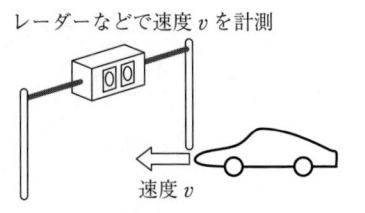

**図1.6** ラグランジュ表示とオイラー表示の違い

### 1.4.2 ラグランジュ表示と流跡線

　ラグランジュ表示では，質点運動の考え方と同様に，特定の流体粒子の位置，時間および速度の関係を記述する（**図1.7**）。まず，時刻 $t=t_0$ において位置 $(x_0, y_0, z_0)$ にある流体粒子に着目する。時刻 $t=t_0+\Delta t$ におけるこの流体粒子の位置 $(x, y, z)$ は，初期位置 $(x_0, y_0, z_0)$ と時刻 $t$ から求めることができる。つまり，位置 $(x, y, z)$ は

$$x=x(t, x_0, y_0, z_0),\ y=y(t, x_0, y_0, z_0),\ z=z(t, x_0, y_0, z_0) \tag{1.17}$$

のように，$x_0,\ y_0,\ z_0$ および $t$ の関数として表すことができる。この位置での力学量は $(x, y, z)$ の関数として表されるので，結果的には，$(t, x_0, y_0, z_0)$ の関数となる。

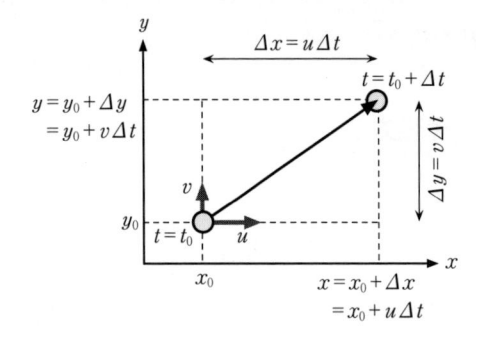

**図1.7** $xy$ 平面上でのラグランジュ表示による流体粒子の運動の表現

　例えば，$x$ 方向の速度 $u$ は

$$u(x, y, z) = u(t, x_0, y_0, z_0) \tag{1.18}$$

と関数表現され，具体的には次式で求められる。

$$u = \frac{x-x_0}{\Delta t} \tag{1.19}$$

上式において，$\Delta t \to 0$ の極限をとれば，質点系力学と同様に，次式を得る。

$$u = \frac{dx}{dt} \tag{1.20}$$

$y$ および $z$ 方向の速度 $v$ および $w$ も同様に，$v=dy/dt$ および $w=dz/dt$ と表せるので

$$dt = \frac{dx}{u} = \frac{dy}{v} = \frac{dz}{w} \quad :流跡線の方程式 \tag{1.21}$$

の関係を得ることができる。式 (1.21) は，時間経過 $dt$ に伴う流体粒子の位置 $(x, y, z)$ を記述しており，流体粒子の軌跡を表す関係式となっている。この軌跡を**流跡線**（path line）と呼び，式 (1.21) を**流跡線の方程式**という。

**図1.8** は，定常状態で水が流れている湾曲水路の上流端付近に数個のトレーサーを同時に投入し，時間経過に伴うその軌跡を描いたものである。点線の曲線で示すこれらの軌跡が流跡線であり，1本の流跡線はトレーサー投入位置によって決まる。また，特定のトレーサーの位置は，トレーサー投入位置と投入してからの時間によって特定できる。このように，ラグランジュ表示では，初期時刻における位置 $(x_0, y_0, z_0)$ と時刻 $t$ を独立変数として，流体粒子の位置 $(x, y, z)$，速度 $(u, v, w)$，圧力 $p$ などが $(x_0, y_0, z_0, t)$ の関数として表現される。

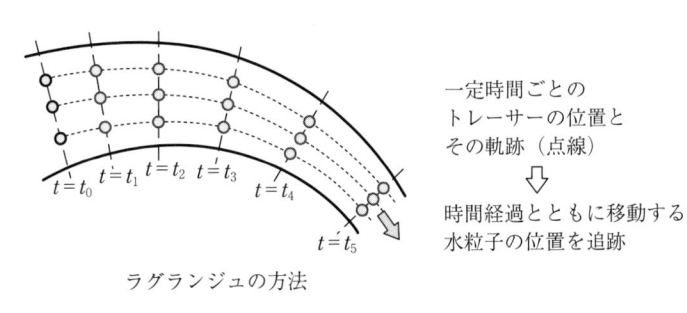

**図1.8** トレーサーの動きと流跡線

### 1.4.3 オイラー表示と流線

オイラー表示は，ラグランジュ表示のように，特定の流体粒子に着目するのではなく，各瞬間ごとの流れの場全体をみわたし，流れの中の位置ごとの力学量を表現するものである。すなわち，各瞬間を表す時間 $t$ と流れの中の位置 $(x, y, z)$ を独立変数として扱うことにより，$(t, x, y, z)$ の関数として流速 $(u, v, w)$ や圧力 $p$ を表す。

**図1.9** は，図1.8と同様に，定常状態で水が流れている湾曲水路内に多数のトレーサーを投入し，ある瞬間での各トレーサーの移動速度をベクトルで表示したものである。各トレーサーのベクトルは，それぞれ異なり，その位置に依存している。つまり，流れの中の各点の流速は，瞬間としての時間 $t$ と着目点の位置 $(x, y, z)$ によって決まる。図1.9に示す破線の曲線は，各トレーサーのベクトルを接線として描いたものであり，これらを**流線**（stream line）と呼ぶ。流線は，流れ場

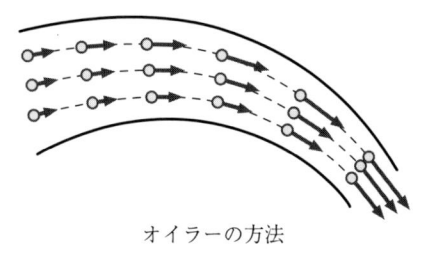

**図1.9** トレーサーの動きと流線

をある時間で切り取り，流れ場全体の流れの方向を図示したものであり，オイラー表示の典型的な例となっている。

簡単のために，図1.9のような2次元流れを例として考えてみる（**図1.10**）。$xy$ 平面において，流線を表す曲線は，曲線上の点 $(x, y)$ が満足する関係式として表される。流線は，この曲線の傾き $dy/dx$ と流れの方向（ベクトルの傾き）$v/u$ が一致する点の集合であるため

$$\frac{dy}{dx} = \frac{v}{u} \tag{1.22}$$

の関係を満たす。この関係を3次元流れに拡張して表せば，次式となる。

$$\frac{dx}{u} = \frac{dy}{v} = \frac{dz}{w} \quad :流線の方程式 \tag{1.23}$$

この式を**流線の方程式**という。

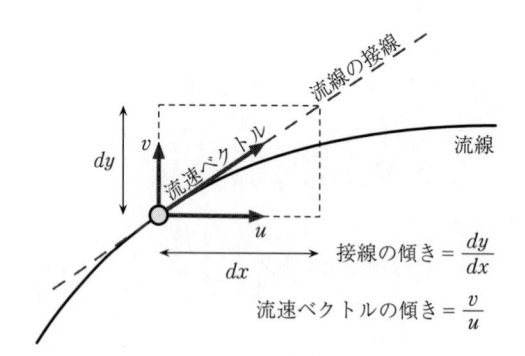

**図1.10** 流速ベクトルと流線

---

**例題1.1** 流線と流跡線

速度ベクトル $(u, v)$ が次式のような時間 $t$ の関数として与えられる非定常な2次元流れについて，流線と流跡線を求め，それらの概形を描け。

$$(u, v) = (U\cos\omega t, U\sin\omega t) \quad (U=一定，\omega=一定) \tag{1.24}$$

【解　答】

式 (1.23) より，流線の方程式は

$$\frac{dx}{u} = \frac{dy}{v} \tag{1.25}$$

$$\frac{dx}{U\cos\omega t} = \frac{dy}{U\sin\omega t} \tag{1.26}$$

と表せるので，これを解いて次式を得る。

$$y = (\tan\omega t)x + C \quad (C：積分定数) \tag{1.27}$$

式 (1.27) において，積分定数 $C$ は任意定数であるため，これを図示すれば，**図1.11** のように流線を描ける。

一方，流跡線の方程式は式 (1.21) より

$$\frac{dx}{u} = \frac{dy}{v} = dt \tag{1.28}$$

$$dx = (U\cos\omega t)dt \tag{1.29}$$

**図 1.11 流　線**　　　　　　　　　　**図 1.12 流跡線**

$$dy = (U\sin\omega t)dt \tag{1.30}$$

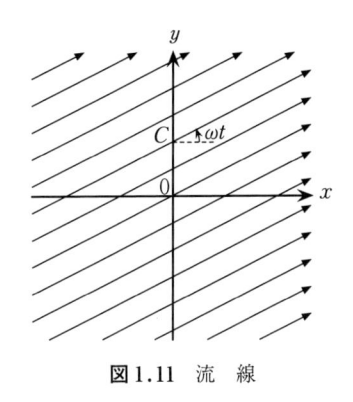

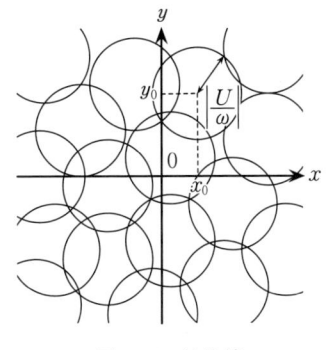

となるので，式 (1.29) および式 (1.30) を解けば，流跡線上の座標値 $(x, y)$ は時間 $t$ を媒介変数としてつぎのように表せる。

$$x = \frac{U}{\omega}\sin\omega t + x_0 \quad (x_0：積分定数) \tag{1.31}$$

$$y = -\frac{U}{\omega}\cos\omega t + y_0 \quad (y_0：積分定数) \tag{1.32}$$

式 (1.31) および式 (1.32) より媒介変数 $t$ を消去すれば，流跡線の式として次式を得る。

$$(x - x_0)^2 + (y - y_0)^2 = \left(\frac{U}{\omega}\right)^2 \tag{1.33}$$

式 (1.33) において，積分定数 $x_0$ および $y_0$ は円の中心座標となるため，流跡線は**図 1.12** のように無数の円として描かれる。

　この流れにおいて，流線（図 1.11）は傾き $\tan\omega t$ の直線群として表されるため，ある瞬間の時刻 $t$ において，$x$ 軸と角度 $\omega t$ をなす一様な方向に流れることがわかる。一方，流跡線（図 1.12）は同一半径 $|U/\omega|$ の円として表される。このため，流れの方向が一定の角速度 $\omega$ で回転し，時間の経過とともに特定の流体粒子が半径 $|U/\omega|$ の円を描いて移動していることになる。

---

　例題 1.1 で示されるように，流線で表されるオイラー表示では，ある瞬間の流れ全体の様子を把握するときに有用となる。一般に，流れの解析では，流れ場全体を対象とするため，オイラー表示が用いられる。一方，水域中での汚染物質の拡散現象や波が砕けるときのような水面からの飛沫などを調べる際には，流れの中の特定の粒子に着目した解析が行われるため，ラグランジュ表示が用いられる。

### 1.4.4　流体力学的微分

　ラグランジュ表示で加速度を表記する場合には，質点系力学と同様に，速度の時間変化率として加速度を考えれば良い。例えば，$x$ 方向の加速度 $a_x$ はつぎのように表される。

$$a_x = \frac{du}{dt} \tag{1.34}$$

これに対して，オイラー表示では，時間 $t$ だけでなく位置 $(x, y, z)$ も独立変数となっているため，位置による速度変化率の効果も考慮しなければならない。

## 1. 水理学を学ぶ目的

この効果を，流速 $u$ の時間変化が一定で，一方向に等加速度運動をしている場合を例として考えてみる（**図 1.13**）。横軸に時間，縦軸に流速をとったとき，$t$-$u$ 座標において，流速は傾き $\partial u/\partial t$ の直線のグラフを描く（図中の直線①）。$\Delta t$ 時間経過後の流速 $u(t+\Delta t, x)$ は，もとの流速 $u(t, x)$ よりも $\Delta t(\partial u/\partial t)$ だけ増加していることになる。この増加率がまさにラグランジュ表示による加速度を表す。なお，オイラー表示では，$x, y, z$ および $t$ が独立変数であるため，偏微分で表されるが，$x, y$ および $z$ が $t$ の従属変数として扱われるラグランジュ表示では，式 (1.34) のように常微分で表記できる。オイラー表示では，位置の違いによる流速変化も考慮しなければならないため，奥行き方向に $x$ 軸を設けてみる。$x$-$u$ 座標における流速変化が一定であるとすれば，流速は傾き $\partial u/\partial x$ の直線のグラフを描き（図中の直線②），$\Delta x$ だけ離れた位置での流速 $u(t, x+\Delta x)$ は，流速 $u(t, x)$ に対して $\Delta x(\partial u/\partial x)$ だけ増加する。この増分効果を**移流**（advection）と呼ぶ。時間 $t+\Delta t$，位置 $x+\Delta x$ での流速は，直線①と直線②の両方による増分が加わることになるため，流速の変化は直線③で表される。以上より，オイラー表示における時間と空間の変化量は，$\Delta t(\partial u/\partial t)+\Delta x(\partial u/\partial x)$ で表されることになる。

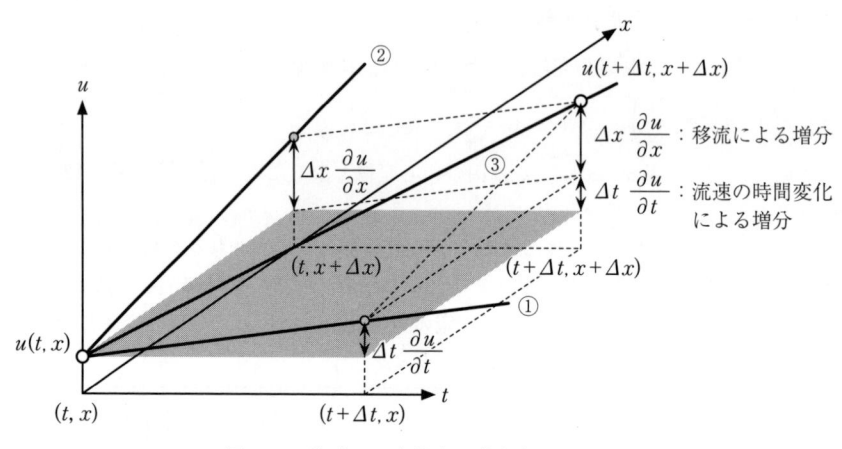

**図 1.13** 流速 $u$ の変化率の考え方

こうした考え方を用いて，オイラー表示における加速度を求めてみる。$(x, y, z)$ の 3 次元空間において，時刻 $t$ での $x$ 方向流速が $u(t, x, y, z)$ であったとき，時刻 $t+\Delta t$ で流速は $u(t+\Delta t, x+\Delta x, y+\Delta y, z+\Delta z)$ となり，**テイラー展開**よりつぎのように表せる。

$$u(t+\Delta t, x+\Delta x, y+\Delta y, z+\Delta z)$$
$$= u(t, x, y, z) + \Delta t \frac{\partial u}{\partial t} + u\Delta t \frac{\partial u}{\partial x} + v\Delta t \frac{\partial u}{\partial y} + w\Delta t \frac{\partial u}{\partial z} + O(\Delta t^2) \tag{1.35}$$

ここに，$O(\Delta t^2)$ は，$\Delta t^2$ のオーダー以上の高次の項を表す。また，$\Delta x, \Delta y$ および $\Delta z$ がそれぞれ $u\Delta t, v\Delta t$ および $w\Delta t$ と表せることを用いた。これより，微分の定義に従い，流速の時間変化率として加速度 $a_x$ をつぎのように表せる。

$$a_x = \lim_{\Delta t \to 0} \frac{u(t+\Delta t,\ x+\Delta x,\ y+\Delta y,\ z+\Delta z) - u(t,\ x,\ y,\ z)}{\Delta t}$$

$$= \frac{Du}{Dt} = \frac{\partial u}{\partial t} + u\frac{\partial u}{\partial x} + v\frac{\partial u}{\partial y} + w\frac{\partial u}{\partial z} \tag{1.36}$$

同様に，$y$ 方向の加速度 $a_y$ と $z$ 方向の加速度 $a_z$ を表すと次式となる。

$$a_y = \frac{Dv}{Dt} = \frac{\partial v}{\partial t} + u\frac{\partial v}{\partial x} + v\frac{\partial v}{\partial y} + w\frac{\partial v}{\partial z} \tag{1.37}$$

$$a_z = \frac{Dw}{Dt} = \frac{\partial w}{\partial t} + u\frac{\partial w}{\partial x} + v\frac{\partial w}{\partial y} + w\frac{\partial w}{\partial z} \tag{1.38}$$

式 (1.36)～式 (1.38) で表される微分演算子 $D/Dt$ を**流体力学的微分**（あるいは，**ラグランジュ微分**，**実質微分**）という。第1項の $\partial/\partial t$ は非定常項と呼ばれ，定常流ではゼロとなる。第2～4項の $u(\partial/\partial x)$，$v(\partial/\partial y)$ および $w(\partial/\partial z)$ を移流項といい，流速の空間変化率の効果を表している。断面が変化しない1次元の管路流れや水深が変化しない開水路流れでは，連続式により流速の空間変化は発生しないため，移流項はゼロとなる。

以上より，ラグランジュ表示とオイラー表示による速度と加速度の表記は**表1.2**のようにまとめられる。表中，ラグランジュ表示では，特定の流体粒子 $i$ に着目した力学量に添字 $i$ を付けて区別している。

---

**水理学をつくった人たち：ニュートン**（Isaac Newton；1642～1727）

高校での物理学で学んだように重量や力の単位はニュートン（N）と称される。りんごが木から落ちるのを見て万有引力の法則を発想したといわれるイギリス人アイザック・ニュートンの名にちなむ。ニュートンは，物理学の創始者であり，$F=ma$ という運動方程式を初めて定式化した。われわれが高校で一般常識として習う物理学は，ニュートン力学と呼ばれる。

さて，水理学の理論は，まず，完全流体の力学として学ばれる。水の内部にまったく摩擦がない，すなわち，粘性ゼロの流体として水をとらえる。これによって水の挙動を数学的に解くことができる。

実際の水は，粘性がゼロではない。水が流れると境界や内部で摩擦を起こし，それは熱エネルギーとして消耗される。ニュートンは，流速勾配とせん断応力（粘性応力）が比例すると仮定した。これをニュートンの法則（ニュートンの粘性法則）という。この法則を満足する流体をニュートン流体と呼ぶ（式 (1.15) およびコラム（ニュートン流体と非ニュートン流体）を参照のこと）。

川の表面を落ち葉が流れる。その落ち葉の流速は，水の表面の流速である。完全流体が開水路を流れるとき，水路底で摩擦がない（「完全にすべる」と表現することもある）ので，その流体の流速は水路底から流体の表面まで一定である。一方，現実の水の流れでは，水路底では摩擦があり流速がゼロで徐々に流速が出て表面流速となる。これが完全流体とニュートン流体の違いの端的な例である。われわれが大学の土木系工学の一般常識（必修科目）として習う水理学は，ニュートン流体が主題であり，ニュートン力学の一部であるといえる。

ニュートンは，一般の物理学のみならず，水や空気の流れにおいても重大な役割を果たしたのであり，このことは水理学や流体力学を学んだ人しか知らない。

# 1. 水理学を学ぶ目的

**表1.2** 独立変数，速度および加速度に関するラグランジュ表示とオイラー表示の比較

|  | ラグランジュ表示 | オイラー表示 |
|---|---|---|
| 独立変数 | $t$ | $t, x, y, z$ |
| 速度 | $u_i(t) = \dfrac{dx_i(t)}{dt},\ v_i(t) = \dfrac{dy_i(t)}{dt},\ w_i(t) = \dfrac{dz_i(t)}{dt}$ | $u(t, x, y, z),\ v(t, x, y, z),\ w(t, x, y, z)$ |
| 加速度 | $\dfrac{du_i(t)}{dt},\ \dfrac{dv_i(t)}{dt},\ \dfrac{dw_i(t)}{dt}$ | $\dfrac{Du}{Dt},\ \dfrac{Dv}{Dt},\ \dfrac{Dw}{Dt}$ |

## 演 習 問 題

**【1.1】** 動粘性係数 $\nu$ の単位は〔m$^2$/s〕で表される。このことを動粘性係数の定義式を用いて説明せよ。

**【1.2】** 水深 $h$，表面流速 $U$ の流れで底面から $y$ の高さにおける流速 $u$ が次式で与えられるとき，底面（$y=0$）に作用するせん断応力 $\tau$ の式を示せ。

$$u(y) = \frac{Uy(2h-y)}{h^2} \tag{1.39}$$

また，$U=1\,\mathrm{m/s}$，$h=1\,\mathrm{m}$ のとき，$\tau$ の値を SI 単位系で求めよ。ただし，水温は20℃とする。また，水深方向の平均流速 $U_\mathrm{m}$ を計算し，表面流速に対する比を求めよ。

**【1.3】** 流速成分 $(u, v)$ が次式で与えられる2次元流れについて，流線と流跡線を求め，それらの概形を描け。

$$(u, v) = (k, kt) \quad (k = \text{一定（正定数）},\ t：\text{時間}) \tag{1.40}$$

**【1.4】** 2次元の流れ場において，流速成分 $(u, v)$ が次式で与えられるとき，流線の方程式を求めよ。

$$u = 2cxy,\quad v = c(x^2 - y^2 + a^2) \quad (a = \text{一定},\ c = \text{一定}) \tag{1.41}$$

**【1.5】** 2次元の流れ場が，$u = 2y^2$，$v = 3x$ と与えられているとき，$(x, y) = (1, 2)$ におけるつぎの値を計算せよ。

（1）速度ベクトル　（2）非定常加速度ベクトル　（3）移流加速度ベクトル

**【1.6】** 図1.14のように，途中で直線的に内径が変化し，断面積が1/3倍になっているパイプがある。断面Aから入る水の量は一定で時間的な変化はない。AB間の流速は $u$，また，AB，BC，CD間の長さは等しく $L$ とする。このとき，このパイプ内を流れる水の流速 $u$ と移流加速度 $u(\partial u/\partial x)$ がどのようになるか，式と図で示せ。図は，$L=1$，$u=1$ として具体的に描くこと。なお，縦軸のスケールは適宜設定せよ。

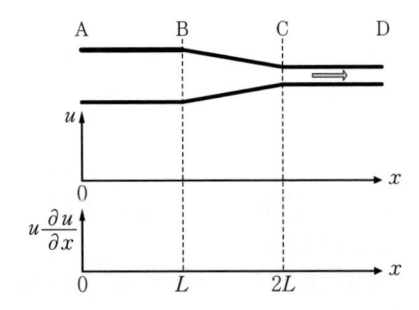

**図1.14** 演習問題1.6

# 【基礎編】
## 2 流れの基礎理論
### 水理学を構成する理論体系をイメージ化する

### 確認クイズ

2.1 非圧縮性流体の2次元流れ場の連続式を記せ。

2.2 2次元場の発散（div）の式を記せ。

2.3 流れの中に湧出しがあるかないかを調べることのできる量はなにか。

2.4 質量力とはなにか。例を挙げて説明せよ。

2.5 面力とはなにか。例を挙げて説明せよ。

2.6 $z$ 軸を鉛直上向きにとるとき，重力 $g$ に関する力のポテンシャル $\Omega$ を記せ。

2.7 2次元場のオイラーの運動方程式（$x$ 方向）を記せ。

2.8 ベルヌーイの定理における全水頭の内訳を表す三つの水頭を記せ。

2.9 圧力を $p$，密度を $\rho$，重力加速度を $g$ として圧力水頭の式を記せ。

2.10 速度を $u$，重力加速度を $g$ として速度水頭の式を記せ。

2.11 2次元場の回転（rot）の式を記せ。

## 2.1 質点系力学と水理学との対比

流体解析において必要となる質量，力，運動量およびエネルギーに関する考え方について，質点系力学との対比から考えてみる。

### 2.1.1 流体解析における対象領域の考え方

図1.2で示した蛇口から流れ出る水の解析例のように，質点系力学と同様に，水理学でも保存則を基本として流れの現象が取り扱われる。ただし，流体は質点のように定まった形を持たない連続体であるため，解析対象領域を定義し，これに着目した扱いが必要になる。

**図2.1**は，流体に対する領域の設定例を示す。図2.1（a）は管路内の流体を断面1と断面2で区切られる領域として解析対象を定義している。この例では流れの方向は一つであり，1次元流れではこうした領域を対象とした解析が行われる。図2.1（b）では流体中に任意の立方体を設けている。この体積 $\Delta x \Delta y \Delta z$ を微小としたとき，これを**流体素分**または流体粒子と呼ぶ。図2.1（c）は，風船のような閉曲面で囲まれた任意の領域で流体を区切った場合である。これらの解析対象領域は**検査領域**（2次元では **control section**，3次元では **control volume**）とも呼ばれる。

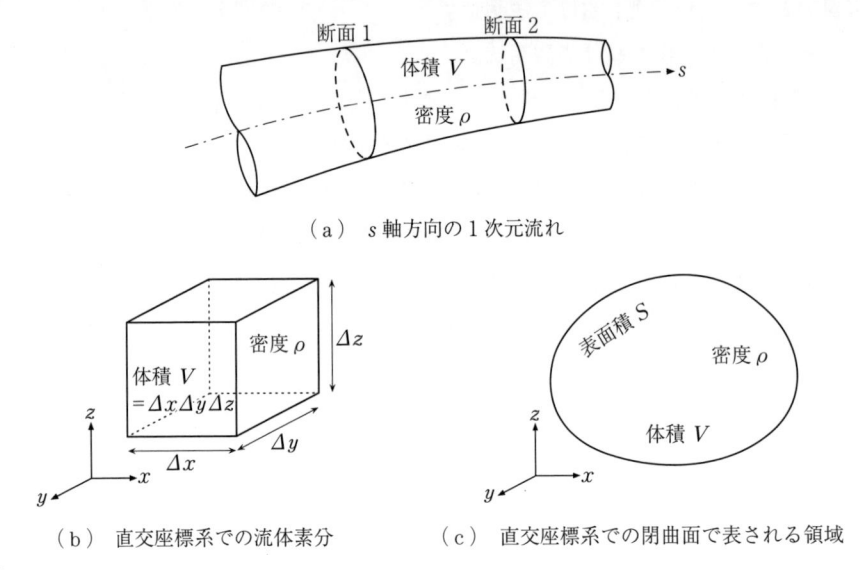

（a） $s$ 軸方向の1次元流れ

（b） 直交座標系での流体素分　　（c） 直交座標系での閉曲面で表される領域

**図2.1** 流体解析における対象領域

水理学（流体力学）では，こうして定義された領域に対して，質点系力学での保存則と同様な扱いが適用される。また，この領域内での物理量（質量，力，運動量，エネルギーなど）を取り扱う場合には，領域の体積，質量，重量などで基準化した単位領域当りの物理量が用いられることが多い。

## 2.1.2 質量の捉え方

質点系力学において，一般に，運動する物体の質量 $m$ は一定として扱われる．一方，流体においても，図 2.1 に示す流体の領域（体積 $V$）に着目すれば，この領域の質量 $m$ は一定と扱うことができる．流体の密度を $\rho$ とするとき，この領域内（水理学や流体力学では慣例として「領域 $V$」と記述する）での流体の質量 $m$ は

$$m = \rho V \tag{2.1}$$

で表される．単位体積当りの質量 $m$ は密度 $\rho$ なので，質点系力学での質量に対して，流体では単位体積当りの質量を $\rho$ として扱う．

## 2.1.3 力の釣合い

ニュートンの運動の第 2 法則（ニュートンの運動方程式）は，質点の質量 $m$ とその運動の加速度 $a$ の積が質点に作用する力 $F$ に等しいことを意味している．

$$F = ma \tag{2.2}$$

流体においては，領域 $V$ 内での流体の質量 $m$ は式 (2.1) で表されるため，式 (2.2) はつぎのように変形できる．

$$f = \frac{F}{m} = \frac{F}{\rho V} = a \tag{2.3}$$

この式は流体の単位質量に作用する力 $f$ が加速度 $a$ に等しいことを意味している．質点系力学での力 $F$ に対して，一般に流体解析では単位質量当りの力 $f$ を用いる（加速度の次元を持つことに注意する）．

流体の加速度は，流速に対する流体力学的微分によって表現される．例えば，式 (2.3) に式 (1.36) を適用すれば，$x$ 方向の力 $f_x$ はつぎのように表される．

$$f_x = a_x = \frac{Du}{Dt} = \frac{\partial u}{\partial t} + u\frac{\partial u}{\partial x} + v\frac{\partial u}{\partial y} + w\frac{\partial u}{\partial z} \tag{2.4}$$

## 2.1.4 運動量保存

質点系力学において，式 (2.2) 中の加速度 $a$ は速度 $u$ の時間変化率 $du/dt$ で表されるため，つぎのように変形できる．

$$F = m\frac{du}{dt} = \frac{d}{dt}(mu) \tag{2.5}$$

この式は単位時間当りの運動量 $mu$ の変化（運動量の時間変化率）が力 $F$ に等しいことを表しており，運動量保存則と等価であることがわかる．

一方，体積 $V$ の流体の質量 $m$ は式 (2.1) で表されるが，領域内の流速は一定とは限らない．このため，流体解析では，単位体積当りの質量 $\rho$ と流速 $u$ との積を単位体積当りの流体の運動量として扱うことが必要になる．つまり，体積 $V$ の流体の運動量は $\rho u$ を体積 $V$ で積分して得られる $\int_V \rho u \, dV$ として表され，領域 $V$ の流体に関する運動量保存則は，次式で与えられることになる．

$$F = \frac{D}{Dt}\int_V \rho u\, dV = \int_V \rho \frac{Du}{Dt}\, dV \tag{2.6}$$

### 2.1.5 エネルギーと水頭

エネルギー（仕事）は，物体に作用する力とこれにより動いた距離の積として表される。質点の運動では，位置エネルギーと運動エネルギーがおもな対象となる。一方，流体の運動では，圧力の作用でも物体が動き，仕事をするため，位置エネルギーと運動エネルギーに加え，圧力エネルギーも考慮しなければならない。また，質点系力学では，エネルギーの単位にはN・mまたはJ（ジュール）が用いられるが，流体解析では，単位重量当りのエネルギーである**水頭**（head）を使うことが一般的であり，N・m/N=mという長さの単位で表される。

質点系力学での位置エネルギー$mgz$は，密度$\rho$，体積$V$の流体領域では$\rho Vgz$と表されるため，これを単位重量で表現すれば，つぎのようになる。

$$\frac{mgz}{mg} = \frac{\rho Vgz}{\rho Vg} = z \quad : 位置水頭 \tag{2.7}$$

これを**位置水頭**（potential head）と呼ぶ。

同様に，運動エネルギー$mu^2/2$については

$$\frac{mu^2/2}{mg} = \frac{\rho Vu^2/2}{\rho Vg} = \frac{u^2}{2g} \quad : 速度水頭 \tag{2.8}$$

---

**コラム　土砂や流木の流れ**

日本の川は上流のほうに行くと清涼な水が流れており，直接飲むことができる。下流に行くにつれ濁ってくる。それは，農業・工業などの産業排水，生活排水などの人為的影響と，雨水により土砂が河川に流出してくることなどによる。近年では，排水は垂れ流しではなく，処理されてから河川に放流されるので，水質に与える影響は少なくなった。

豪雨や洪水のときには，大量の土砂が流出し，河道を堰止めたり，河床を上昇させたり，河岸を削ったりする。さらには，山林から土砂とともに木が根こそぎ流れ出てきたり，山林のなかで材木を切り出したときに放置された木々が流れ出てきたりする。こうした流木が橋で堰止められ，橋のところで洪水の流れの勢いを増し，橋の損壊や橋の両側での洪水氾濫を発生させ，大きな災害となる。

川の流れの水理学的な観点からは，水中に浮いている細かな土砂（ウォッシュロード）によって濁水となる。すなわち，流体の密度が変わる。河床変動や河岸浸食は水路の境界条件が変わることを意味する。川の流れで運ばれる土砂（浮遊砂），河床に沿って流動する比較的大きな粒径の土砂（掃流砂）もあり，さらに大きな石や岩がごろごろと流れ下る現象もある。これらは，河川管理上たいへん重要であり，土砂水理学という分野を形成している。

河川を流れ下る土砂は，長い年月を経て下流で扇状地や三角州を作った。そこが現代の多くの人びとが生活する場となっている。河口に出た土砂は，浜辺の砂を供給する。土砂が流出しなくなると，この供給がなくなるので，海岸の浸食が進むことが知られている。河川の生態系にも大きな影響を与える。土砂流出の問題は，ダムの堆砂，河床変動，海岸浸食などたいへん重要である。

と表され，これを**速度水頭**（velocity head）と呼ぶ．

断面積 $A$ に作用する圧力 $p$ によるエネルギーは，圧力による力 $= pA$，時間 $\Delta t$ での移動距離 $= u\Delta t$ であるので，$Q = Au$ の関係を用いれば

$$\text{圧力エネルギー} = pAu\Delta t = pQ\Delta t = pV$$

と求められ，これを流体の重量 $\rho Vg$ で除せば，次式を得る．

$$\frac{pAu\Delta t}{\rho Vg} = \frac{pV}{\rho Vg} = \frac{p}{\rho g} \quad :\text{圧力水頭} \tag{2.9}$$

これを**圧力水頭**（pressure head）と呼ぶ．

以上より，質点系力学におけるエネルギー保存則

$$\text{全エネルギー} = \text{運動エネルギー} + \text{位置エネルギー} = \text{一定}$$

$$\frac{mu^2}{2} + mgz = \text{一定} \tag{2.10}$$

は，流体解析では

$$\text{全水頭} = \text{速度水頭} + \text{位置水頭} + \text{圧力水頭} = \text{一定}$$

$$\frac{u^2}{2g} + z + \frac{p}{\rho g} = \text{一定} \tag{2.11}$$

と表されることになる．速度水頭，位置水頭および圧力水頭の総和を**全水頭**（total head）といい，全エネルギーに対応している．式（2.11）を**ベルヌーイの定理**（Bernoulli's theorem）と呼ぶ．

## 2.2 質量保存則と連続式

### 2.2.1 流体素分内の質量収支による連続式の導出

図2.1（b）で示した直交座標系における流体素分内に対する質量保存則から連続式を導いてみる．

**図2.2** は，体積 $\Delta x \Delta y \Delta z$ の微小な立方体（流体素分）において，$x$ 方向の流体の出入りを示したものである．流体素分の中心 $(x, y, z)$ における流体の密度を $\rho$，流速成分を $(u, v, w)$ とすると，単位時間当りで $x$ 方向に移動する流体の質量は $\rho u \Delta y \Delta z$ で表される．$\rho u$ は単位時間当りに

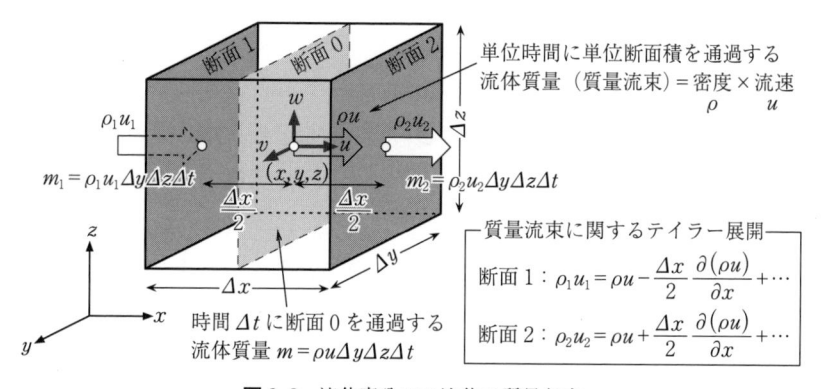

**図2.2** 流体素分での流体の質量収支

単位断面積を通過する流体の質量を表しており，これを**質量流束**（mass flux）という。流体素分の左側面（断面1）から時間 $\Delta t$ に流入する流体の質量 $m_1$ および右側面（断面2）から流出する流体の質量 $m_2$ は，テイラー展開より，それぞれ次式で表せる。

$$m_1 = \rho u \Delta y \Delta z \Delta t - \frac{\Delta x}{2}\frac{\partial}{\partial x}(\rho u \Delta y \Delta z \Delta t) + O_1(\Delta x^2) \tag{2.12}$$

$$m_2 = \rho u \Delta y \Delta z \Delta t + \frac{\Delta x}{2}\frac{\partial}{\partial x}(\rho u \Delta y \Delta z \Delta t) + O_2(\Delta x^2) \tag{2.13}$$

これらより，流体素分内に残る質量がつぎのように求められる。

$$m_1 - m_2 = -\Delta x \frac{\partial}{\partial x}(\rho u \Delta y \Delta z \Delta t) + O_1(\Delta x^2) - O_2(\Delta x^2) \tag{2.14}$$

また，$y$ 方向および $z$ 方向の流入出による質量増加量も同様に求められる。一方，$x$，$y$ および $z$ 方向の流入出総和による時間 $\Delta t$ の質量増加量 $\Delta m$ は

$$\Delta m = \frac{\partial}{\partial t}(\rho \Delta x \Delta y \Delta z)\Delta t \tag{2.15}$$

で与えられるので，質量保存 $\Delta m = m_1 - m_2$ より，次式が得られる。

$$\frac{\partial}{\partial t}(\rho \Delta x \Delta y \Delta z) = -\Delta x \frac{\partial}{\partial x}(\rho u \Delta y \Delta z) - \Delta y \frac{\partial}{\partial y}(\rho v \Delta z \Delta x) - \Delta z \frac{\partial}{\partial z}(\rho w \Delta x \Delta y)$$
$$+ O_1(\Delta x^2) - O_2(\Delta x^2) + O_1(\Delta y^2) - O_2(\Delta y^2) + O_1(\Delta z^2) - O_2(\Delta z^2) \tag{2.16}$$

上式の両辺を $\Delta x \Delta y \Delta z$ で除したうえで，流体素分を限りなく小さくする極限をとれば，つぎの**オイラーの連続式**が得られる。

$$\frac{\partial \rho}{\partial t} + \frac{\partial}{\partial x}(\rho u) + \frac{\partial}{\partial y}(\rho v) + \frac{\partial}{\partial z}(\rho w) = 0 \quad : \text{オイラーの連続式} \tag{2.17}$$

式（2.17）は圧縮性流体の非定常流に関する質量保存を表しており，定常流では左辺第1項がゼロとなる。また，非圧縮性流体では，密度 $\rho$ を時間的・空間的に一定と扱えるので，式（2.17）は

$$\frac{\partial u}{\partial x} + \frac{\partial v}{\partial y} + \frac{\partial w}{\partial z} = 0 \quad : \text{非圧縮性流体の連続式} \tag{2.18}$$

となり，非定常流と定常流のいずれにも適用できる式となる。

### 2.2.2 連続式の意味

式（2.18）で表される連続式は，流れの中でどのようなことを意味しているのだろうか。ベクトル解析において式（2.18）の左辺はベクトル $\boldsymbol{u} = (u, v, w)$ の**発散**（**divergence**）div$\boldsymbol{u}$ を表す（付録B.4.1参照）。このため，式（2.18）は流速の空間変化に伴う質量の増加（発散）がゼロとなっていることを意味している。例えば，泉のように水が湧き出している流れでは，流れに質量が供給されるため，div$\boldsymbol{u}$ は供給水量に対応する。このとき，式（2.18）の右辺はゼロではなく，**湧出し**の量になる。逆に，水が排出されるような**吸込み**口が存在する流れでは，排水量＝$-$div$\boldsymbol{u}$ によって評価される。

### 2.2.3 1次元流れの連続式

図 2.1 (a) で示した 1 次元流れにおいて，式 (2.18) の連続式がどのように扱われるかについて考えてみる。$s$ 方向のみに流れが存在し，その流速を $q$ とする（**図 2.3**）。このとき，式 (2.18) の空間座標は $s$ のみで，流速成分は $q$ だけとなるため，連続式はつぎのように表される。

$$\frac{dq}{ds} = 0 \tag{2.19}$$

微小区間 $ds$ に関する体積積分
$$\int_V \frac{\partial q}{\partial s} dV = \int_A \int_s \frac{\partial q}{\partial s} ds dA = \int_A q dA = C \text{（積分定数）}$$

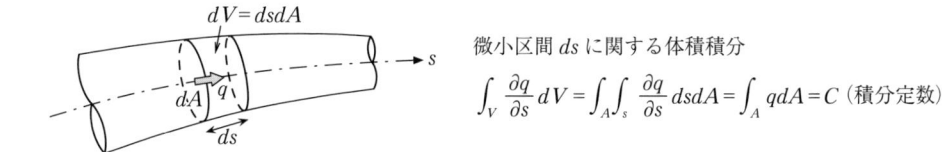

**図 2.3** 1 次元流れにおける連続式の考え方

両辺を体積 $V$ で積分すると

$$\int_V \frac{dq}{ds} dV = C \quad (C：積分定数) \tag{2.20}$$

が得られる。$dV = dsdA$ であることと流速 $q$ が断面 $A$ 内において一定であることを用いれば，式 (2.20) はつぎのように変形できる。

$$Aq = C \ (＝一定) \tag{2.21}$$

式 (1.4) で示した 1 次元流れの連続式はこのようにして求められる。

---

### 水理学をつくった人たち：オイラー（Leonhard Euler；1707〜1783）

レオンハルト・オイラーは，スイス生まれで，ダニエル・ベルヌーイの父から数学を学び，数学・物理学・天文学の幅広い分野できわめて多くの業績を上げた。水理学・流体力学への貢献は，ニュートンに続く根本的で偉大なものであり，基礎式であるオイラーの運動方程式，コントロールボリュームを考えるオイラー的観測，オイラー微分などがあげられるが，彼の業績全体からみればほんの一部である。理科系の学生ならオイラー数，オイラーの定数，オイラーの公式などの言葉に触れる機会も多いはずである。

幼なじみのベルヌーイの縁で，20 歳のころにサンクトペテルブルクに赴任し，物理学，数学の教授を務めた。この時代に右眼の視力を失った。1741 年にベルリン・アカデミーに招かれ 25 年ほどの間活躍した。1766 年ごろに再びサンクトペテルブルクに戻って研究を続けた。以後，左眼も失明したが，研究活動は衰えることなく，口述筆記により多数の研究発表を続けたという。

記憶力，計算力は天才的で，素早く正確に計算する能力，論文を短時間で執筆する能力により超人的な成果を上げた。生涯の業績数は，数学史上最多といわれている。子煩悩で，二度結婚して 13 人の子供があり，子を膝に乗せながら論文を執筆したとも伝えられている。

## 2.3 オイラーの運動方程式による完全流体の運動の記述

### 2.3.1 流体素分に作用する力の釣合いによるオイラーの運動方程式の導出

式（2.17）または式（2.18）の連続式を導出したときと同様に，直交座標系における流体素分に作用する力の釣合いから完全流体に関する運動方程式を導いてみる。

**図2.4**のように，時刻 $t$ で $(x, y, z)$ に中心を持つ流体素分（体積 $\Delta x \Delta y \Delta z$）を考え，この中心での流速成分を $(u, v, w)$，圧力を $p$ とする。流体素分には**質量力**（body force）[†]が作用しており，その単位質量当りの $x$, $y$ および $z$ 方向成分をそれぞれ $f_x$, $f_y$ および $f_z$ とする。なお，ここでは非圧縮性流体を対象とすることとし，流体の密度 $\rho$ は流体素分内で一定と扱う。

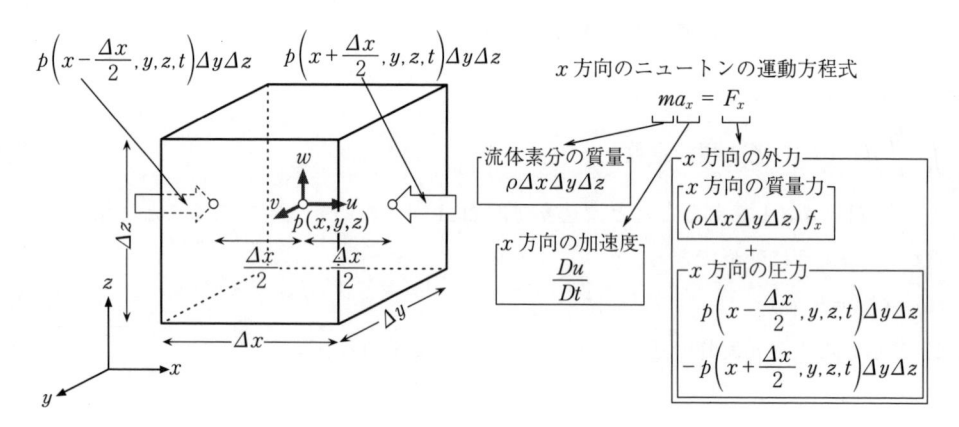

**図2.4** 流体素分に作用する力の釣合い（ニュートンの運動方程式）

まず，$x$ 方向に働く力の釣合いを考える。流体素分の質量は $\rho \Delta x \Delta y \Delta z$ なので

$$\text{流体素分全体に作用する質量力} = (\rho \Delta x \Delta y \Delta z) f_x \tag{2.25}$$

と表せる。圧力としては

$$\text{左側面から作用する圧力} = p\left(x - \frac{\Delta x}{2}, y, z, t\right) \tag{2.26}$$

---

[†] 質量力について
　質量力とは，流体の質量に作用する重力や遠心力などを一括して指し，質量に比例した大きさとなる。つまり，質量力は領域の「場」に存在する力とみなせる。一方，圧力やせん断応力などにより面に作用する力（面積に比例した力）を**面力**といい，これに対して質量力は**体積力**とも呼ばれる。
　$x$, $y$ および $z$ 方向の単位質量当りの質量力 $f_x$, $f_y$ および $f_z$ が $x$, $y$ および $z$ の関数 $\Omega$ を用いて次式で表示できるとき，この関数 $\Omega$ を**力のポテンシャル**と呼ぶ。

$$f_x = -\frac{\partial \Omega}{\partial x}, \quad f_y = -\frac{\partial \Omega}{\partial y}, \quad f_z = -\frac{\partial \Omega}{\partial z} \tag{2.22}$$

例えば，$xy$ 平面が水平で $z$ 座標が鉛直上向きの直交座標系において，質量力として重力のみが作用している場合には

$$f_x = 0, \quad f_y = 0, \quad f_z = -g \tag{2.23}$$

となるので，これらを式（2.22）に代入して積分すれば，$\Omega|_{z=0} = 0$ の境界条件のもとで，力のポテンシャル $\Omega$ はつぎのように求められる。

$$\Omega = gz \tag{2.24}$$

右側面から作用する圧力 = $p\left(x+\dfrac{\Delta x}{2},\ y,\ z,\ t\right)$ (2.27)

が働いており，これらをテイラー展開することにより，各側面に作用する圧力による力（全圧）を表示すれば，次式となる．

$$p\left(x-\dfrac{\Delta x}{2},\ y,\ z,\ t\right)\Delta y \Delta z = \left\{p(x,\ y,\ z,\ t)-\dfrac{\Delta x}{2}\dfrac{\partial p}{\partial x}+O_1(\Delta x^2)\right\}\Delta y \Delta z \qquad (2.28)$$

$$p\left(x+\dfrac{\Delta x}{2},\ y,\ z,\ t\right)\Delta y \Delta z = \left\{p(x,\ y,\ z,\ t)+\dfrac{\Delta x}{2}\dfrac{\partial p}{\partial x}+O_2(\Delta x^2)\right\}\Delta y \Delta z \qquad (2.29)$$

一方，$x$方向の流体の加速度を$a_x$とすれば，この加速度による力は式（1.36）の流体力学的微分を用いて，次式で表される．

$$(\rho \Delta x \Delta y \Delta z)a_x = (\rho \Delta x \Delta y \Delta z)\dfrac{Du}{Dt} = \rho \Delta x \Delta y \Delta z\left(\dfrac{\partial u}{\partial t}+u\dfrac{\partial u}{\partial x}+v\dfrac{\partial u}{\partial y}+w\dfrac{\partial u}{\partial z}\right) \qquad (2.30)$$

式（2.25），式（2.28），式（2.29）および式（2.30）による釣合い式において，流体素分を無限に小さくすれば，次式を得る．

$$\dfrac{Du}{Dt}=\dfrac{\partial u}{\partial t}+u\dfrac{\partial u}{\partial x}+v\dfrac{\partial u}{\partial y}+w\dfrac{\partial u}{\partial z}=f_x-\dfrac{1}{\rho}\dfrac{\partial p}{\partial x} \qquad (2.31)$$

$y$方向および$z$方向についても同様に，つぎのようになる．

$$\dfrac{Dv}{Dt}=\dfrac{\partial v}{\partial t}+u\dfrac{\partial v}{\partial x}+v\dfrac{\partial v}{\partial y}+w\dfrac{\partial v}{\partial z}=f_y-\dfrac{1}{\rho}\dfrac{\partial p}{\partial y} \qquad (2.32)$$

$$\dfrac{Dw}{Dt}=\dfrac{\partial w}{\partial t}+u\dfrac{\partial w}{\partial x}+v\dfrac{\partial w}{\partial y}+w\dfrac{\partial w}{\partial z}=f_z-\dfrac{1}{\rho}\dfrac{\partial p}{\partial z} \qquad (2.33)$$

式（2.31）〜式（2.33）を**オイラーの運動方程式**と呼び，完全流体の運動方程式として扱われる．

### 2.3.2　オイラーの運動方程式の意味

式（2.31）〜式（2.33）で表されるオイラーの運動方程式は，完全流体における単位質量当りの力の釣合いを表している．**図2.5**を参照しながら，各項の意味を考察してみる．

$Du/Dt$などは流体の加速度なので，各式の左辺は加速度に伴う力を表し，ニュートンの運動方程式$F/m=a$における$a$に相当する．これを加速度項と呼ぶ．図1.13で説明したように，加速度項の第1項は流速の時間変化に伴う効果を示す．時間的に流速が変化しない流れ（定常流）ではゼ

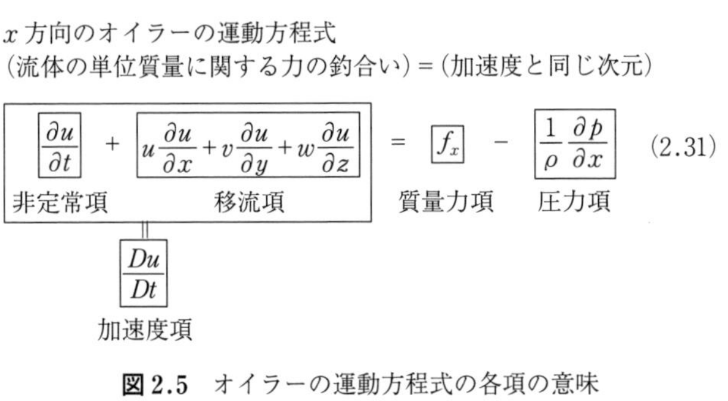

$x$方向のオイラーの運動方程式
（流体の単位質量に関する力の釣合い）＝（加速度と同じ次元）

$$\boxed{\dfrac{\partial u}{\partial t}} + \boxed{u\dfrac{\partial u}{\partial x}+v\dfrac{\partial u}{\partial y}+w\dfrac{\partial u}{\partial z}} = \boxed{f_x} - \boxed{\dfrac{1}{\rho}\dfrac{\partial p}{\partial x}} \qquad (2.31)$$

非定常項　　　　移流項　　　　　　質量力項　　圧力項

$\boxed{\dfrac{Du}{Dt}}$
加速度項

**図2.5** オイラーの運動方程式の各項の意味

ロと扱えるため，この項を非定常項と呼ぶ。加速度項の第 2～4 項は空間的な速度の違いに伴う移流の効果を表し，移流項と呼ばれる。

　各式の右辺は，ニュートンの運動方程式 $F/m=a$ における $F/m$ に相当し，流体素分に働く力を表す。右辺第 1 項は質量力項，右辺第 2 項は圧力項と呼ばれる。圧力項では，圧力の場所的違いによって生ずる圧力差（圧力の空間勾配）が流体素分に作用する圧力に伴う力として評価されている。

　このようにオイラーの運動方程式は流体に作用する力の総和が加速度に伴う力と釣り合っていることを意味しており，その基本的構造はニュートンの運動方程式とまったく同じであることがわかる。

### 2.3.3　オイラーの運動方程式の体積積分による運動量方程式の導出

　2.1.4 項で検討したように，質点系力学では，運動量保存則は力の釣合いを表す運動方程式と等価となる。このことを利用して，オイラーの運動方程式から完全流体の運動量保存則を運動量方程式として導いてみる。なお，この導出過程では，部分積分とグリーン・ガウスの定理を用いるが，その詳細については，付録 B.3 を参照されたい。

　まず，図 2.6 のように閉曲面（表面積 $S$）に囲まれた領域（体積 $V$）について，$x$ 方向の運動量保存則を考える。式 (2.6) で求めたように，領域 $V$ に関する運動量保存則は，流体の加速度（$Du/Dt$）に密度 $\rho$ を乗じた運動量変化分の体積積分が流体に作用する力に等しいとして扱える。そこで，式 (2.31) で示されるオイラーの運動方程式の両辺に密度 $\rho$ を乗じ，両辺を体積積分する。

$$\int_V \rho \frac{Du}{Dt} dV = \int_V \rho \frac{\partial u}{\partial t} dV + \int_V \rho \left( u \frac{\partial u}{\partial x} + v \frac{\partial u}{\partial y} + w \frac{\partial u}{\partial z} \right) dV$$

$$= \int_V \rho f_x dV - \int_V \frac{\partial p}{\partial x} dV \tag{2.34}$$

ここで，上式左辺第 2 項中の被積分部分を項別に部分積分する。

$$\int_V u \frac{\partial u}{\partial x} dV = \int_S u^2 \cos(x, \boldsymbol{n}) dS - \int_V u \frac{\partial u}{\partial x} dV \tag{2.35}$$

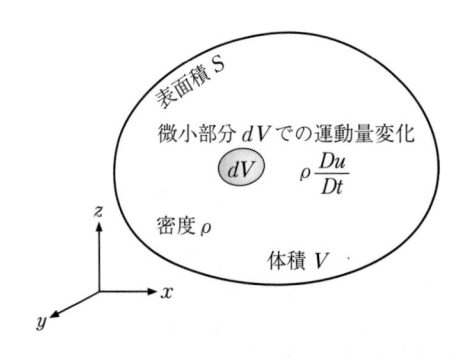

図 2.6　検査領域での運動量収支

$$\int_V v\frac{\partial u}{\partial y}dV = \int_S uv\cos(y,\,\boldsymbol{n})dS - \int_V u\frac{\partial v}{\partial y}dV \tag{2.36}$$

$$\int_V w\frac{\partial u}{\partial z}dV = \int_S uw\cos(z,\,\boldsymbol{n})dS - \int_V u\frac{\partial w}{\partial z}dV \tag{2.37}$$

ここに，$\boldsymbol{n}$ は面 $S$ に対して外向きに取られた法線ベクトルである。$(x,\,\boldsymbol{n})$ は $x$ 軸と $\boldsymbol{n}$ がなす角を示し，$\cos(x,\,\boldsymbol{n})$ は方向余弦と呼ばれる。$(y,\,\boldsymbol{n})$ と $(z,\,\boldsymbol{n})$ も同様である。これらの式より，式 (2.34) の左辺第 2 項はつぎのように変形できる。

$$\int_V \rho\left(u\frac{\partial u}{\partial x}+v\frac{\partial u}{\partial y}+w\frac{\partial u}{\partial z}\right)dV$$
$$= \int_S \rho u\{u\cos(x,\,\boldsymbol{n})+v\cos(y,\,\boldsymbol{n})+w\cos(z,\,\boldsymbol{n})\}dS - \int_V \rho u\left(\frac{\partial u}{\partial x}+\frac{\partial v}{\partial y}+\frac{\partial w}{\partial z}\right)dV \tag{2.38}$$

式 (2.38) の右辺第 2 項の被積分部分に対して式 (2.18) の非圧縮性流体の連続式を適用すれば，式 (2.38) の右辺第 2 項はゼロとなる。また，式 (2.34) の右辺第 2 項は，グリーン・ガウスの定理より，つぎのように表せる。

$$\int_V \frac{\partial p}{\partial x}dV = \int_S p\cos(x,\,\boldsymbol{n})dS \tag{2.39}$$

式 (2.34) に式 (2.38) および式 (2.39) を適用すれば，次式を得る。

$$\underbrace{\int_V \rho\frac{\partial u}{\partial t}dV}_{\text{①}} + \underbrace{\int_S \rho u\{u\cos(x,\,\boldsymbol{n})+v\cos(y,\,\boldsymbol{n})+w\cos(z,\,\boldsymbol{n})\}dS}_{\text{②}}$$
$$= \underbrace{\int_V \rho f_x dV}_{\text{③}} - \underbrace{\int_S p\cos(x,\,\boldsymbol{n})dS}_{\text{④}} \tag{2.40}$$

この式は図 2.6 で示す流体の検査領域（流体塊）における運動量の保存を表しており，**運動量方程式**と呼ばれる。各項はつぎのような物理的意味を持っている。

① 体積 $V$ の流体塊の単位時間当りの運動量変化。すなわち，運動量の時間変化率。

② 流体塊の表面 $S$ を通って流出する単位時間当りの運動量（外向き法線ベクトル $\boldsymbol{n}$ の方向を正とするので，流出が正，流入が負となる）。

③ 体積 $V$ の流体塊に作用する質量力の総和。

④ 流体塊の表面 $S$ に作用する圧力の総和（積分内では外向き法線ベクトル $\boldsymbol{n}$ の方向が正となるが，項としては負なので，面 $S$ の外から内向きに作用する圧力が正となる）。

---

**課題 2.1**

運動量方程式は渦を伴う流れや物体に作用する流体力の計算に対して威力を発揮する。ところが，領域内の各点の流速など，流れの様子を知るには，運動量方程式は不向きとなる。これらの理由を説明せよ。

## 2.4 ベルヌーイの定理による損失を無視した流れの記述

### 2.4.1 オイラーの運動方程式の積分によるベルヌーイの定理の導出

式 (2.31) ～式 (2.33) で表されるオイラーの運動方程式を用いて，式 (2.11) で示したベルヌーイの定理を導いてみる。

まず，$x$ 方向のオイラーの運動方程式の左辺（加速度項）をつぎのように変形する。

$$\frac{Du}{Dt} = \frac{\partial u}{\partial t} + u\frac{\partial u}{\partial x} + v\frac{\partial u}{\partial y} + w\frac{\partial u}{\partial z} = \frac{\partial u}{\partial t} + \frac{1}{2}\frac{\partial U^2}{\partial x} + \left(-v\omega_z + w\omega_y\right) \tag{2.41}$$

ここに，$U$ は流速ベクトルの大きさであり，$\omega_y$ および $\omega_z$ とともに，次式で表される。

$$U = \sqrt{u^2 + v^2 + w^2} \tag{2.42}$$

$$\omega_y = \frac{\partial u}{\partial z} - \frac{\partial w}{\partial x}, \quad \omega_z = \frac{\partial v}{\partial x} - \frac{\partial u}{\partial y} \tag{2.43}$$

一方，$x$ 方向のオイラーの運動方程式の右辺第1項（質量力項）は，式 (2.22) で定義される力のポテンシャル $\Omega$ を用いれば，つぎのように表される。

$$f_x = -\frac{\partial \Omega}{\partial x} \tag{2.44}$$

以上より，$x$ 方向のオイラーの運動方程式はつぎのように変形できる。

$$\frac{\partial u}{\partial t} + u\frac{\partial u}{\partial x} + v\frac{\partial u}{\partial y} + w\frac{\partial u}{\partial z} = f_x - \frac{1}{\rho}\frac{\partial p}{\partial x} \tag{2.31}$$

$$\frac{\partial u}{\partial t} + \frac{1}{2}\frac{\partial U^2}{\partial x} - \left(v\omega_z - w\omega_y\right) = -\frac{\partial \Omega}{\partial x} - \frac{\partial}{\partial x}\left(\frac{p}{\rho}\right) \tag{2.45}$$

式 (2.45) の左辺第3項について

$$v\omega_z - w\omega_y = 0 \tag{2.46}$$

が成り立つと仮定すれば，式 (2.45) は次式となる。

$$\frac{\partial u}{\partial t} + \frac{\partial}{\partial x}\left(\frac{U^2}{2} + \Omega + \frac{p}{\rho}\right) = 0 \tag{2.47}$$

定常流では，式 (2.47) の左辺第1項（非定常項）は

$$\frac{\partial u}{\partial t} = 0 \tag{2.48}$$

と扱えるので，式 (2.47) の両辺を $x$ で積分すれば次式を得る。

$$\frac{U^2}{2} + \Omega + \frac{p}{\rho} = E_1(y, z) \tag{2.49}$$

ここに，$E_1$ は積分定数であり，$x$ に依存しない関数（$y$ および $z$ のみの関数）として扱われる。

$y$ 方向および $z$ 方向のオイラーの運動方程式についても同様に変形すれば，つぎのようになる。

$$\frac{U^2}{2} + \Omega + \frac{p}{\rho} = E_2(x, z) \tag{2.50}$$

$$\frac{U^2}{2} + \Omega + \frac{p}{\rho} = E_3(x, y) \tag{2.51}$$

式（2.49）〜式（2.51）が同時に満足されるためには，次式が成り立たなければならない．

$$E_1(y, z) = E_2(x, z) = E_3(x, y) = E_0 \quad (=\text{一定}) \tag{2.52}$$

質量力が重力だけの場合には，力のポテンシャル$\Omega$は式（2.24）で表されるため，これを適用し，$E = E_0/g$とすれば，式（2.11）で示したつぎのベルヌーイの定理が得られる．

$$\frac{U^2}{2g} + z + \frac{p}{\rho g} = E \quad (=\text{一定}) \tag{2.53}$$

### 2.4.2 ベルヌーイの定理の適用条件

式（2.53）で表されるベルヌーイの定理はオイラーの運動方程式を$x$, $y$および$z$方向に積分することにより求められた．ただし，この導出では式（2.46）および式（2.48）が仮定されている．式（2.48）は定常流において成り立つため，ベルヌーイの定理の適用には，流れが定常であることが条件となる．一方，式（2.46）はなにを意味するのであろうか．そこで，この式の意味を考察することにより，ベルヌーイの定理の適用条件について検討してみる．

ベクトル$\boldsymbol{u} = (u, v, w)$の回転rot $\boldsymbol{u}$は，微分演算子ベクトル$\nabla = (\partial/\partial x, \partial/\partial y, \partial/\partial z)$と$\boldsymbol{u}$との外積として，次式で表される（付録B.4.2参照）．

$$\boldsymbol{\omega} = \text{rot}\,\boldsymbol{u} = \nabla \times \boldsymbol{u} = \begin{vmatrix} \boldsymbol{i} & \boldsymbol{j} & \boldsymbol{k} \\ \partial/\partial x & \partial/\partial y & \partial/\partial z \\ u & v & w \end{vmatrix} = (\omega_x, \omega_y, \omega_z) \tag{2.54}$$

$$\omega_x = \frac{\partial w}{\partial y} - \frac{\partial v}{\partial z}, \quad \omega_y = \frac{\partial u}{\partial z} - \frac{\partial w}{\partial x}, \quad \omega_z = \frac{\partial v}{\partial x} - \frac{\partial u}{\partial y} \tag{2.55}$$

$\boldsymbol{\omega}$は**渦度ベクトル**と呼ばれ，その成分$\omega_x$, $\omega_y$および$\omega_z$を各軸周りの**渦度**（vorticity）という．$\boldsymbol{\omega} = \boldsymbol{0}\,(\omega_x = \omega_y = \omega_z = 0)$のときの流れを**渦なし**，$\boldsymbol{\omega} \neq \boldsymbol{0}$のときの流れを**渦あり**と呼ぶ．式（2.46）の左辺には$\omega_y$と$\omega_z$が含まれるため，流れが渦なしの場合には式（2.46）が成り立つことになる．一方

$$\frac{v}{w} = \frac{\omega_y}{\omega_z} \tag{2.56}$$

となる場合にも，式（2.46）は成立する．これは速度ベクトルの傾きと渦度ベクトルの傾きが等しいことを示している．流線上ではつねに式（2.56）が成り立つ[†]．つまり，渦ありの場合であっても，1本の流線上であれば，式（2.46）は成立する．

以上より，ベルヌーイの定理を適用するには，つぎのいずれかの条件が満足されている必要があることがわかる．

　　条件1：定常で渦なしの流れ

　　条件2：定常流の中の同一の流線上

1次元流れを対象とする場合には条件2を満足するため，ベルヌーイの定理が適用可能となる．

### 2.4.3 ベルヌーイの定理の各項の意味とエネルギー保存則との関係

2.1.5項では，質点系力学でのエネルギー保存則との対応からベルヌーイの定理について検討した。ベルヌーイの定理の各項の意味について，2.4.1項でのオイラーの運動方程式からの導出過程を振り返りながら考えてみる。

ベルヌーイの定理での速度水頭を表す式（2.53）左辺第1項は式（2.31）～式（2.33）の各式左辺の移流項に含まれる $u(\partial u/\partial x)$，$v(\partial v/\partial y)$ および $w(\partial w/\partial z)$ から導かれている。例えば，$u(\partial u/\partial x)$ は $x$ 方向の流速 $u$ の差に伴う流速 $u$ の移流を表している。これを流れの方向に積分することで，流体移動による慣性力がなすエネルギー（仕事）の効果を表現でき，これが速度水頭になっているといえる。

式（2.53）左辺第2項の位置水頭は式（2.31）～式（2.33）の各式右辺第1項の外力項（質量力項）と対応している。ベルヌーイの定理の導出では，質量力として重力のみを考えていたため，重力によるエネルギー，すなわち位置エネルギーそのものを表すことになっている。

式（2.53）左辺第3項の圧力水頭は式（2.31）～式（2.33）の各式右辺第2項の圧力項から導かれている。オイラーの運動方程式における圧力項は圧力の空間的な差に伴って発生する力に対応しているが，ベルヌーイの定理では，この力によるエネルギーが圧力水頭として表現されている。

なお，式（2.53）は完全流体の運動方程式であるオイラーの運動方程式から導かれており，流体の粘性などによるエネルギー損失は考慮されていない。エネルギー損失に伴う水頭は損失水頭と呼ばれ，6章で詳しく扱う。

## 2.5 オイラーの運動方程式，運動量方程式，ベルヌーイの定理の相互関係

2.3.3項および2.4.1項では，運動量方程式およびベルヌーイの定理がオイラーの運動方程式か

---

前頁† 流線上において式（2.56）が成立することの説明

式（2.45）で示したオイラーの運動方程式の変形をすべての成分について記載すれば，次式となる。

$$\frac{\partial u}{\partial t} + \frac{1}{2}\frac{\partial U^2}{\partial x} - (v\omega_z - w\omega_y) = -\frac{\partial \Omega}{\partial x} - \frac{\partial}{\partial x}\left(\frac{p}{\rho}\right) \quad (2.45)$$

$$\frac{\partial v}{\partial t} + \frac{1}{2}\frac{\partial U^2}{\partial y} - (w\omega_x - u\omega_z) = -\frac{\partial \Omega}{\partial y} - \frac{\partial}{\partial y}\left(\frac{p}{\rho}\right) \quad (2.57)$$

$$\frac{\partial w}{\partial t} + \frac{1}{2}\frac{\partial U^2}{\partial z} - (u\omega_y - v\omega_x) = -\frac{\partial \Omega}{\partial z} - \frac{\partial}{\partial z}\left(\frac{p}{\rho}\right) \quad (2.58)$$

これら各式の左辺第3項は流速ベクトル $\boldsymbol{u}=(u, v, w)$ と渦度ベクトル $\boldsymbol{\omega}=(\omega_x, \omega_y, \omega_z)$ の外積 $\boldsymbol{u}\times\boldsymbol{\omega}$ を表す。

$$\boldsymbol{u}\times\boldsymbol{\omega} = \begin{vmatrix} \boldsymbol{i} & \boldsymbol{j} & \boldsymbol{k} \\ u & v & w \\ \omega_x & \omega_y & \omega_z \end{vmatrix} = \begin{pmatrix} v\omega_z - w\omega_y \\ w\omega_x - u\omega_z \\ u\omega_y - v\omega_x \end{pmatrix} \quad (2.59)$$

外積の定義より，ベクトル $\boldsymbol{u}\times\boldsymbol{\omega}$ は，ベクトル $\boldsymbol{u}$ とベクトル $\boldsymbol{\omega}$ を二辺とする平行四辺形の面積に等しい大きさを持ち，この平行四辺形に直交する方向（$\boldsymbol{u}$ から $\boldsymbol{\omega}$ に向かうように回転する右ねじの進む方向）に等しくなる（図2.7）。このため，ベクトル $\boldsymbol{u}\times\boldsymbol{\omega}$ の流れ方向成分（$\boldsymbol{u}$ の方向成分）は必ずゼロになる。流線は $\boldsymbol{u}$ を接線とする曲線であるため，流線上では $\boldsymbol{u}\times\boldsymbol{\omega}$ はいつもゼロとなることがわかる。

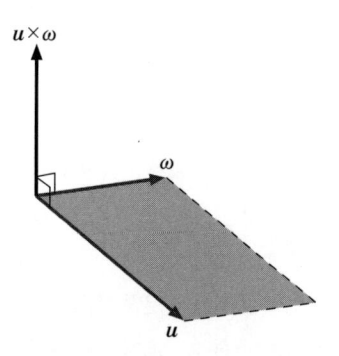

図2.7 ベクトル $\boldsymbol{u}$ とベクトル $\boldsymbol{\omega}$ の外積 $\boldsymbol{u}\times\boldsymbol{\omega}$

ら導かれた。**図2.8**は，オイラーの運動方程式からの運動量方程式およびベルヌーイの定理のそれぞれの導出過程をまとめて示したものである。この図を用いて，これら三つの基礎式の相互関係について考察してみる。

① オイラーの運動方程式
$(x\text{方向}) \quad \dfrac{\partial u}{\partial t} + u\dfrac{\partial u}{\partial x} + v\dfrac{\partial u}{\partial y} + w\dfrac{\partial u}{\partial z} = f_x - \dfrac{1}{\rho}\dfrac{\partial p}{\partial x}$

$(y\text{方向}) \quad \dfrac{\partial v}{\partial t} + u\dfrac{\partial v}{\partial x} + v\dfrac{\partial v}{\partial y} + w\dfrac{\partial v}{\partial z} = f_y - \dfrac{1}{\rho}\dfrac{\partial p}{\partial y}$

$(z\text{方向}) \quad \dfrac{\partial w}{\partial t} + u\dfrac{\partial w}{\partial x} + v\dfrac{\partial w}{\partial y} + w\dfrac{\partial w}{\partial z} = f_z - \dfrac{1}{\rho}\dfrac{\partial p}{\partial z}$

①' 1次元流れのオイラーの運動方程式
(流線 $s$ 上) $\dfrac{\partial q}{\partial t} + q\dfrac{\partial q}{\partial s} = f_s - \dfrac{1}{\rho}\dfrac{\partial p}{\partial s}$

質量力が重力だけの場合
$f_s = -\dfrac{\partial \Omega}{\partial s} = -g\dfrac{\partial z}{\partial s}$

両辺に流体密度 $\rho$ を掛けて対象領域の体積 $V$ について積分

流線 $s$ について積分

連続式
$\dfrac{\partial u}{\partial x} + \dfrac{\partial v}{\partial y} + \dfrac{\partial w}{\partial z} = 0$

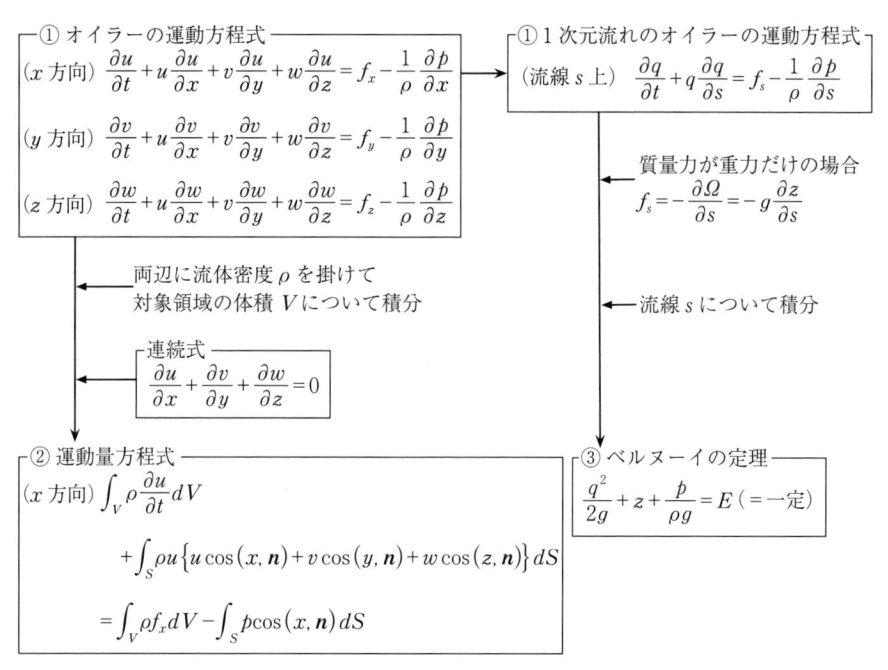

② 運動量方程式
$(x\text{方向}) \displaystyle\int_V \rho\dfrac{\partial u}{\partial t}dV$
$\quad + \displaystyle\int_S \rho u\{u\cos(x,\boldsymbol{n}) + v\cos(y,\boldsymbol{n}) + w\cos(z,\boldsymbol{n})\}dS$
$\quad = \displaystyle\int_V \rho f_x dV - \int_S p\cos(x,\boldsymbol{n})dS$

③ ベルヌーイの定理
$\dfrac{q^2}{2g} + z + \dfrac{p}{\rho g} = E \,(\,=\text{一定}\,)$

**図2.8** オイラーの運動方程式による運動量方程式とベルヌーイの定理の導出過程
（②運動量方程式については，$x$ 方向のみを表記）

各式の形からわかるように，数学的には，つぎのように分類できる。

① オイラーの運動方程式：偏微分方程式
② 運動量方程式　　　　：積分方程式
③ ベルヌーイの定理　　：代数方程式

①は，基本的には，流体粒子に作用する力の釣合いを表しており，流体中の微小な領域に着目している。このため，偏微分方程式として表される。これに対して，②は流体内のある領域内の運動量保存を示しているため，対象領域の積分量に関する釣合いの式の形となっている。③は一つの流線上に関するエネルギーの保存であり，流線上の各エネルギーの総和として表現される。このため，数学的には，オイラーの運動方程式（①）を基本としつつ，これを体積 $V$ で積分したもの（②）であるか，流線 $s$ について積分したもの（③）であるかの相違しかないことがわかる。

ただし，運動量方程式において対象とする領域の大きさを微小にすれば，この微小領域における運動量変化を表す式となるため，運動量方程式とオイラーの運動方程式は一致することになる。また，図2.8に示す導出過程からも明らかなように，ベルヌーイの定理は，流れの主要部分（流線）に着目して，その部分の現象だけを抽出したものともいえる。つまり，解析対象とする現象を力で考えるのか，運動量で考えるのか，エネルギーで考えるのかといった力学的アプローチの相違が対

象領域の違いとして表れている。各基礎式の対象領域と適用に有用となる現象を**表2.1**にまとめて示す。

表2.1 完全流体の基礎式とその適用対象・解析対象

| 完全流体の基礎式 | 対象領域 | 有用な解析対象 | 具体例 |
|---|---|---|---|
| ① オイラーの運動方程式 | 流体粒子 | 流れのミクロな状態 | 流れの中の各点の流速や圧力を知る |
| ② 運動量方程式 | 任意の閉領域 | 流れ全体のマクロな状態 | 領域境界での流れの様子を把握<br>エネルギー損失を伴う流れ場の解析<br>(渦を伴う流れ，物体に作用する流体力) |
| ③ ベルヌーイの定理 | 任意の流線上 | 流れの中の代表的な部分の状態 | 一様な流れの中の平均的な流速分布や圧力分布を知る |

## 演習問題

**【2.1】** 力，長さおよび時間の単位をそれぞれN，mおよびsとするとき，位置水頭，速度水頭，圧力水頭の単位がすべてmと表されることを示せ。

**【2.2】** 図2.9に示す断面積 $A$ の矩形断面管路において，$x$ 方向のみに流れが存在している。$x$ 方向の流速を $u$ とするとき，式 (2.18) を用いて，連続式が $Au = C$ （＝一定）と表されることを示せ。

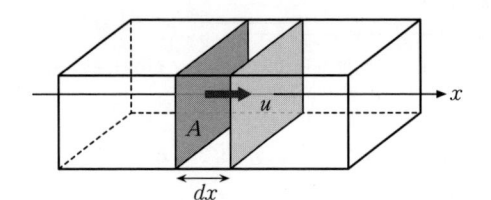

図2.9 演習問題2.2

**【2.3】** 2次元の速度場が次式のように与えられているとき，以下の問いに答えよ。
$$u(x, y, t) = x, \quad v(x, y, t) = -y \tag{2.60}$$
(1) 速度ベクトル場を $x, y$ が（−2～2）の範囲でそれぞれ描け。
(2) 点 (1, 1) を通る流線の式を求めよ。
(3) 全体的な流線の概略図を（1）で描いた図中に描き入れよ。
(4) 非定常加速度ベクトルを求めよ。
(5) 移流加速度ベクトルを求めよ。
(6) この流れ場に湧出しや吸込みがあるかどうか調べよ。
(7) この流れ場が回転しているかどうか調べよ。

**【2.4】** 図2.3のような $s$ 軸上の1次元流れ（流速 $q$）について，オイラーの運動方程式は次式で表される。
$$\frac{\partial q}{\partial t} + q\frac{\partial q}{\partial s} = f_s - \frac{1}{\rho}\frac{\partial p}{\partial s} \tag{2.61}$$
これを用いて，定常な1次元流れにおけるベルヌーイの定理を導け。

# 【基礎編】
# 3 静止流体の力学
## 流れの基礎式の応用として静水力学の原理を理解する

### 確認クイズ

以下の問いでは，簡単のために重力加速度 $g=10\,\mathrm{m/s^2}$ および水の密度 $\rho=1\,000\,\mathrm{kg/m^3}$ とする。

3.1　静水圧は，なにに比例して大きくなるか。

3.2　底面が 1 m 四方の正方形の箱に深さ 2 m まで水が入っている。底面に作用する水の圧力を求めよ。

3.3　1.0 Pa の水圧が生じるのは水深が何 cm のときか。

3.4　パイプ内の液面の高さから圧力を測定する装置をなんと呼ぶか。

3.5　平面（面積 $A$，面の図心までの深さ $z_\mathrm{G}$）に作用する全水圧 $P$ の式を記せ。

3.6　図 3.1 のように水面下 0.5 m にある 1.0 m 四方のドアに作用する全水圧を求めよ。

3.7　断面 2 次モーメントの定義式を記せ。

3.8　浮体の安定が中立となるものを二つ挙げよ。

3.9　図 3.2 はある浮体が傾いたときの不安定な状態を示している。この図に重心 G，浮心 C および傾心 M を書き入れ，この浮体が不安定であることを，モーメントを使って説明せよ。補助線が必要なら書き入れること。

3.10　水平方向（$x$ 方向）に加速中の相対的静止問題を考えるとき，オイラーの運動方程式はどのように簡略化されるか。

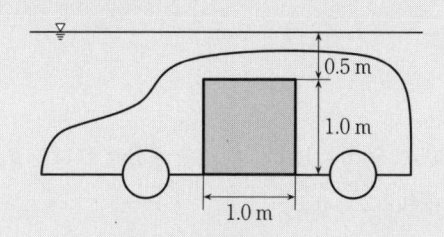

図 3.1　確認クイズ 3.6

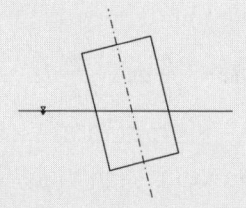

図 3.2　確認クイズ 3.9

## 3.1 オイラーの運動方程式による静水圧の表現

### 3.1.1 オイラーの運動方程式による静水圧の基礎式の導出

式（2.31）～式（2.33）で表されるオイラーの運動方程式を用いて，静水圧の表示式を導いてみる。ここでは，理解を容易にするため，図 3.3 に示すように，水面上に $x$ 軸および $y$ 軸，鉛直下向きに $z$ 軸となる直交座標系において，座標 $(x, y, z)$ での圧力 $p$ を求めることとする。

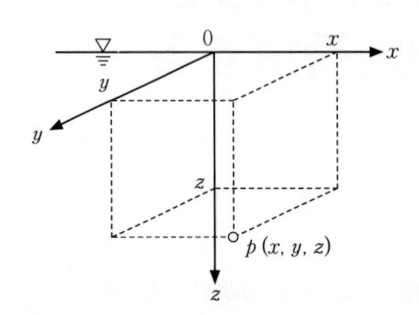

**図 3.3** 静止流体中の圧力と座標系

オイラーの運動方程式を再掲すると

$$\frac{\partial u}{\partial t} + u\frac{\partial u}{\partial x} + v\frac{\partial u}{\partial y} + w\frac{\partial u}{\partial z} = f_x - \frac{1}{\rho}\frac{\partial p}{\partial x} \tag{2.31}$$

$$\frac{\partial v}{\partial t} + u\frac{\partial v}{\partial x} + v\frac{\partial v}{\partial y} + w\frac{\partial v}{\partial z} = f_y - \frac{1}{\rho}\frac{\partial p}{\partial y} \tag{2.32}$$

$$\frac{\partial w}{\partial t} + u\frac{\partial w}{\partial x} + v\frac{\partial w}{\partial y} + w\frac{\partial w}{\partial z} = f_z - \frac{1}{\rho}\frac{\partial p}{\partial z} \tag{2.33}$$

と表される。いま，静止流体を対象とするので，流速成分および質量力成分は次式で与えられる。

$$u = v = w = 0 \tag{3.1}$$

$$f_x = f_y = 0, \ f_z = g \tag{3.2}$$

これらを式（2.31）～式（2.33）に代入すると，次式が得られる。

$$0 = -\frac{1}{\rho}\frac{\partial p}{\partial x} \longrightarrow \frac{\partial p}{\partial x} = 0 \tag{3.3}$$

$$0 = -\frac{1}{\rho}\frac{\partial p}{\partial y} \longrightarrow \frac{\partial p}{\partial y} = 0 \tag{3.4}$$

$$0 = g - \frac{1}{\rho}\frac{\partial p}{\partial z} \longrightarrow \frac{\partial p}{\partial z} = \rho g \tag{3.5}$$

全微分の法則より

$$dp = \frac{\partial p}{\partial x}dx + \frac{\partial p}{\partial y}dy + \frac{\partial p}{\partial z}dz \tag{3.6}$$

と表されるので，上式に式（3.3）～式（3.5）を代入して，両辺を積分すれば，$p|_{z=0} = p_0$ の境界条件のもとで，つぎのように圧力 $p$ が求められる。

$dp = \rho g dz$

$p = \rho g z + p_0$ ：静水圧の基礎式（静水圧分布の式） (3.7)

こうして求められた圧力 $p$ は静止流体中での圧力を表しており，水を対象とする場合には**静水圧**（hydrostatic pressure）と呼ばれることから，式（3.7）を**静水圧の基礎式**という。静水圧 $p$ は図**3.4**に示すように水面からの深さ $z$ に比例して大きくなり，$x$ および $y$ には無関係で，$z$ だけの 1 次関数で表される分布形を示す。このため，式（3.7）は**静水圧分布の式**とも呼ばれる。

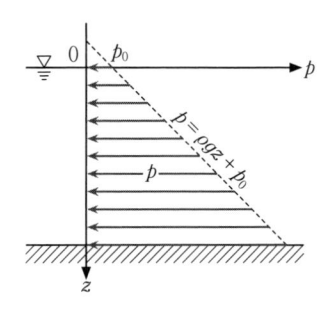

**図 3.4** 静水圧分布

### 3.1.2 積分定数 $p_0$ の意味とゲージ圧

式（3.7）で表される静水圧分布の式には，水面での圧力 $p_0$ が積分定数として使われている。図 3.3 や図 3.4 の例では，水面には大気の重さが大気圧として作用しており，これが $p_0$ として水中の圧力に加わっている（**図 3.5**）。このため，水の作用による圧力だけを考える場合には，大気圧を基準とした相対的な圧力 $p - p_0$ を用いるほうが都合が良い。この $p - p_0$ を**ゲージ圧**（gauge pressure）と呼び，これに対して式（3.7）のように $p_0$ を含む $p$ を**絶対圧**（absolute pressure）という。絶対圧は絶対真空の状態を基準として測定される圧力であり，マイナスの値になることはない。一方，ゲージ圧は大気圧を基準とするため，大気圧よりも小さな圧力ではマイナスになる。このときのゲージ圧を**負圧**（negative pressure）と呼ぶ。水理学では，特に断りのない限り，ゲージ圧を用いる。

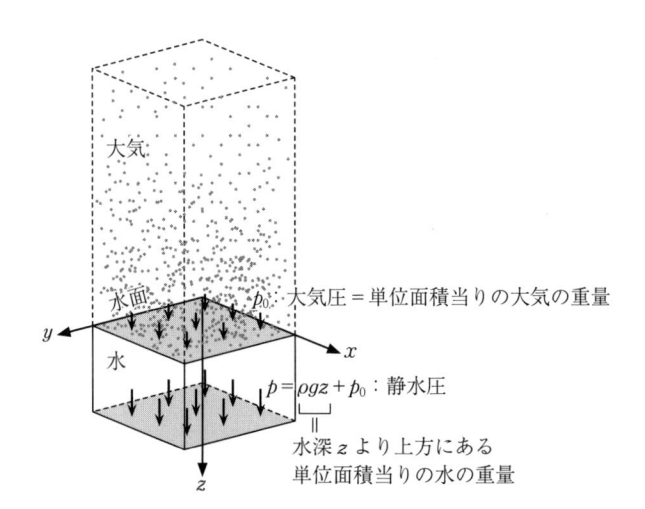

**図 3.5** 水面に作用する大気圧と水中での圧力

### 3.1.3 マノメーター

式（3.7）を利用することにより，圧力を計測することができる。例として，土砂と水を入れた容器内の水圧を計測する原理を**図3.6**に示す。土砂の中の水には土砂の重さが作用するとともに，毛管作用による水位変化などが生じるため，容器中の水面の高さだけから内部の水圧（間隙水圧）を知ることはできない。しかし，土砂内に細いパイプを差し込み，パイプ内の水の高さ $h$ を計測すれば，パイプを差し込んだ位置での水圧 $p$ を次式で求めることができる。

$$p = \rho g h + p_0 \tag{3.8}$$

これは，パイプ内の水は静止しており，式（3.7）を適用できることによる。式（3.7）と同様に，式（3.8）では水圧 $p$ はパイプ内の水位 $h$ だけによって変化するため，パイプの経路は関係しない。大気圧を基準としたゲージ圧は次式で表される。

$$p = \rho g h \tag{3.9}$$

このように，パイプ内の液体の高さから水圧を測定する装置を**マノメーター**（manometer，水位計）という。また，このような細いパイプはピエゾ管またはピエゾメーターと呼ばれる。

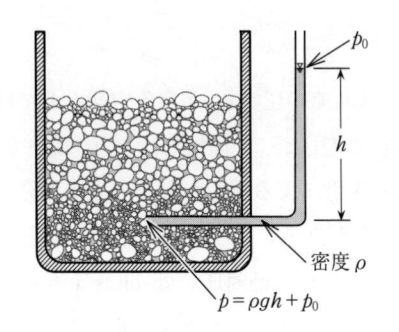

**図3.6** マノメーターによる水圧の測定原理

---

例題 3.1　**差圧式マノメーター**

**図3.7**に示すように，管径の変化する円管内を密度 $\rho$ の水が流れている。点Aおよび点Bの位置には細いパイプが接続され，このパイプ内には密度 $\rho_0$ の油が入っている。パイプ内の水と油の境界面，点Aおよび点Bの位置の高さが図中に示す $h_1$，$h_2$，$h_3$ であるとき，点Aと点Bの圧力差 $\Delta p$（差圧）を求めよ。

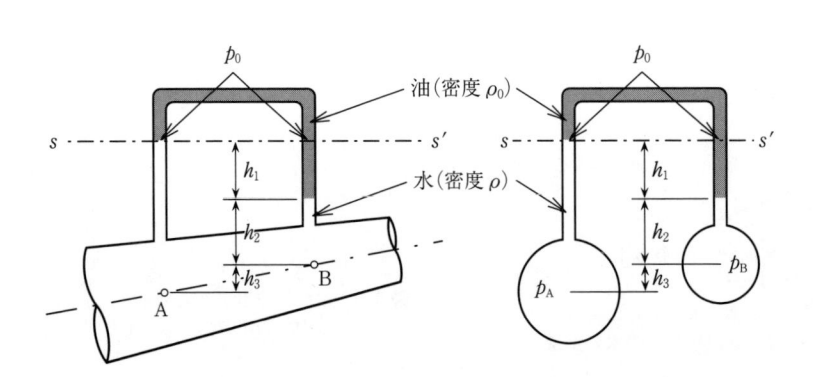

**図3.7** 差圧式マノメーターによる水圧差の測定原理

## 【解　答】

$s$–$s'$ 面でのパイプ内の圧力を $p_0$ とすれば，パイプ内の水と油による静水圧より，点Aおよび点Bでの圧力 $p_A$ および $p_B$ は次式で表される。

$$p_A = \rho g(h_1 + h_2 + h_3) + p_0 \tag{3.10}$$

$$p_B = \rho_0 g h_1 + \rho g h_2 + p_0 \tag{3.11}$$

これらより，差圧 $\Delta p$ はつぎのように求められる。

$$\Delta p = p_A - p_B = \rho g(h_1 + h_3) - \rho_0 g h_1 \tag{3.12}$$

図3.7に示す差圧を計測する装置を**差圧式マノメーター（差圧計）**といい，管路流れでの圧力差を測定する際の原理になっている。なお，流れの中に差し込まれたパイプの内部では液体は静止しているため，静水圧として扱える。

---

### コラム　大気圧

水面にかかる大気の圧力は，およそ1気圧であり，1気圧は1 013 hPa（ヘクトパスカル）である。以前は1 013 mb（ミリバール）という言い方をしていたが，圧力の単位にPa（パスカル）を使うようになって，それまでのミリバール単位での数値と合わせるためにヘクト（100倍を表す）を使って，hPaを使うこととした。普段はあまり大気圧を気にしていないが，天気予報で台風の中心気圧が955 hPaなどと報じられると，われわれはその台風の強さを意識することができる。

イタリア人のトリチェリ（1608～1647）は，いわゆる**トリチェリの実験**で，ガラス管の水銀柱が約760 mmの高さで大気圧と釣り合うこと，それが日々変動することを示した。水銀の元素記号Hgを使って，1気圧＝760 mmHgあるいはトリチェリの名からとった単位Torr（トル）を使って，760 Torrとも表現する。

フランス人のパスカル（1623～1662）は，トリチェリの実験を追試し，ガラス管の太さ，形状や傾きを変えても水銀柱の高さは変わらず，面積当りの圧力同士が釣り合っていることを示した。いわゆる**パスカルの原理**である。この実験にちなみ，圧力の単位にはPaを使うようになった。病弱なパスカルは，姉の夫ペリエに頼んで山に登ってもらい，標高が上がると気圧が下がることも検証してもらった。

日本では，mmHgを1945年まで使っていたが，1945年からmb，さらに，1992年12月から計量法の規定により国際単位系（SI）を使うこととし，hPaを用いることとした。

静止流体の力学では，大気圧は0とし，水面下の圧力（ゲージ圧）のみを考えるので，大気圧の変動に注意を払わない。しかしながら，大気圧は時々刻々変化するので，実際の場面では要注意である。台風や低気圧が近づくと，大気圧が低下するために海水面が持ち上げられ，風で海岸に打ち寄せられ高潮が発生する。

それにしても，トリチェリ，パスカルともに40歳までで若くして他界してしまった。トリチェリは腸チフスが原因であったらしい。早熟の天才といわれ短い人生の中で多くの業績や考察を残したパスカルは，ずっと病弱であったという。その境遇が，彼に「人間は考える葦である」との名言を残させたのである。

## 3.2 壁面に作用する静水圧

### 3.2.1 平面に作用する全水圧とその作用点位置

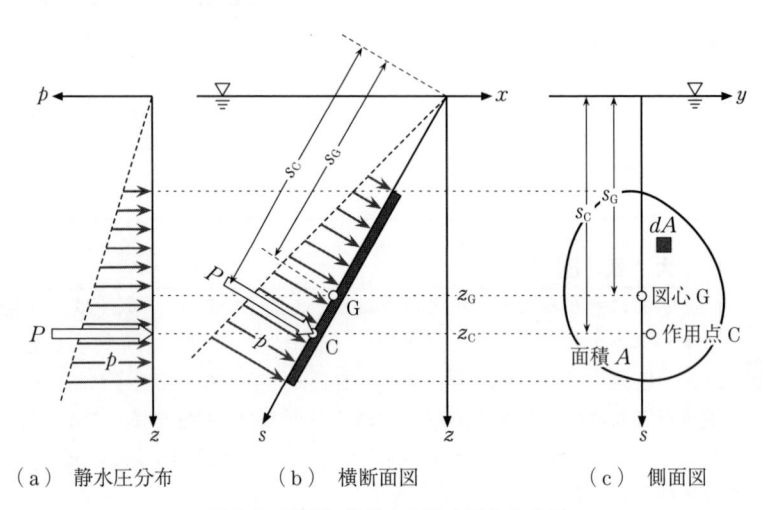

式 (3.7) で表される静水圧分布の式を用いて，図 3.8 に示す任意形状の平面に作用する静水圧の総和（全水圧）とその作用点位置を求めてみる。図 3.8 では，水面上に $x$ 軸および $y$ 軸を設け，鉛直下向きに $z$ 軸，平面に沿う方向に $s$ 軸をとっている。

（a）静水圧分布　　　（b）横断面図　　　（c）側面図

**図 3.8** 平面に作用する静水圧と全水圧

式 (3.7) において，大気圧を基準としたときの深さ $z$ の点に作用する静水圧 $p$ は次式で表される。

$$p = \rho g z \tag{3.13}$$

解析対象とする平面全体に静水圧 $p$ が作用しているので，静水圧 $p$ を面全体で積分することでその総和としての全水圧 $P$ が求められる。

$$P = \int_A p dA = \rho g \int_A z dA \tag{3.14}$$

式 (3.14) 中の $\int_A z dA$ は断面 1 次モーメント[†]を表しているため，対象とする平面図形の図心 G の座標 $z_G$ とその面積 $A$ の積として求められる。

$$\int_A z dA = z_G A \tag{3.18}$$

これより，全水圧 $P$ はつぎのように表されることになる。

$$P = \rho g z_G A \tag{3.19}$$

全水圧 $P$ の作用点 C の位置 $s_C$ は，全水圧 $P$ によるモーメントと静水圧分布 $p$ によるモーメントの総和が等しい位置として求められる。

$$P s_C = \int_A p s dA \tag{3.20}$$

式 (3.20) に式 (3.13) および式 (3.19) を代入すれば，$s_C$ はつぎのように求められる。

$$s_C = \frac{\int_A psdA}{P} = \frac{\int_A \rho gzsdA}{\rho gz_G A} = \frac{\int_A s^2 dA}{s_G A} = s_G + \frac{I_G}{s_G A} \tag{3.21}$$

なお，上式の導出において，つぎの平行軸の定理を用いている。

$$\int_A s^2 dA = I_G + s_G^2 A \tag{3.22}$$

ここに，$I_G$ は図心 G を通り，$y$ 軸に平行な直線周りの断面 2 次モーメント[†]である。

---

**例題 3.2** **傾いた平面に作用する全水圧**

図 3.11（a）および図 3.11（b）に示すような幅 $b$ の平面壁に作用する全水圧 $P$ とその水平方向成分 $P_x$ および鉛直方向成分 $P_z$ を求めよ。

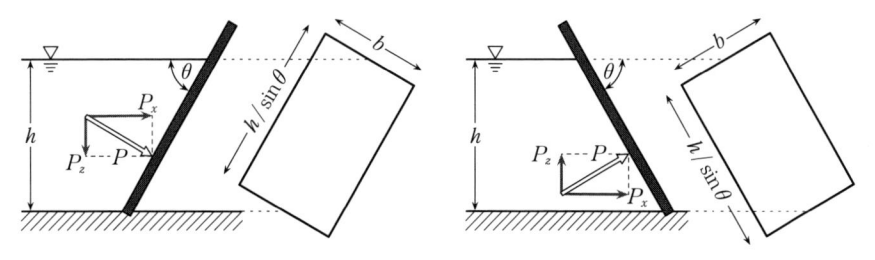

（a）水面と平面壁のなす角が鋭角の場合　　（b）水面と平面壁のなす角が鈍角の場合

**図 3.11** 傾斜壁に作用する全水圧とその水平および鉛直方向成分

---

[†] 断面 1 次モーメントと断面 2 次モーメント
　図 3.9 の任意図形について，$x$ 軸および $y$ 軸周りの断面 1 次モーメント $I_{0x}$ および $I_{0y}$ は次式で定義される。

$$I_{0x} = \int_A ydA = y_G A, \quad I_{0y} = \int_A xdA = x_G A \tag{3.15}$$

同様に，断面 2 次モーメント $I_x$，$I_y$ および $I_{xy}$ は次式で定義される。

$$I_x = \int_A y^2 dA, \quad I_y = \int_A x^2 dA, \quad I_{xy} = \int_A xydA \tag{3.16}$$

例えば，図 3.10 に示す長方形断面の $x$ 軸周りの断面 2 次モーメント $I_x$ はつぎのように求められる。

$$I_x = \int_A y^2 dA = \int_{-\frac{h}{2}}^{\frac{h}{2}} y^2 bdy = \frac{bh^3}{12} \tag{3.17}$$

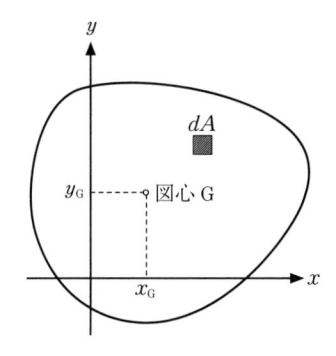

**図 3.9** 任意図形とその図心　　**図 3.10** 長方形の断面

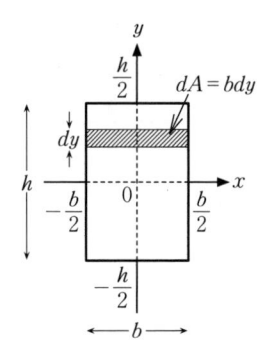

## 【解答】

図 3.11（a）および図 3.11（b）のいずれの場合についても，平面壁の断面積 $A$ および図心深さ $z_G$ はそれぞれ

$$A = \frac{hb}{\sin\theta}, \quad z_G = \frac{h}{2} \tag{3.23}$$

と求められるので，これらを式（3.19）に代入して，全水圧 $P$ がつぎのように得られる。

$$P = \rho g z_G A = \frac{\rho g}{2\sin\theta} h^2 b \tag{3.24}$$

これより，全水圧 $P$ の水平方向成分 $P_x$ および鉛直方向成分 $P_z$ は次式となる。

$$P_x = P\sin\theta = \frac{\rho g}{2} h^2 b \tag{3.25}$$

$$P_z = P\cos\theta = \frac{\rho g}{2\tan\theta} h^2 b \tag{3.26}$$

ただし，図 3.11（a）の場合には鉛直成分 $P_z$ は鉛直下向きに作用するが，図 3.11（b）では $P_z$ は鉛直上向きに働く。

---

幅 $b$ の矩形鉛直壁に作用する水深 $h$ の全水圧 $P$ は式（3.19）より次式となる。

$$P = \rho g \frac{h}{2} hb = \frac{\rho g}{2} h^2 b \tag{3.27}$$

このことより，式（3.25）で導いた傾斜平面に作用する全水圧の水平方向成分は傾斜面を鉛直面に投影した面に作用する全水圧に等しくなることがわかる。一方，式（3.26）は傾斜平面の鉛直上方に存在する水の重量に等しい。図 3.11（a）では，こうした水の重量が鉛直下向きの全水圧として作用している。また，図 3.11（b）の場合には，傾斜平面の鉛直上方部分に相当した水の重量が鉛直上向きの全水圧となっている。このことについては，3.2.3 項で詳しく説明する。

---

例題 3.3 **円形ゲートに作用する全水圧と作用点位置**

図 3.12 に示すように，半径 $r$ の円形断面水路にゲートが取り付けられている。このゲートに作用する全水圧とその作用点深さを求めよ。

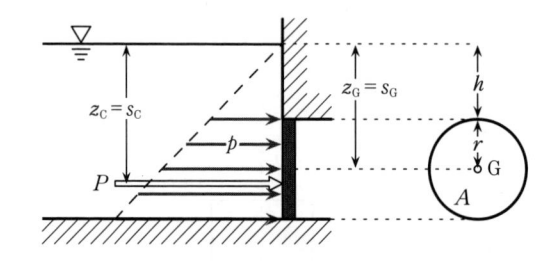

**図 3.12** 円形ゲートに作用する全水圧とその作用点

## 【解答】

円形ゲートの断面積 $A$，図心 G の深さ $z_G$（$=s_G$）および断面 2 次モーメント $I_G$ はつぎのように求められる。

$$A = \pi r^2, \quad z_G = s_G = h + r, \quad I_G = \frac{\pi r^4}{4} \tag{3.28}$$

これらを式（3.19）および式（3.21）に代入すれば，全水圧 $P$ および作用点深さ $s_C$ は次式となる。

$$P = \rho g z_G A = \rho g (h+r) \pi r^2 \tag{3.29}$$

$$s_C = s_G + \frac{I_G}{s_G A} = h + r + \frac{r^2}{4(h+r)} \tag{3.30}$$

### 3.2.2 曲面に作用する全水圧とその作用点位置

静水中の曲面には，曲面に対して垂直に静水圧が作用する．曲面を微小な領域に分割して考えれば，この微小部分の曲面は平面と扱える．任意の3次元曲面を考える場合には方向余弦を用いた扱いが有用となるが，ここでは理解を容易にするため，図3.13に示すように，$y$方向に一様な曲面に作用する静水圧とこれによる全水圧について考えてみる．

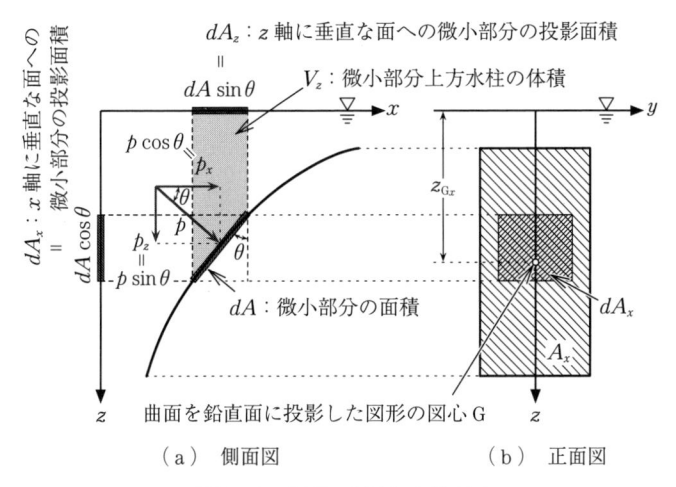

**図3.13** 曲面に作用する静水圧

平面とみなせる微小な曲面部分の面積を$dA$，鉛直面と微小面との傾きを$\theta$とする．微小面に作用する静水圧$p$の$x$方向および$z$方向成分をそれぞれ$p_x$および$p_z$とすれば，微小面全体に作用する$x$方向および$z$方向の全水圧$dP_x$および$dP_z$はつぎのように求められる．

$$dP_x = p_x dA = p dA \cos\theta = p dA_x \tag{3.31}$$

$$dP_z = p_z dA = p dA \sin\theta = p dA_z \tag{3.32}$$

ここに，$dA_x$および$dA_z$はそれぞれ$x$軸および$z$軸に垂直な面への微小面の投影面積である．両式の両辺をそれぞれ積分すれば，曲面全体に作用する全水圧の$x$方向成分$P_x$および$z$方向成分$P_z$が得られる．

$$P_x = \int_{A_x} p dA_x = \rho g \int_{A_x} z dA_x = \rho g z_{G_x} A_x \tag{3.33}$$

$$P_z = \int_{A_z} p dA_z = \rho g \int_{A_z} z dA_z = \rho g V_z \tag{3.34}$$

ここに，$z_{G_x}$は$x$軸に垂直な面への曲面の投影図形（面積$A_x$）の図心深さであり，$V_z$は曲面上の水柱部分の体積（図3.13（a）の灰色部分）を表す．

この結果より，曲面に作用する全水圧の各方向成分について，つぎのように考えることができる．

全水圧の水平成分：曲面を鉛直面に投影した部分に作用する全水圧と一致し，その作用点も平面に作用する全水圧と同様に求められる。

全水圧の鉛直成分：曲面と水面の間の水柱重量に一致し，その作用点は水柱部分の重心を通る。

### 3.2.3 圧力と浮力 ―アルキメデスの原理―

**図 3.14** に示すような静水中にある物体（静止した魚）に作用する圧力について考えてみる。魚の上面（曲面 $BC_1D$）には，図 3.11（a）で考察したように，その上部の水柱部分（領域 $ABC_1DE$：体積 $V_{z_1}$）の重量が全水圧 $P_{z_1}$ として下向きに作用する。

$$P_{z_1} = \rho g V_{z_1} \tag{3.35}$$

一方，魚の下面（曲面 $BC_2D$）には，図 3.11（b）で述べたように，上向きに静水圧が作用しているため，その上部の水柱部分（領域 $ABC_2DE$：体積 $V_{z_2}$）の重量が全水圧 $P_{z_2}$ として上向きに作用する。

$$P_{z_2} = \rho g V_{z_2} \tag{3.36}$$

これらより，魚に作用する下向きの全水圧はつぎのように表される。

$$P_z = P_{z_1} - P_{z_2} = \rho g (V_{z_1} - V_{z_2}) = -\rho g V_0 \tag{3.37}$$

ここに，$V_0$ は魚の体積である。つまり，魚の体積に等しい水の重量が上向きに作用していることになる。これが**アルキメデスの原理**（Archimedes' principle）であり，式（3.37）で表される上向きの全水圧 $\rho g V_0$ を**浮力**（buoyant force, buoyancy）と呼ぶ。

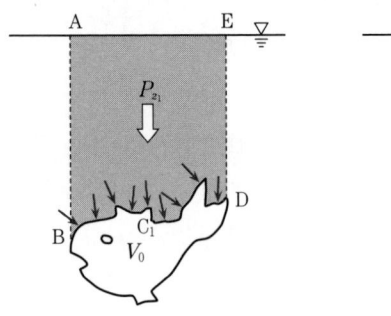

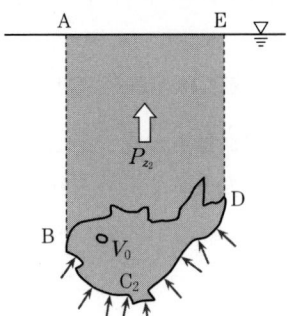

**図 3.14** 静水中の物体に作用する圧力

---

#### 課題 3.1

底面積 $A$，高さ $H$ の円柱が傾かずに水面に浮いている。円柱の喫水深（円柱底面から水面までの高さ）を $h$ とするとき，円柱に作用する浮力 $U$ と円柱底面に作用する全水圧 $P$ を求め，これらが等しいことを示せ。

---

#### 例題 3.4　ローラーゲートに作用する全水圧

**図 3.15** に示す半径 $r$ のローラーゲートに作用する水圧について，ローラーゲートの奥行き方向の長さを $B$ として，水平方向および鉛直方向それぞれの全水圧を求めよ。

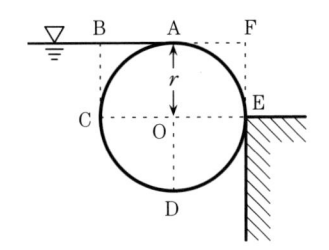

図3.15 ローラーゲート

**【解　答】**
　水平方向の全水圧 $P_\mathrm{H}$ は面 AD に左右から作用する全水圧の総和と等しい。面 OD については，左からの全水圧と右からの全水圧は等しく，相殺される。面 AO については，右からの全水圧はゼロであり，左からの全水圧だけとなる。これらより，式 (3.19) を用いて，$P_\mathrm{H}$ がつぎのように求められる。

$$P_\mathrm{H} = \rho g z_\mathrm{G} A = \frac{1}{2}\rho g r^2 B, \quad z_\mathrm{G} = \frac{r}{2}, \quad A = rB \tag{3.38}$$

　鉛直方向の全水圧についても，面 AD の左側と右側に分けて考える。面 AD の左側では，ABCDA に相当する水柱部分の重量が上向きに，ABCA の水柱部分の重量が下向きに作用する。面 AD の右側では，ADEFA に相当する水柱部分の重量が上向きに作用する。下向きを正とした鉛直方向の全水圧 $P_\mathrm{V}$ はこれらの総和としてつぎのように求められる。

$$P_\mathrm{V} = \rho g(-\text{面積 ABCDA} + \text{面積 ABCA} - \text{面積 ADEFA})B$$

$$= -\rho g(\text{面積 ACDEFA})B = -\rho g\left(1 + \frac{3}{4}\pi\right)r^2 B \tag{3.39}$$

## 3.3　浮力と浮体の安定

### 3.3.1　重力と浮力の釣合い

　静止流体中の物体には，物体の重量のほかに式 (3.37) で表される浮力が作用する。いま，**図 3.16** に示す**浮体**（floating body）に作用する力の釣合いを考えてみる。浮体の体積を $V$，水面下の浮体の体積を $V'$，水および浮体の密度をそれぞれ $\rho$ および $\rho_0$ とすると，浮体に作用する重力 $W$ および浮力 $U$ はそれぞれ次式で表される。

$$W = \rho_0 g V, \quad U = \rho g V' \tag{3.40}$$

重力 $W$ は浮体全体の重心位置 G に作用し，浮力 $U$ は水面下にある浮体部分の重心位置 B に作用する。浮力の作用点 B を**浮心**（center of buoyancy）と呼ぶ。

　浮体の重心 G と浮心 B は同一の鉛直線上に位置する。浮体が浮いた状態で静止するためには，重力 $W$ と浮力 $U$ は釣り合わなければならないので，次式が成り立つ。

$$\rho_0 g V = \rho g V' \tag{3.41}$$

式 (3.41) より，水の密度 $\rho$ に対する浮体の密度 $\rho_0$ の比 $\rho_0/\rho$ は，つぎのように表される。

$$\frac{\rho_0}{\rho} = \frac{V'}{V} \tag{3.42}$$

44    3. 静止流体の力学

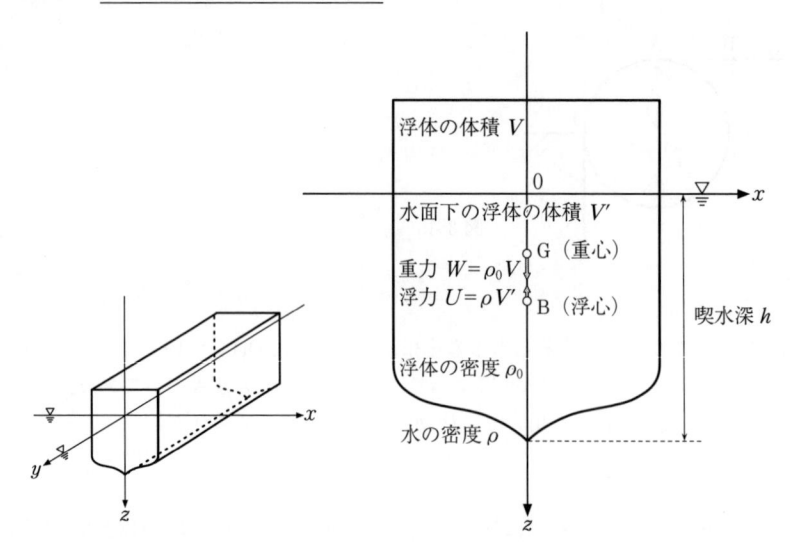

図3.16 浮体に作用する重力と浮力

この密度比を**比重**（specific gravity）という．例えば，浮体が高さ $H$ の立方体である場合には，浮体の水面下の高さ $h$（**喫水深**）は次式で求められる．

$$h = \frac{\rho_0}{\rho} H \tag{3.43}$$

### 3.3.2 転倒モーメントと復元モーメント

図3.16に示すような浮体が $y$ 軸周りで角度 $\theta$ だけ傾いたとき，どのようになるかについて考えてみる．浮体が傾くと，浮体の重心 G は回転移動した新たな重心位置 G′ に移動するが，浮体から見た相対位置は変わらない．一方，浮体の傾きにより水面下の浮体の形状が変化するため，浮心 B は B″ に移動する．これらの位置関係を図3.17に示す．$\zeta$ 軸（回転の中心 O と重心 G′ を通る直線）と浮心 B″ を通る鉛直線の交点を M とし，これを**傾心**（metacenter）と呼ぶ．

**図3.17**（a）のような横に長い浮体の場合には，浮力が重力の右側に作用するため，両者の偶力によるモーメントは浮体の回転方向と反対向きに作用する．このため，偶力モーメントは復元モーメントとなり，浮体の傾きを元に戻す働きを示す．このとき，傾心 M は重心 G′ の上方に位置する．図3.17（b）に示す円筒または球の場合には，浮体が傾いても重力と浮力が同一直線上で作用するため，偶力モーメントは働かず，傾いたままで静止する．このとき，傾心 M は重心 G′ に一致する．図3.17（c）のように縦に長い浮体の場合，浮力は重力の左側に作用し，浮体の回転方向と同じ向きに偶力モーメントが発生する．このため，浮体をさらに傾かせる転倒モーメントを生じることになる．このとき，傾心 M は重心 G′ の下方に位置する．

このように，浮体が傾いたときの重力と浮力の位置関係より，浮体の傾きに関する安定性を調べることができる．

3.3 浮力と浮体の安定

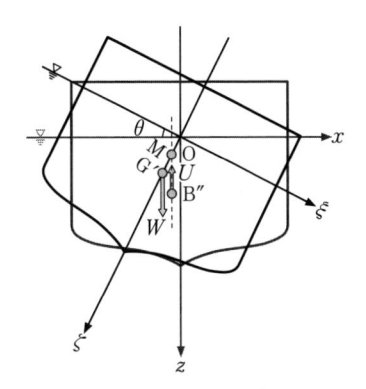

浮力 $U$ が重力 $W$ の右側に作用
（傾心 M が重心 G′ の上方に位置する）
→浮力 $U$ と重力 $W$ による偶力が
　復元モーメントとなる
→浮体は**安定**となる

（a）安　定

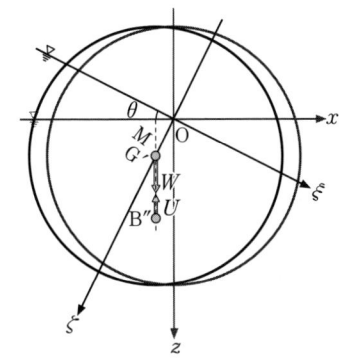

浮力 $U$ と重力 $W$ は同一直線上で作用
（傾心 M が重心 G′ に一致する）
→浮力 $U$ と重力 $W$ による偶力は
　生じない
→浮体は**中立**となる

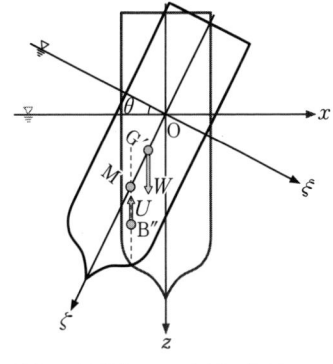

（b）中　立

浮力 $U$ が重力 $W$ の左側に作用
（傾心 M が重心 G′ の下方に位置する）
→浮力 $U$ と重力 $W$ による偶力が
　転倒モーメントとなる
→浮体は**不安定**となる

（c）不安定

**図 3.17** 浮体の傾きに関する安定性

### 3.3.3 浮体の傾きに関する安定条件式

図 3.17 で検討したように，浮体の傾きに関する安定性は重心 G′ に対する傾心 M の位置から判定できる．すなわち，傾心 M から下向きに距離 $\overline{\mathrm{MG'}}$ を定義すれば，$\overline{\mathrm{MG'}}>0$ が安定条件となる（$\overline{\mathrm{MG'}}>0$ のとき傾心 M は重心 G′ の上方，$\overline{\mathrm{MG'}}<0$ のとき傾心 M は重心 G′ の下方に位置する）．そこで，$\overline{\mathrm{MG'}}$ を回転軸周りのモーメントの釣合いから定式化してみる．

**図 3.18** のように左右対称な浮体が $y$ 軸周りで角度 $\theta$ だけ傾いた場合を考える．浮体の傾きにより，浮体の右側上部が水面下に沈み，浮力を増加させる．反対に，浮体の左側上部は水面上に現れ，浮力が失われる．こうした場所的な浮力の増減（図中の灰色部分に相当）は，浮力による回転軸周りのモーメントの変化を生み出す．こうしたモーメント変化量 $\Delta M$ は，図中の斜線部分によるモーメントの総和（積分）として表現できる．

$$\Delta M = \rho g \int_A x(x\tan\theta)\,dA = \rho g \tan\theta\, I_G \tag{3.44}$$

ここに，$I_G$ は式（3.16）で表される $y$ 軸周りの浮体（水面での浮体の切断面）の断面 2 次モーメントである．

$$I_G = \int_A x^2 dA \tag{3.45}$$

一方，図 3.18 の灰色部分で示される浮力の増減に伴うモーメント変化は，浮心 B が回転移動した B′ に作用していた浮力 $U$ が浮心 B″ に作用することによるモーメントの変化となって現れる．この変化分 $\Delta M$ はつぎのように表される．

上面図

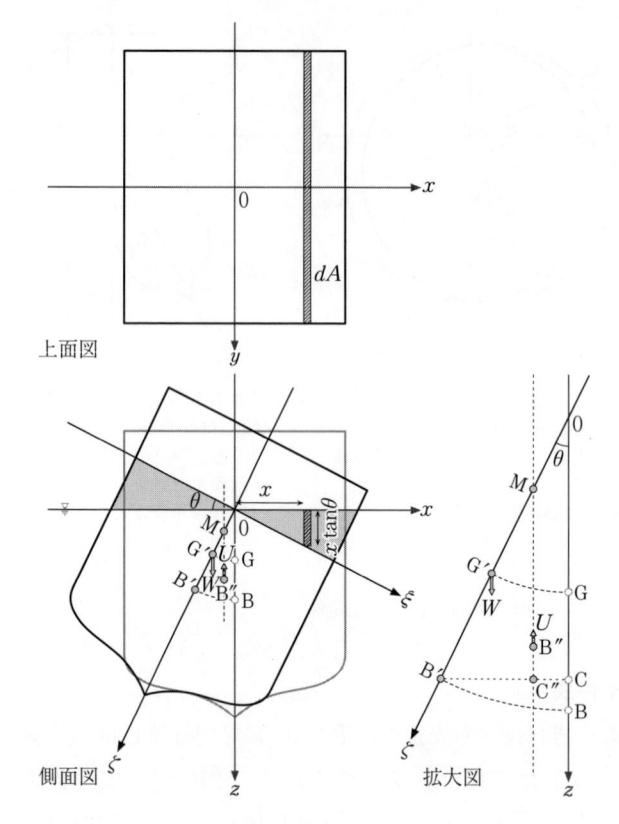

側面図

拡大図

**図 3.18** 浮体の傾きに伴う浮力によるモーメント変化

$$\Delta M = U\overline{\text{B}'\text{C}} - U\overline{\text{CC}''} = U\overline{\text{B}'\text{C}''} = \rho g V'\overline{\text{B}'\text{C}''} \tag{3.46}$$

式（3.44）および式（3.46）より，次式を得る。

$$\overline{\text{B}'\text{C}''} = \tan\theta\frac{I_\text{G}}{V'} \tag{3.47}$$

これより，$\overline{\text{MG}'}$ はつぎのように求められることになる。

$$\overline{\text{MG}'} = \overline{\text{MB}'} - \overline{\text{G}'\text{B}'} = \frac{1}{\cos\theta}\frac{I_\text{G}}{V'} - \overline{\text{GB}} \tag{3.48}$$

浮体の傾き角 $\theta$ が微小であるとき $\cos\theta \approx 1$ と近似できるため，一般には，つぎのように浮体の安定性が判別される。

$$\overline{\text{MG}'} = \frac{I_\text{G}}{V'} - \overline{\text{GB}} \quad \begin{cases} >0 & \text{安 定} \\ =0 & \text{中 立} \\ <0 & \text{不安定} \end{cases} \tag{3.49}$$

この式を**浮体の安定条件式**と呼ぶ。

---

**例題 3.5** 円錐形浮体の傾きに関する安定条件

**図 3.19** に示すような円錐形の浮体（上部の半径 $r$，高さ $h$，頂角 $\theta$，密度 $\rho_0$）が密度 $\rho$ の水に浮いている。この浮体の微小な傾きに関する安定条件を導け。

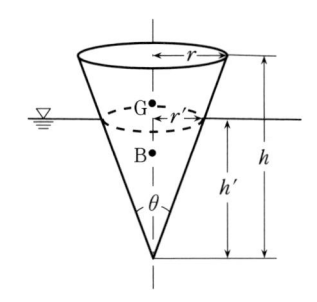

**図 3.19** 円錐形の浮体

**【解 答】**
浮体の体積 $V$ および水面下の浮体の体積 $V'$ は，それぞれつぎのように求められる。

$$V = \frac{1}{3}\pi r^2 h = \frac{\pi}{3}h^3 \tan^2 \frac{\theta}{2}, \quad V' = \frac{1}{3}\pi r'^2 h' = \frac{\pi}{3}h'^3 \tan^2 \frac{\theta}{2} \tag{3.50}$$

ここに，$r'$ は水面で切り取られる円の半径，$h'$ は喫水深である。これらより，浮体に作用する重力 $W$ および浮力 $U$ は次式となる。

$$W = \rho_0 g V = \frac{\pi}{3}\rho_0 g h^3 \tan^2 \frac{\theta}{2}, \quad U = \rho g V' = \frac{\pi}{3}\rho g h'^3 \tan^2 \frac{\theta}{2} \tag{3.51}$$

力の釣合いより，つぎのように喫水深 $h'$ が求められる。

$$h' = \left(\frac{\rho_0}{\rho}\right)^{\frac{1}{3}} h \tag{3.52}$$

断面2次モーメント $I_G$ および重心Gと浮心Bの距離 $\overline{GB}$ は，それぞれ次式となる。

$$I_G = \frac{\pi}{4}\left(h'\tan\frac{\theta}{2}\right)^4 = \frac{\pi}{4}\left(\frac{\rho_0}{\rho}\right)^{\frac{4}{3}} h^4 \tan^4 \frac{\theta}{2} \tag{3.53}$$

$$\overline{GB} = \frac{3}{4}(h-h') = \frac{3}{4}\left\{1 - \left(\frac{\rho_0}{\rho}\right)^{\frac{1}{3}}\right\}h \tag{3.54}$$

以上より，浮体の安定条件はつぎのように求められる。

$$\overline{MG'} = \frac{I_G}{V'} - \overline{GB} > 0 \quad \longrightarrow \quad \frac{\rho_0}{\rho} > \cos^6 \frac{\theta}{2} \tag{3.55}$$

## 3.4 相 対 的 静 止

### 3.4.1 オイラーの運動方程式による水圧の表示

加速している車の中で水の入ったコップを持っていると，コップ内の水面は加速度の働く方向に傾く。これは，加速度に伴う慣性力がコップ内の水に作用しているためである。いま，**図 3.20** に示すように，水を入れた水槽を運搬するトラックが一定の加速度 $a$ で移動している状態を考えてみる。水槽内の水には，鉛直下向きの重力加速度 $g$ に加え，トラックの加速方向と反対向きの加速度 $a$ が働く。しかし，トラックの運転手から見れば，容器内の水は運動しておらず，流速はゼロと扱える。つまり，水槽とともに移動する座標系で水槽内の水を捉えれば，相対的に静止している状態といえる。こうした現象を**相対的静止**と呼ぶ。

こうした移動座標系でのオイラーの運動方程式は，式 (2.31) 〜式 (2.33) とまったく同じ式で

48　　3. 静止流体の力学

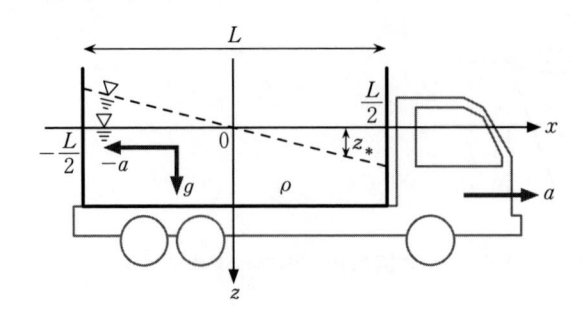

**図3.20** 加速中のトラックに積載された水槽内の水面形

表される。そこで，3.1.1項での静水圧分布の式を導いた手順と同様に，相対的静止における水圧を導いてみる。

まず，流速成分はゼロと扱えるので

$$u = v = w = 0 \tag{3.56}$$

を式（2.31）～式（2.33）に代入すれば，相対的静止の場合の運動方程式はつぎのように表されることになる。

$$0 = f_x - \frac{1}{\rho}\frac{\partial p}{\partial x} \longrightarrow \frac{\partial p}{\partial x} = \rho f_x \tag{3.57}$$

$$0 = f_y - \frac{1}{\rho}\frac{\partial p}{\partial y} \longrightarrow \frac{\partial p}{\partial y} = \rho f_y \tag{3.58}$$

$$0 = f_z - \frac{1}{\rho}\frac{\partial p}{\partial z} \longrightarrow \frac{\partial p}{\partial z} = \rho f_z \tag{3.59}$$

静水圧分布の式（3.7）を導いた手順と同様に，$dp$の全微分に対して上式を適用し，両辺を積分すれば，相対的静止における水圧がつぎのように求められる。

$$p = \rho\left(\int f_x dx + \int f_y dy + \int f_z dz\right) \tag{3.60}$$

$f_x$，$f_y$および$f_z$は相対的静止の水に作用する質量力であり，図3.20の例ではつぎのように表せる。

$$f_x = -a, \ f_y = 0, \ f_z = g \tag{3.61}$$

---

**例題3.6** 相対的静止における水圧分布

図3.20に示す加速中のトラックに載せられた水槽において，水面がいつも原点を通るとしたときの水圧分布を求めよ。

【解　答】
オイラーの運動方程式において，$x$，$y$および$z$方向の流速$u$，$v$および$w$をそれぞれゼロとし，式（3.61）で表される各方向の質量力$f_x$，$f_y$および$f_z$を適用すれば，水圧$p$の全微分$dp$がつぎのように求められる。

$$\frac{Du}{Dt} = f_x - \frac{1}{\rho}\frac{\partial p}{\partial x} = 0 \longrightarrow \frac{\partial p}{\partial x} = \rho f_x = -\rho a \tag{3.62}$$

$$\frac{Dv}{Dt} = f_y - \frac{1}{\rho}\frac{\partial p}{\partial y} = 0 \longrightarrow \frac{\partial p}{\partial y} = \rho f_y = 0 \tag{3.63}$$

$$\frac{Dw}{Dt} = f_z - \frac{1}{\rho}\frac{\partial p}{\partial z} = 0 \quad \longrightarrow \quad \frac{\partial p}{\partial z} = \rho f_z = \rho g \tag{3.64}$$

$$dp = \frac{\partial p}{\partial x}dx + \frac{\partial p}{\partial y}dy + \frac{\partial p}{\partial z}dz = -\rho a dx + \rho g dz \tag{3.65}$$

式（3.65）の両辺を積分すれば，つぎのように水圧 $p$ が表される．

$$p = -\rho a x + \rho g z + C \tag{3.66}$$

ここに，$C$ は積分定数である．水面では圧力は大気圧に等しく，水面上の任意点で $p=0$ となる．水面はいつも原点を通るので

$$p|_{x=y=z=0} = 0 \tag{3.67}$$

を境界条件として式（3.66）に適用すれば，積分定数 $C$ はつぎのように求められる．

$$C = 0 \tag{3.68}$$

以上より，水槽内の水圧分布 $p(x, y, z)$ は次式となる．

$$p(x, y, z) = -\rho a x + \rho g z \tag{3.69}$$

### 3.4.2 水面形の計算

例題 3.6 で考えたように，水面上では水圧 $p$ はゼロとなる．このことを利用して，水面の形状を解析的に求めることができる．すなわち，$p=0$ を満足する点の集合が水面を示すことになる．例題 3.5 では，水面がいつも原点を通ることを条件として積分定数を決定したが，この条件がなくても，加速前（水槽が静止しているとき）の水槽内の水の体積（質量）と加速中の水槽内の水の体積（質量）が等しいことを利用して，積分定数を求めることができる．

**例題 3.7** 相対的静止における水面形

例題 3.6 において，水面がいつも原点を通ることを用いずに，式（3.66）の積分定数 $C$ および水面形を表す式 $z_*(x, y)$ を求めよ．

【解　答】

水面 $z = z_*$ において，水圧 $p$ はゼロとなるため

$$p|_{z=z_*} = -\rho a x + \rho g z_* + C = 0 \tag{3.70}$$

と表せる．これより，水面形の式 $z_*$ は次式となる．

$$z_* = \frac{a}{g}x - \frac{C}{\rho g} \tag{3.71}$$

水槽が加速していても水槽内の水の体積は変化しないため，次式が成り立つ．

$$\int_{-\frac{L}{2}}^{\frac{L}{2}} z_* dx = 0 \tag{3.72}$$

式（3.72）に式（3.71）を代入して $C$ について解けば，つぎのように積分定数が得られる．

$$C = 0 \tag{3.73}$$

これを式（3.71）に適用すれば，水面形の式がつぎのように求められる．

$$z_* = \frac{a}{g}x \tag{3.74}$$

## 演 習 問 題

- **【3.1】** 図 3.21 に示す直交座標系について、水面での圧力を $p_0$ として、オイラーの運動方程式より静水圧分布の式を求めよ。
- **【3.2】** 図 3.22 のように水銀を用いたマノメーターがパイプに取り付けられている。$h_A = 5$ cm, $h_B = 15$ cm のとき、パイプ内の点 A における圧力はいくらか。ただし、水銀の比重は 13.6 とする。
- **【3.3】** 深さ 1 万 m の深海まで到達した探査船の直径 10 cm の窓にかかっている圧力を計算せよ。海水の比重は 1.025 とする。
- **【3.4】** 図 3.23 のような水深 $H$ の長方形ゲートがある。このゲートを $n$ 個の水平帯に分割してそれぞれの帯の受ける水圧を等しくしたい。どのように分割すればよいか。

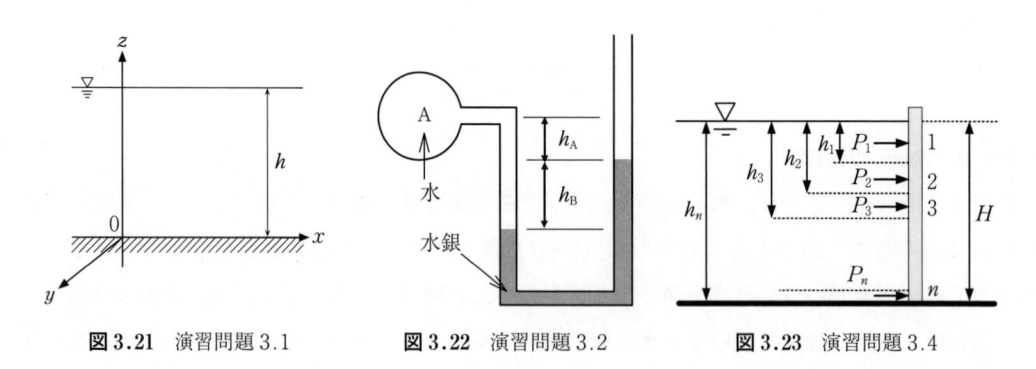

**図 3.21** 演習問題 3.1　　**図 3.22** 演習問題 3.2　　**図 3.23** 演習問題 3.4

- **【3.5】** 図 3.24 に示すゲートが回転し始めるときの水位 $h$ を求めよ。ただし、ゲートの自重と摩擦は無視でき、点 A をヒンジとする。
- **【3.6】** 図 3.25 のように水門の左側から $h_1 = 5$ m の水圧、右側から $h_2 = 2$ m の水圧が作用している。この水門が転倒しないためには、いくらの力 $F$ を高さ $h$ の位置に作用させればよいか。ただし、水門の幅は 4 m とする。
- **【3.7】** 図 3.26 に示す半径 $r$、奥行き $B$ のローラーゲート内部に半分の深さまで水が入っている。ローラーゲートの自重を $W$ とするとき、ローラーゲートが床面に及ぼす鉛直下向きの力を求めよ。
- **【3.8】** 図 3.27 に示すように、重量 $W = 2\,200$ N、長さ $L = 1$ m の円筒を点 B に安定させるのに要する水平力 $H$ と鉛直力 $V$ を求めよ。ただし、$\overline{OC} = 1.2$ m, $\overline{BD} = 0.6$ m とする。
- **【3.9】** 図 3.28 のような円弧形状のゲート AB（紙面に垂直な方向の長さ $L = 8$ m, 半径 $r = 7$ m）が水を支

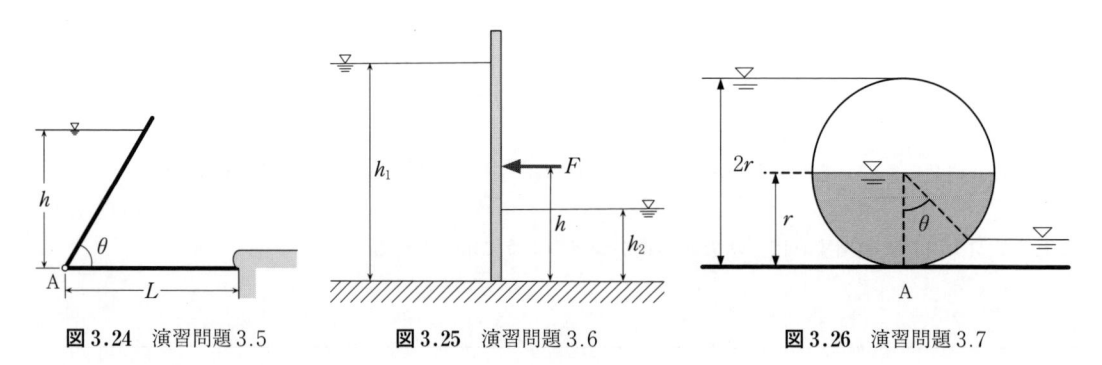

**図 3.24** 演習問題 3.5　　**図 3.25** 演習問題 3.6　　**図 3.26** 演習問題 3.7

えている。点 B のヒンジを中心としてこのゲートが回転しないために必要な力 $F$ の大きさを求めよ。ただし、ゲートの自重は無視する。

【3.10】図 3.29 のように半径 $r$、角度 $\theta$ のテンターゲートに水深 $h$ の水圧が作用している。全水圧の大きさとその作用点を求めよ。ただし、$h=2\,\mathrm{m}$、$r=2\,\mathrm{m}$、$\theta=60°$、ゲート幅は 1 m とする。

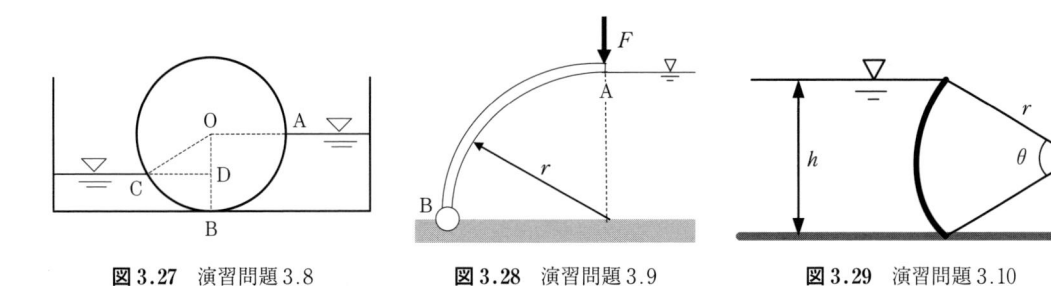

図 3.27 演習問題 3.8　　図 3.28 演習問題 3.9　　図 3.29 演習問題 3.10

【3.11】図 3.30 のようなゲートを現在の位置に保つのに必要なモーメント $M$ を求めよ。ただし、水深 $H=2\,\mathrm{m}$、ゲート幅 $B=3\,\mathrm{m}$ とし、ゲートの自重は無視する。

【3.12】図 3.31 のように直径 $D=2\,\mathrm{m}$、長さ $L=5\,\mathrm{m}$ の円柱形の木材が水に浮かんでいる。このときの CD の長さを求めよ。ただし、木材の比重 $S=0.425$ とする。

【3.13】高さ $L$、幅 $b$、奥行き $a$ の単位体積重量 $w_0$ の直方体が単位体積重量 $w$ の液体中で安定であるための $b/L$ の条件を求めよ。ただし、$a<b$ とする。

【3.14】図 3.32 に示す円筒形の浮体（直径 $D$、高さ $H$、密度 $\rho_0$）が密度 $\rho$ の水に浮いている。この浮体の微小な傾きに関する安定条件を求めよ。

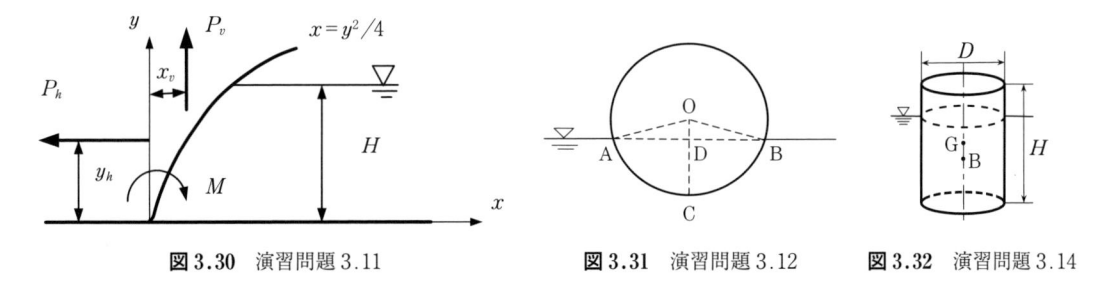

図 3.30 演習問題 3.11　　図 3.31 演習問題 3.12　　図 3.32 演習問題 3.14

【3.15】図 3.33 のような水の入った直方体の水槽がある。これを水平線に対し角度 $\theta$ だけ上向きに加速したとすると、水槽内の水面はどのようになるか。水面形を表す式を求めよ。また、水槽内の圧力分布を表す式を求めよ。

【3.16】図 3.34 に示す直径 $D$ の円筒形容器内に密度 $\rho$ の水が入っている。円筒形容器の中心を通る $z$ 軸を回転軸として一定の角速度 $\omega$ で円筒形容器を回転させたとき、容器内の水圧分布 $p$ および水面形 $z_*$ を求めよ。

【3.17】図 3.35 に示す水銀の入った U 字管が AB を通る鉛直軸の周りに回転するとき、ある角速度 $\omega$ で AB の部分の水銀がちょうどなくなった。このときの $\omega$ を求めよ。ただし、$\mathrm{ED}=\mathrm{CA}=60\,\mathrm{cm}$、$\mathrm{DA}=80\,\mathrm{cm}$ とし、U 字管の太さは無視して考えてよい。水銀の比重は 13.6 とする。

【3.18】図 3.36 のような外径 $R_1$、内径 $R_2$ の湾曲水路を平均流速 $V$ で水が流れている。内側の壁面の水位が $h$ であったとき、外側の壁面の水位はいくらになるか。

52    3. 静止流体の力学

**図 3.33** 演習問題 3.15

**図 3.34** 演習問題 3.16

**図 3.35** 演習問題 3.17

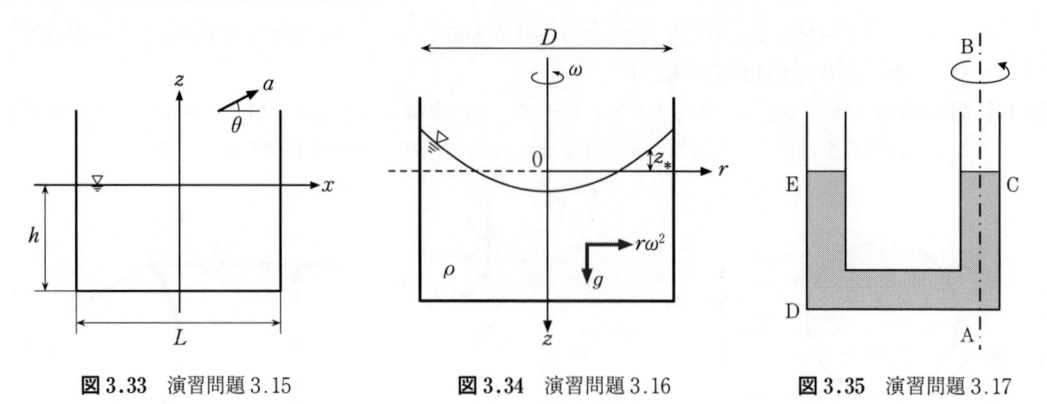

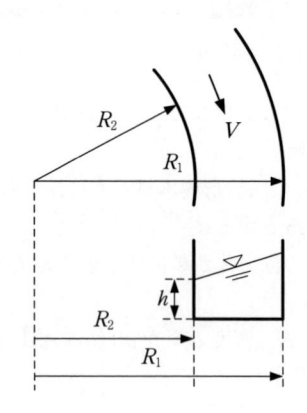

**図 3.36** 演習問題 3.18

## 【基礎編】

# 4 基本的な流れの解析法
## 流れの基礎的な解き方を理解する

### 確認クイズ

以下の問いでは，簡単のために重力加速度 $g=10\,\text{m/s}^2$ および水の密度 $\rho=1\,000\,\text{kg/m}^3$ とする．

4.1 速度水頭が 10 cm のときの流速はいくらか．

4.2 水の圧力水頭が 10 cm のとき圧力はいくらか．

4.3 水頭差（長さ）を測って速度を計測できる装置はなにか．

4.4 水頭差（長さ）を測って，管路の流量を計測できる装置はなにか．

4.5 深さ $h$ だけ水の入ったバケツの底に穴を開けたとき，流出する水の速度を表す式を示せ．

4.6 運動量はスカラー量またはベクトル量のいずれか．

4.7 「運動量保存則はエネルギー損失が生じる場には適用できない」は正しいか．

4.8 平板に対して垂直に水のジェット（密度 $\rho$，流量 $Q$，速度 $U$）を衝突させたとき，板にかかる力はいくらか．

4.9 図 4.1 は，ホースの先にノズルを取り付けた様子を示している．流れがノズルから受ける力を求めるために，運動量方程式を適用する際の検査領域（control volume）を図示せよ．

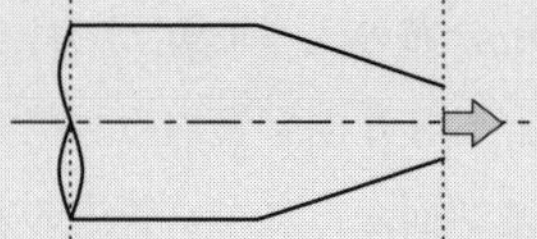

図 4.1 確認クイズ 4.9

4.10 流速 2 m/s で水深 50 cm の流れに人が立つとき，片脚（太さ 10 cm）にかかる力はいくらになるか．人の脚を円柱とみなしたときの円柱の抗力係数は 1.0 とする．

4.11 圧力方程式の誘導における本質的な仮定はなにか．

4.12 コーシー・リーマンの関係式を記せ．

4.13 複素速度ポテンシャル $W$ を速度ポテンシャル $\phi$ と流れ関数 $\psi$ で表せ．

4.14 円柱周りのポテンシャル流れは，一様流になにを加えて得られるか．

## 4.1 連続式とベルヌーイの定理による解析

### 4.1.1 ピエゾ水頭と動水勾配

式 (2.53) で表されるベルヌーイの定理は，図 4.2 に示すようなピエゾ管を用いて視覚的に理解できる．

$$\frac{v_1^2}{2g} + z_1 + \frac{p_1}{\rho g} = \frac{v_2^2}{2g} + z_2 + \frac{p_2}{\rho g} = E$$

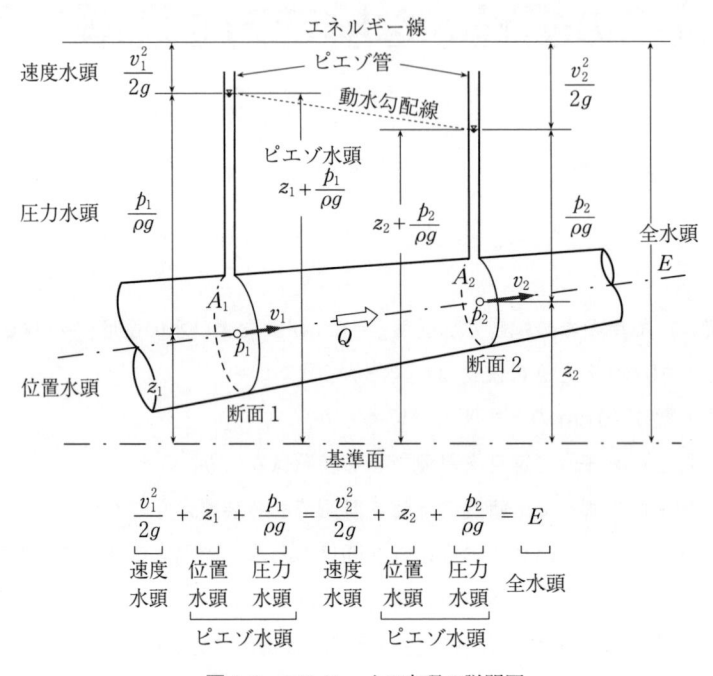

**図 4.2** ベルヌーイの定理の説明図

水平に設けた基準面からの高さ $z$ は位置水頭を表す．ピエゾ管内の水位が $h$ となるとき，静水圧分布の式 (3.9) より，ピエゾ管が接続された場所の水圧 $p$ は $\rho g h$ で求められるため，$h = p/\rho g$ としてピエゾ管内の水位を表せる．すなわち，ピエゾ管内の水位 $h$ が圧力水頭 $p/\rho g$ に一致する．基準面からピエゾ管内の水面までの高さは位置水頭 $z$ と圧力水頭 $p/\rho g$ の和として表され，これを**ピエゾ水頭**（piezometric head）または**水理水頭**（hydraulic head）と呼ぶ．

二つの断面間のピエゾ水頭の勾配を**動水勾配**（hydraulic gradient）といい，ピエゾ管内の水面を結ぶ線を**動水勾配線**（hydraulic grade line）と呼ぶ．式 (2.53) で表されるベルヌーイの定理において，全水頭は速度水頭，位置水頭および圧力水頭の総和として表され，全水頭の高さは一定となる．**エネルギー線**（energy line）は全水頭の高さを表し，摩擦などによるエネルギー損失が生じない場合には，エネルギー線は水平となる．図 4.2 に示すような二つの断面間のピエゾ水頭の差は

$$\left(z_1 + \frac{p_1}{\rho g}\right) - \left(z_2 + \frac{p_2}{\rho g}\right) = \frac{v_2^2}{2g} - \frac{v_1^2}{2g} \tag{4.1}$$

と表されるため，ピエゾ水頭差が正のとき，流下方向に流速が増大する。このことより，位置水頭＋圧力水頭の減少分が速度水頭の増加分として変換されることがわかる。

---

**例題 4.1** ピエゾ水頭差の算出

図 4.2 に示す円管内の流量が $Q$，断面 1 および断面 2 の断面積がそれぞれ $A_1$ および $A_2$ であるとき，ピエゾ水頭差を求めよ。

【解　答】

連続式より，円管内の流量 $Q$ は次式で表される。

$$Q = A_1 v_1 = A_2 v_2 \tag{4.2}$$

これより，各断面の流速はつぎのように求められる。

$$v_1 = \frac{Q}{A_1}, \quad v_2 = \frac{Q}{A_2} \tag{4.3}$$

断面 1 および断面 2 に関するベルヌーイの定理は次式で表される。

$$\frac{v_1^2}{2g} + z_1 + \frac{p_1}{\rho g} = \frac{v_2^2}{2g} + z_2 + \frac{p_2}{\rho g} \tag{4.4}$$

式 (4.1) と同様に，断面 1 と断面 2 でのピエゾ水頭差を求め，式 (4.3) を代入すれば，次式を得る。

$$\left(z_1 + \frac{p_1}{\rho g}\right) - \left(z_2 + \frac{p_2}{\rho g}\right) = \frac{v_2^2}{2g} - \frac{v_1^2}{2g} = \frac{Q^2}{2g}\left(\frac{1}{A_2^2} - \frac{1}{A_1^2}\right) \tag{4.5}$$

---

**例題 4.2** ピトー管による流速測定の原理

図 4.3（a）に示すように，円管の中心軸に沿って先端を向けた二本のL字型ピエゾ管を取り付ける。ピエゾ管1の先端（点A）は開いている。一方，ピエゾ管2は先端が閉じ，その側面（点B）には微細な孔があけられている。円管内を密度 $\rho$ の流体が流速 $v$ で流れるとき，二本のピエゾ管の水位差が $h$ となった。水位差 $h$ を用いて流速 $v$ を表せ。ただし，ピエゾ管の管径は小さく，流れに影響を及ぼさないと仮定する。

（a）ピトー管の原理　　　（b）実際のピトー管

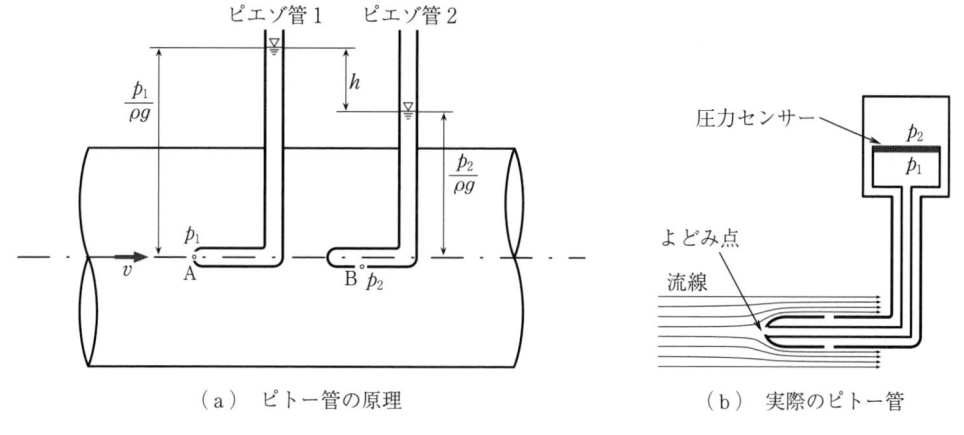

図 4.3　ピトー管

## 【解 答】

ピエゾ管の径が小さいことから，点Aと点Bは円管の中心軸上に位置し，同一流線上に存在するとみなせる。そこで，中心軸を基準として点Aと点Bにベルヌーイの定理を適用すれば，次式が成り立つ。

$$\frac{v_1^2}{2g} + z_1 + \frac{p_1}{\rho g} = \frac{v_2^2}{2g} + z_2 + \frac{p_2}{\rho g} \tag{4.6}$$

点Aおよび点Bでの諸量にそれぞれ添字1および2を付してある。式（4.1）と同様に，式（4.6）からピエゾ水頭差がつぎのように求められる。

$$h = \left(z_1 + \frac{p_1}{\rho g}\right) - \left(z_2 + \frac{p_2}{\rho g}\right) = \frac{v_2^2}{2g} - \frac{v_1^2}{2g} \tag{4.7}$$

なお，点Aと点Bは中心軸上にあるので，それぞれの位置水頭$z_1$および$z_2$はゼロとなる。

$$z_1 = z_2 = 0 \tag{4.8}$$

流れの中に流線が滑らかな曲線を描くような形状の物体を置くと，物体の先端部分に流速がゼロとなる点が生じる。これを**よどみ点**（stagnation point）と呼ぶ。図4.3（a）に示されるピエゾ管1の先端部は流線が剥離しない形状となっているため，点Aはよどみ点となり，そこでの流速$v_1$はゼロと扱える。一方，点Bでの流速$v_2$は円管中心軸での流速$v$に等しくなる。

$$v_1 = 0, \quad v_2 = v \tag{4.9}$$

式（4.9）を式（4.7）に代入して$v$について整理すれば，次式を得る。

$$v = \sqrt{2gh} \tag{4.10}$$

例題4.2に示す流速の測定器具は**ピトー管**（Pitot tube）と呼ばれ，管路内の流速だけでなく，航空機の速度を計測する場合などに用いられている。図4.3（b）は実際のピトー管を模式的に示

---

### 水理学をつくった人たち：ベルヌーイ（Daniel Bernoulli；1700～1782）

ベルヌーイ家は，四代にわたって八人もの有能な数学者・科学者を出した家系で，オランダおよびスイスに拠点を置いていた。ダニエル・ベルヌーイはオランダに生まれ，スイスで育った。著名な数学者であった父ヨハン・ベルヌーイの教えを受け，20歳代にはサンクトペテルブルクのアカデミーで数学の教授をしていた。レオンハルト・オイラーをサンクトペテルブルクに招いたことでも知られる。

ダニエルは，1738年に『Hydrodynamica』という書名で流体力学に関する書物を出版した。これは，流体力学的な圧力を説明し，管路を流れる水および水槽の穴から流れる水のエネルギーの損失をも記述するもので，エネルギー保存則の考え方を確立し，ベルヌーイの定理の基礎を与えた。また，気体の分子運動論についても初めてそのモデルを与えた画期的なものであった。しかしながら，ベルヌーイの定理に関する厳密な数学的誘導は，1752年に親友のオイラーによってなされたという。

父ヨハンはこの書物に嫉妬し，それを盗作し，かつ執筆年を1732年に偽装して世に出した。ダニエルは，そのことに失望したが，結局，事実関係は明らかとなり，逆にダニエルの名声を高めることとなったというエピソードもある。なお，父ヨハンは，微積分学における平均値の定理（ロピタルの定理）の考案者として知られており，これをベルヌーイの定理ということもある。

伯父のヤコブ・ベルヌーイは，ベルヌーイ試行，ベルヌーイ数，ベルヌーイの不等式などにその名を残している。

したものであり，図4.3（a）でのピエゾ管2の周りにピエゾ管1が配置された2層式の細いパイプで構成される。式（4.6）に式（4.8）および式（4.9）を適用すれば，次式となる。

$$p_1 = \frac{\rho v^2}{2} + p_2 \tag{4.11}$$

流れの中にピトー管を入れると，よどみ点で流れが止められるため，ピトー管先端部での圧力 $p_1$ はピトー管側面での圧力 $p_2$ に比べて $\rho v^2/2$ だけ増加することを意味している。$\rho v^2/2$ を**動圧**（dynamic pressure），$p_2$ を**静圧**（static pressure）と呼び，これらの和として表される $p_1$ を**総圧**（total pressure）という。

式（4.11）から流速 $v$ はつぎのように求められる。

$$v = \sqrt{\frac{2(p_1 - p_2)}{\rho}} \tag{4.12}$$

実際に用いられているピトー管では，図4.3（b）に示す圧力センサーによって差圧を計測し，式（4.12）を用いて流速が計測される。

### 4.1.2 ベルヌーイの定理の応用例

例題4.1に示されるように，ベルヌーイの定理を適用した流れの解析では，連続式と組み合わせて用いられることが多い。1.2節で取り上げた蛇口から流れ出る水の解析例でも同様であり，質量保存則とエネルギー保存則を連立させていることにほかならない。こうした解析方法の代表的な例は，おもにつぎの三種類に大別される。

応用例1：ピエゾ水頭差（マノメーターの読みの差）を用いた流速や流量の算出
応用例2：水槽に設けられた小孔やパイプから流出する流体の流速や流量の算出
応用例3：水槽から流体が流出するときの圧力分布の算出

〔1〕 応用例1：ピエゾ水頭差による流速・流量の算出

---

**例題4.3** ベンチュリメーター

図4.4のように部分的に断面が絞られた円管に二本のピエゾ管が取り付けられている。断面1および断面2の断面積をそれぞれ $A_1$ および $A_2$ とし，二つの断面のピエゾ水頭差を $h$ とするとき，円管内の流量 $Q$ を求めよ。

【解　答】
断面1および断面2での諸量にそれぞれ添字1および2を付して表し，二つの断面にベルヌーイの定理を適用する。

$$\frac{v_1^2}{2g} + z_1 + \frac{p_1}{\rho g} = \frac{v_2^2}{2g} + z_2 + \frac{p_2}{\rho g} \tag{4.13}$$

これより，ピエゾ水頭差 $h$ はつぎのように表される。

$$h = \left(z_1 + \frac{p_1}{\rho g}\right) - \left(z_2 + \frac{p_2}{\rho g}\right) = \frac{v_2^2}{2g} - \frac{v_1^2}{2g} \tag{4.14}$$

## 4. 基本的な流れの解析法

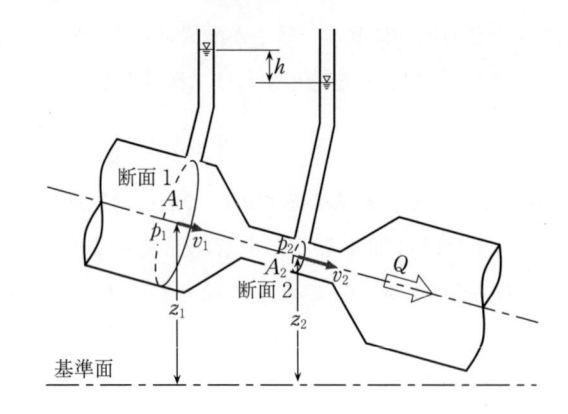

**図 4.4** ベンチュリメーター

一方，連続式より，流量 $Q$ は

$$Q = A_1 v_1 = A_2 v_2 \tag{4.15}$$

と表せるので，各断面の流速はつぎのように求められる．

$$v_1 = \frac{Q}{A_1}, \quad v_2 = \frac{Q}{A_2} \tag{4.16}$$

式（4.16）を式（4.14）に代入して，流量 $Q$ について解けば，次式を得る．

$$Q = \frac{A_1 A_2}{\sqrt{A_1^2 - A_2^2}} \sqrt{2gh} \tag{4.17}$$

式（4.17）は，断面積 $A_1$ と $A_2$ が既知であるとき，ピエゾ水頭差 $h$ をマノメーターの読みの差とすることで，流量 $Q$ が算出されることを示している．断面を絞れば，連続式よりそこでの流速は増大する．その結果として，ベルヌーイの定理より圧力が減少するため，この減少量（圧力降下量）を測定することで，流速や流量を知ることが可能となる．図 4.4 の装置はこうした原理で流量を測定するものであり，**ベンチュリメーター**（Venturi meter）という．

〔2〕 応用例2：オリフィスによる流速・流量の算出

**例題 4.4** オリフィス

図 4.5 に示すように水槽（断面積 $A_A$）の側面（点 B）にあけられた小さな孔（断面積 $A_B$）から密度 $\rho$ の水が流出している．点 B を基準としたときの水位 $h$ が時間的に変化しないとするとき，点 B からの水の流出速度 $v_B$ を求めよ．

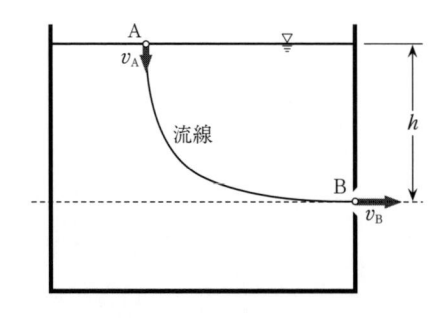

**図 4.5** オリフィスからの流出

## 【解　答】

　水面上の任意点に点 A をとり，流出孔（点 B）を通る水平面を基準として，同一流線上にある点 A と点 B にベルヌーイの定理を適用する。

$$\frac{v_A^2}{2g} + z_A + \frac{p_A}{\rho g} = \frac{v_B^2}{2g} + z_B + \frac{p_B}{\rho g} \tag{4.18}$$

$p_A$ および $p_B$ はそれぞれ点 A および点 B での水圧であり，いずれも大気圧に等しいので

$$p_A = p_B = 0 \tag{4.19}$$

と書ける。$z_A$ および $z_B$ はそれぞれ基準面からの点 A および点 B の高さであり，次式で表される。

$$z_A = h, \quad z_B = 0 \tag{4.20}$$

連続式より，点 A での流速 $v_A$ はつぎのように求められる。

$$Q = A_A v_A = A_B v_B \quad \longrightarrow \quad v_A = \frac{A_B}{A_A} v_B \tag{4.21}$$

式 (4.19)，式 (4.20) および式 (4.21) を式 (4.18) に代入して $v_B$ について解けば，次式を得る。

$$v_B = \sqrt{\frac{2gh}{1 - (A_B/A_A)^2}} \tag{4.22}$$

---

　例題 4.4 に示されるような水を流出させる装置を**オリフィス**（orifice）と呼ぶ。水槽の断面積 $A_A$ に比べて流出孔の断面積 $A_B$ が十分小さいとき（$A_A \gg A_B$），$(A_B/A_A)^2 \ll 1$（1 に比べて無視できるほど微小）となる。例えば，直径 30 cm のバケツに直径 1 cm の孔をあけたとき，$(A_B/A_A)^2 = 1.23 \times 10^{-6}$ となることから確認できる。このため，式 (4.22) において $(A_B/A_A)^2 = 0$ とすれば，点 B での流出速度 $v_B$ は次式で表される。

$$v_B = \sqrt{2gh} \tag{4.23}$$

また，点 A での速度水頭 $v_A^2/2g$ は点 B での速度水頭 $v_B^2/2g$ に比べて無視できるほど小さくなるため，式 (4.18) のベルヌーイの定理において，$v_A^2/2g$ をゼロと扱うことができる。こうした水面での速度水頭を**接近速度水頭**と呼ぶ。式 (1.7) で求めた自由落下する水脈の流速と比較すれば，式 (4.23) は高さ $h$ から初速度ゼロで自由落下する水の落下速度と等しいことがわかる。式 (4.23) を**トリチェリの定理**（Torricelli's theorem）という。

　式 (4.18)～式 (4.22) を用いて点 A と点 B を通る流線上の全水頭 $E$ を求めると，次式となる。

$$E = \frac{v_A^2}{2g} + z_A + \frac{p_A}{\rho g} = \frac{v_B^2}{2g} + z_B + \frac{p_B}{\rho g} = \frac{h}{1 - (A_B/A_A)^2} \tag{4.24}$$

全水頭 $E$ は断面積 $A_A$ および $A_B$ と水位 $h$ だけに依存する。$A_A \gg A_B$ のときには，全水頭 $E$ は水位 $h$ と等しくなる。水槽内には**図 4.6** に示すように無数の流線が存在しているが，式 (4.24) より，全水頭 $E$ はすべての流線で同一の値をとることがわかる。これは，すべての流線が一つの流出点（図 4.6 では，点 B）を通るとみなしていることによる。一般に，オリフィスからの流出現象を扱うときには流出箇所を点とみなし，水槽内の全水頭はどこでも一定として解析される。

　流出孔での水脈を子細に見れば，**図 4.7** のようになっている。水槽の鉛直壁に沿って流れてきた水粒子は慣性力のために流出孔でいきなり移動方向を変えることはできず，図に示すような流線を描く。このため，流出する水脈の断面積は流出孔の断面積よりも小さくなる。これを**縮流**

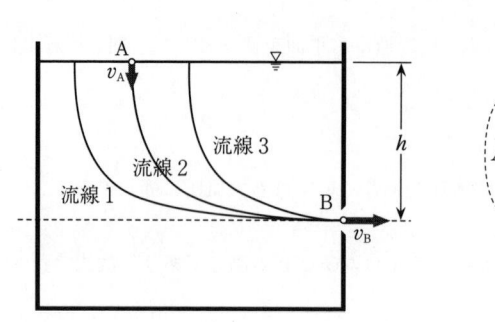

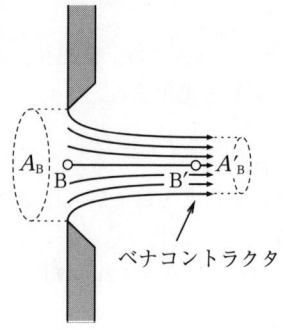

図4.6 オリフィスでのいくつかの流線  図4.7 流出水脈の縮流

（contracted flow）と呼び，縮流が最も小さくなる断面を**ベナコントラクタ**（vena contracta）という。慣性力により流線が曲線となる部分では，遠心力が作用するため，そこでの圧力は大気圧よりも大きくなる。これに対して，ベナコントラクタ（点 B′）では，流線は流出孔に垂直となり，遠心力の作用は消滅するので，圧力は大気圧に等しくなる。このため，式（4.18）のベルヌーイの定理および式（4.21）の連続式は，厳密には，点 B ではなく，点 B′ に対して適用されることが適切となる。流出孔の断面積 $A_B$ に対するベナコントラクタの断面積 $A_B'$ の比 $A_B'/A_B$ を**縮流係数** $C_c$（coefficient of contraction）という。また，現実には，流出孔において若干のエネルギー損失が発生しており，その大きさは流出孔の断面形状に依存する。このエネルギー損失に伴う流速の減少率を**流速係数** $C_v$（coefficient of velocity）という。

〔3〕 応用例3：水圧分布の算出

---

例題 4.5　**水槽とパイプの中の水圧分布**

図 4.8（a）に示すように水槽の底面（点 B）にパイプが取り付けられ，パイプ下端（点 C）から水が流出している。点 C を原点として鉛直上向きに $z$ 軸を設け，水槽の水位を $h$，パイプの上下端の高低差を $H$ とするとき，点 C からの流出速度 $v_C$ および水槽内とパイプ内の圧力分布 $p(z)$ を

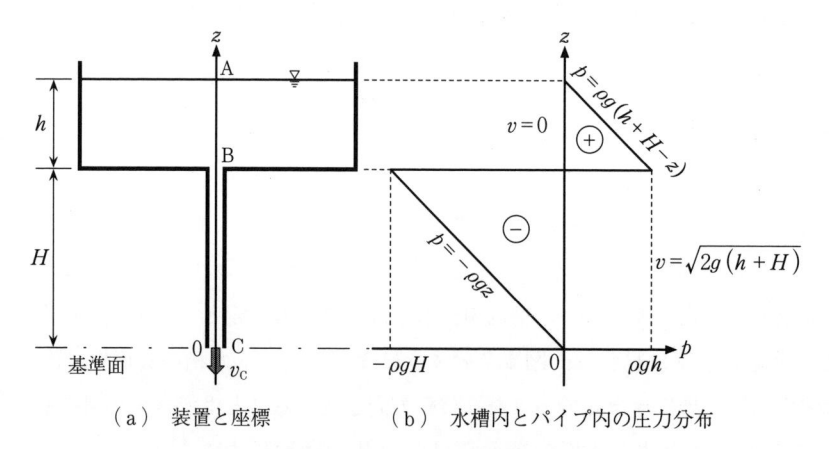

（a）装置と座標　　　（b）水槽内とパイプ内の圧力分布

図4.8　水槽に接続されたパイプからの流出

求めよ。ただし，水位 $h$ は一定で，パイプの断面積に比べて水槽の断面積は十分大きく，エネルギー損失は無視できるものとする。

【解　答】
　水面上の点 A，パイプ下端の点 C および AC 間の任意点（基準面からの高さ $z$ の点）におけるそれぞれの全水頭 $E_A$，$E_C$ および $E$ は，ベルヌーイの定理より，つぎのように表せる。

$$E_A = \frac{v_A^2}{2g} + z_A + \frac{p_A}{\rho g} = \frac{v_A^2}{2g} + h + H \tag{4.25}$$

$$E_C = \frac{v_C^2}{2g} + z_C + \frac{p_C}{\rho g} = \frac{v_C^2}{2g} \tag{4.26}$$

$$E = \frac{v^2}{2g} + z + \frac{p}{\rho g} \tag{4.27}$$

ここに，$z_A$ および $z_C$ はそれぞれ点 A および点 C の $z$ 座標値であり，$z_A = h + H$ および $z_C = 0$ である。$p_A$，$p_C$ および $p$ はそれぞれ点 A，点 C および任意点での圧力であり，点 A および点 C では大気に接していることから，$p_A = p_C = 0$ となる。$v_A$ は点 A における流速であり，$E_A = E_C$ の関係において，連続式より $v_A^2 \ll v_C^2$ と扱える（トリチェリの定理の導出過程を参照のこと）ので，つぎのように点 C からの流出速度 $v_C$ が求められる。

$$\frac{v_A^2}{2g} + h + H = \frac{v_C^2}{2g} \quad \longrightarrow \quad v_C = \sqrt{2g(h+H)} \tag{4.28}$$

$E_A = E_C = E$ であるので，つぎのように任意の高さ $z$ における全水頭 $E$ および水圧 $p$ が求められる。

$$E = \frac{v^2}{2g} + z + \frac{p}{\rho g} = h + H \tag{4.29}$$

$$p = \rho g \left( h + H - z - \frac{v^2}{2g} \right) \tag{4.30}$$

AB 間の任意点での流速は $v = v_A = 0$ と扱えるので，式 (4.30) より，AB 間の任意点での水圧 $p$ は次式となる。

---

### コラム　洪水時における下水道マンホールの吹上がり現象

　道路を歩いているとあちこちにマンホールを見ることができる。地下の埋設管の補修のために，地上から人が入れるようにした出入り口がマンホールである。飲料水の水道管（いわゆる上水道）は，圧力式の密閉された管路であり，浄水場から各家庭に圧力で配水されている。
　一方，下水の配水管は，平常時は開水路として水がチョロチョロと重力により低いほうに流れている。問題は大雨時である。地域に降った雨が，雨水排水溝を通じて下水管渠に集まってくると，開水路の状態から，満杯の管路流れになる。マンホールのある地点では，上方に水が吹き上がり，重いマンホールの蓋を持ち上げ，吹き上げてしまうという現象が生じる。
　吹き上がったマンホールの直撃を受けると，死亡する惨事にもなりかねない。また，道路が冠水していると，マンホールの蓋が持ち上げられてずれてしまって，冠水した道路を歩行中に，水底が見えないためマンホールの穴に落ち込み死亡事故に至ることがある。
　合流式の下水管には汚物も混入しており，こうした下水が吹き上がるような洪水の後は衛生面でも注意が必要である。

AB 間：$v=0 \longrightarrow p=\rho g(h+H-z)$ (4.31)

一方，BC 間の任意点での断面積は点 C でのパイプ断面積と等しいため，連続式より，そこでの流速 $v$ は $v_\mathrm{C}$ となる。式 (4.30) に式 (4.28) を代入すれば，BC 間の任意点での水圧 $p$ が得られる。

BC 間：$v=v_\mathrm{C}=\sqrt{2g(h+H)} \longrightarrow p=-\rho gz$ (4.32)

なお，式 (4.29)〜式 (4.32) の導出では，AB 間および BC 間に場合分けして，連続式を用いながら $E_\mathrm{A}=E$ と $E_\mathrm{C}=E$ をそれぞれ $p$ について解くことによっても同様な結果が得られる。

---

例題 4.5 によって得られる圧力分布の式 (4.31) および式 (4.32) を図示すると，図 4.8 (b) のように描ける。水槽内の圧力は正，パイプ内の圧力は負となり，パイプ接続点の点 B において，水圧が $\rho gh$ から $-\rho gH$ に急激に変化する。大気圧は 1 気圧 = 1 013.25 hPa = 101 325 Pa = 101 325 kg/(m·s²) であり，これを水温 20.0℃ での水の密度 $\rho = 998.203$ kg/m³ を用いて圧力水頭に換算すれば，10.350 m となる。つまり，$H$ が 10 m ほどになると絶対圧がゼロに近くなり，ほぼ真空状態になる。実際には，水には空気が溶け込んでいるため，$H=8$ m ほどで気泡が発生し，気泡が混入した状態で自由落下することになる。こうした極限での負圧による気泡発生現象を**空洞現象**（**キャビテーション**，cavitation）という。

**課題 4.1**

負圧の発生理由を説明せよ。

---

## 4.2 運動量方程式による流体力の解析

### 4.2.1 1 次元流れにおける運動量の表現方法

2.3.3 項では，$x$ 方向の運動量保存則から式 (2.40) の運動量方程式が導びかれた。式 (2.40) の力学的意味と併せてこれを再掲すると次式となる。

$$\underbrace{\int_V \rho \frac{\partial u}{\partial t} dV}_{①} + \underbrace{\int_S \rho u\{u\cos(x,\boldsymbol{n})+v\cos(y,\boldsymbol{n})+w\cos(z,\boldsymbol{n})\}dS}_{②}$$
$$= \underbrace{\int_V \rho f_x dV}_{③} - \underbrace{\int_S p\cos(x,\boldsymbol{n})dS}_{④} \quad (2.40)$$

$$\left.\begin{array}{rl} & (① 流体塊内での運動量の時間変化率) \\ + & (② 流体塊境界面から流出する単位時間当りの運動量) \\ = & (③ 流体塊に作用する質量力の総和) \\ + & (④ 流体塊境界面に作用する圧力の総和) \end{array}\right\} \quad (4.33)$$

式 (2.40) または式 (4.33) による流れの運動量解析における基本的考え方を理解するため，最も簡単な例として，**図 4.9** に示す定常な 1 次元流れについて考えてみる。図 4.9 は，$x$ 方向に流れる水（密度 $\rho$）が流速 $u$ で断面 1 から流入し，断面 2 で急にすべての水が $y$ 方向に流れを変えることにより，$x$ 方向の流速 $u$ がゼロとなる状態を示している。ノズルから流出した噴流が壁面に衝突する現象がこれに相当する。図中の破線で示される部分を流体塊（すなわち，検査領域）として，

(a) 座標系と断面　　　　　　　　(b) 検査領域

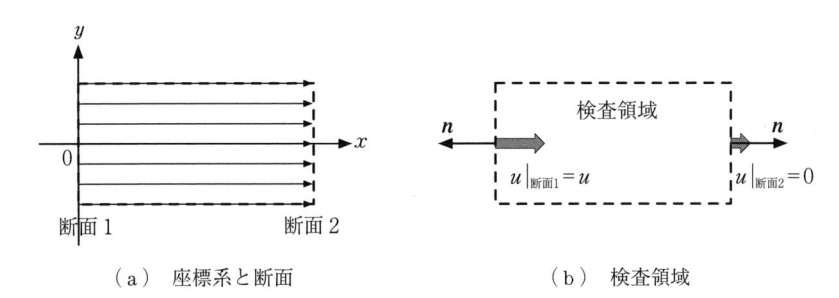

**図 4.9** 1次元流れと検査領域

$x$ 方向の運動量方程式の各項がどのように表されるか考察する。

流れが定常であり，流速の時間変化率 $\partial u/\partial t$ はゼロとなることから，運動量方程式の左辺第 1 項（①）はゼロとなる。

① 左辺第 1 項：$\int_V \rho \dfrac{\partial u}{\partial t} dV = 0$ 　　　　　　　　　　(4.34)

検査領域において，$x$ 方向の流れによる運動量の出入りは断面 1 および断面 2 で発生しており

$$\left. \begin{array}{l} u|_{断面1} = u, \ \cos(x, \boldsymbol{n})|_{断面1} = -1 \\ u|_{断面2} = 0, \ \cos(x, \boldsymbol{n})|_{断面2} = 1 \\ v|_{断面1} = w|_{断面1} = 0 \end{array} \right\} \quad (4.35)$$

となるため，断面 1 および断面 2 の断面積を $A$，流量を $Q = Au$ とすれば，左辺第 2 項（②）はつぎのように求められる。

② 左辺第 2 項：$\int_S \rho u \{u \cos(x, \boldsymbol{n}) + v \cos(y, \boldsymbol{n}) + w \cos(z, \boldsymbol{n})\} dS$

$$= \int_S \rho u(-u) dS = -\rho u(Au) = -\rho Q u \quad (4.36)$$

これより，検査領域から流出する運動量は $-\rho Q u$ であることがわかる。一方，右辺第 1 項（③）は $x$ 方向の流速 $u$ をゼロとするのに要する力の総和 $F$ を表すため，次式となる。

③ 右辺第 1 項：$\int_V \rho f_x dV = -F$ 　　　　　　　　　　(4.37)

断面 1 および断面 2 ともに大気に接しており，圧力 $p$ はゼロと扱えるので，右辺第 2 項（④）はつぎのように表せる。

④ 右辺第 2 項：$-\int_S p \cos(x, \boldsymbol{n}) dS = 0$ 　　　　　　　　　　(4.38)

式 (4.34)，式 (4.36)，式 (4.37) および式 (4.38) より，運動量方程式は次式で表される。

$$\rho Q u = F \quad (4.39)$$

つまり，流速 $u$ で運動する流体は $\rho Q u$ の運動量を持ち，検査領域内での運動量変化分から検査領域の流体塊に作用する力を算出できることを式 (4.39) は示している。流体塊に作用する力は，反作用として流体が物体に及ぼす力（流体力）と等しく，向きが反対となる。

**例題 4.6　流体中の物体に作用する力**

図 4.10 に示すように，流速 $U$ の一様な定常流の中に直径 $d$ の円柱が鉛直に設置され，円柱の下流側で図に示すような流速分布となった。この円柱に作用する流体力 $F$ を求めよ。なお，流体の密度を $\rho$，検査領域 ABCD-A′B′C′D′ 内の水深 $h$ は一定で，検査領域の各断面に作用する圧力は静水圧に等しいとする。

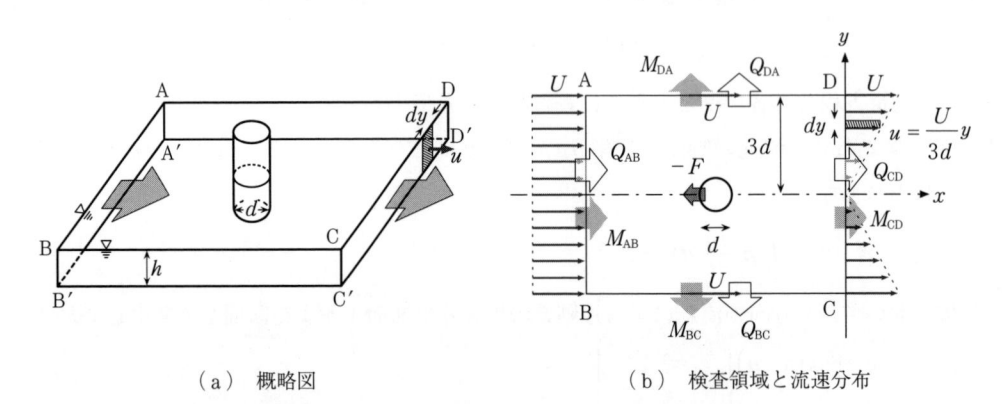

（a）概略図　　　　　（b）検査領域と流速分布

**図 4.10** 定常な一様流中に置かれた円柱に作用する流体力

**【解　答】**

断面 ABB′A′ を通って流入する流量 $Q_{AB}$，断面 CDD′C′ を通って流出する流量 $Q_{CD}$ および断面 ADD′A′ と断面 BCC′B′ を通って流出する合計の流量 $Q_{AD\text{-}BC}$ は，それぞれ以下のように求められる。

$$Q_{AB} = 6dhU \tag{4.40}$$

$$Q_{CD} = 2\int_0^{3d} dy \cdot h \cdot u = 2h\int_0^{3d}\left(\frac{U}{3d}y\right)dy = 3dhU \tag{4.41}$$

$$Q_{AD\text{-}BC} = Q_{AB} - Q_{CD} = 3dhU \tag{4.42}$$

断面 ABB′A′ を通って流入する運動量 $M_{AB}$，断面 CDD′C′ を通って流出する運動量 $M_{CD}$ および断面 ADD′A′ と断面 BCC′B′ を通って流出する合計の運動量 $M_{AD\text{-}BC}$ は，それぞれ以下のように求められる。

$$M_{AB} = \rho Q_{AB} U = 6\rho dhU^2 \tag{4.43}$$

$$M_{CD} = 2\int_0^{3d}\rho(dy \cdot h \cdot u)u = 2\rho h\int_0^{3d}\left(\frac{U}{3d}y\right)^2 dy = 2\rho dhU^2 \tag{4.44}$$

$$M_{AD\text{-}BC} = \rho Q_{AD\text{-}BC} U = 3\rho dhU^2 \tag{4.45}$$

定常流であるので，$x$ 方向の運動量方程式の左辺第1項はつぎのようになる。

$$① = \int_V \rho \frac{\partial u}{\partial t} dV = 0 \tag{4.46}$$

検査領域内での運動量収支より，式 (4.43)～式 (4.45) を用いて，$x$ 方向の運動量方程式の左辺第2項は次式で表される。

$$② = -M_{AB} + M_{CD} + M_{AD\text{-}BC} = -\rho dhU^2 \tag{4.47}$$

円柱に作用する流体力が $F$ なので，その反作用としての力 $-F$ が検査領域の流体に作用する。このため，$x$

方向の運動量方程式の右辺第1項はつぎのように表せる。

$$③ = \int_V \rho f_x dV = -F \tag{4.48}$$

各断面に作用する水圧は静水圧分布から求められるので，$x$方向の運動量方程式の右辺第2項はつぎのとおりとなる。

$$④ = -\int_S p\cos(x, \boldsymbol{n})dS = \frac{1}{2}\rho gh^2(6d) - \frac{1}{2}\rho gh^2(6d) = 0 \tag{4.49}$$

式（4.46）～式（4.49）より，$x$方向の運動量方程式は

$$-\rho dhU^2 = -F \tag{4.50}$$

と表せるため，次式の流体力 $F$ を得る。

$$F = \rho dhU^2 \tag{4.51}$$

---

例題4.6で示すように流体中に物体を置くと，物体の背面（下流側）に渦が発生する。この渦はエネルギーを損失させるため，その影響が流速の低下となって現れる。運動量方程式では，検査領域内での流れの詳細を知る必要はなく，検査領域の境界における情報だけから流れを解析できる。このため，渦によるエネルギー損失の状態を詳しく調べなくても，物体下流側の検査領域境界での流速分布を与えるだけでよいことになる。これが運動量方程式を用いる利点となっている。

流体中の物体が受ける流れ方向の力（物体が流体に及ぼす流れ方向の力）を**抗力**（drag force）という。抗力 $D$ は，流れに垂直な面への物体の投影面積 $A_D$ と流体の動圧 $\rho U^2/2$ に比例することが知られており，次式で表される。

$$D = C_D A_D \frac{\rho U^2}{2} \tag{4.52}$$

ここに，$C_D$ は**抗力係数**（drag coefficient）と呼ばれ，物体の形状に依存する比例係数となっている。例題4.6での円柱の抗力係数は，式（4.51）より，つぎのように求められる。

$$C_D = \frac{2D}{A_D \rho U^2} = \frac{2\rho dhU^2}{(dh)\rho U^2} = 2 \tag{4.53}$$

### 4.2.2 流体力の計算例

例題4.6のように，定常流における流体力は検査領域内での運動量収支と流体力・圧力の作用状態から算出できる。その解析では，4.1.2項で検討したベルヌーイの定理の応用例と同様に，連続式と組み合わせて用いられることが多い。流体力解析のパターンはおもにつぎの三種類に大別される。

応用例1：流れの断面積が変化することによる流体力の算出
応用例2：流れが壁面に衝突することによる流体力の算出
応用例3：流れの方向が変化することによる流体力の算出

## 〔1〕 応用例1：流れの断面積が変化することによる流体力の算出

**例題 4.7** ノズルに作用する流体力

図 4.11 のような水平に設置されたノズルから密度 $\rho$，流量 $Q$ の水が定常状態で噴出しているとき，ノズルに作用する流体力 $F$ を求めよ。なお，断面1および断面2の断面積をそれぞれ $A_1$ および $A_2$ とし，二つの断面間のエネルギー損失は無視できるものとする。

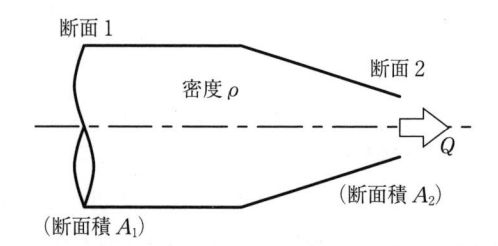

**図 4.11** ノズルからの流出

**【解 答】**
断面1および断面2での諸量にそれぞれ添字1および2を付して表し，二つの断面にベルヌーイの定理を適用する。

$$\frac{v_1^2}{2g} + z_1 + \frac{p_1}{\rho g} = \frac{v_2^2}{2g} + z_2 + \frac{p_2}{\rho g} \tag{4.54}$$

ここに，$v$，$z$ および $p$ はそれぞれ流速，高さおよび圧力を表す。ノズルは水平に設置されているので，その中心線を基準とすれば，位置水頭はつぎのように表される。

$$z_1 = z_2 = 0 \tag{4.55}$$

断面2は大気に接しているので，そこでの圧力 $p_2$ はゼロとなる。

$$p_2 = 0 \tag{4.56}$$

連続式より $Q = A_1 v_1 = A_2 v_2$ と表せるので，各断面の流速はつぎのように求められる。

$$v_1 = \frac{Q}{A_1},\ v_2 = \frac{Q}{A_2} \tag{4.57}$$

式 (4.54) に式 (4.55) 〜式 (4.57) を代入して，圧力 $p_1$ について解けば，次式を得る。

$$p_1 = \rho g\left(\frac{v_2^2}{2g} - \frac{v_1^2}{2g}\right) = \frac{\rho}{2}\left\{\left(\frac{Q}{A_2}\right)^2 - \left(\frac{Q}{A_1}\right)^2\right\} = \frac{\rho Q^2}{2}\left(\frac{1}{A_2^2} - \frac{1}{A_1^2}\right) \tag{4.58}$$

断面1と断面2の間を検査領域とすれば，運動量方程式より

$$-\rho Q v_1 + \rho Q v_2 = -F + p_1 A_1 - p_2 A_2 \tag{4.59}$$

となるので，この式に式 (4.56) 〜式 (4.58) を代入すれば，つぎのように流体力 $F$ が求められる。

$$F = \frac{\rho Q^2}{2A_1}\left(\frac{A_1}{A_2} - 1\right)^2 \tag{4.60}$$

式 (4.60) より，断面積が同じ場合には流体力は作用せず，断面積 $A_2$ が小さくなるほど（ノズル先端が絞られるほど）流体力が大きくなることがわかる。断面積の減少は流速増大による運動量増加と圧力低下をもたらし，これらによって流体力が生じていることになる。

## 〔2〕 応用例2：流れが壁面に衝突することによる流体力の算出

**例題 4.8** 落下する流体が床板に及ぼす力

図 4.12 に示すように水槽の底面にあけられた断面積 $A_2$ の小さな孔から密度 $\rho$ の水が流出し，床板に衝突している。床板に衝突した水のすべてが床板と平行な方向に流れるとしたとき，落下する水が床板に及ぼす流体力 $F$ を求めよ。なお，水槽の断面積は十分大きく，流出に伴い水槽内の水深 $h_1$ は変化せず，エネルギー損失は無視できるものとする。

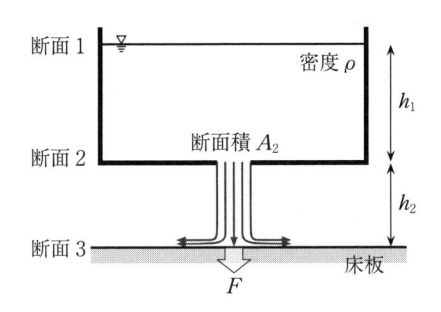

**図 4.12** 水槽からの流出水の床板への衝突

【解　答】

水槽水面，水槽底面（流出孔）および床板（床板への水流衝突直前）をそれぞれ断面1，断面2および断面3として，各断面における諸量にそれぞれ添字1，2および3を付して表すこととする。断面1，断面2および断面3の間にベルヌーイの定理を適用すれば，次式を得る。

$$\frac{v_1^2}{2g}+z_1+\frac{p_1}{\rho g}=\frac{v_2^2}{2g}+z_2+\frac{p_2}{\rho g}=\frac{v_3^2}{2g}+z_3+\frac{p_3}{\rho g} \tag{4.61}$$

断面1，断面2および断面3では大気圧に等しいので

$$p_1=p_2=p_3=0 \tag{4.62}$$

と書ける。断面3を基準面とすれば，$z_1$，$z_2$ および $z_3$ は次式で表される。

$$z_1=h_1+h_2,\ z_2=h_2,\ z_3=0 \tag{4.63}$$

断面1での断面積は断面2での断面積に比べて十分大きく，$v_1^2 \ll v_2^2$ と扱えるので，式（4.62）および式（4.63）を式（4.61）に適用すれば，水槽底面の流出孔からの流出速度 $v_2$ および床板に衝突する直前の流速 $v_3$ がつぎのように求められる。

$$v_2=\sqrt{2gh_1} \tag{4.64}$$

$$v_3=\sqrt{2g(h_1+h_2)} \tag{4.65}$$

水が床板に衝突する前後に対して運動量方程式を適用すれば，次式となる。

$$-\rho Q v_3+0=-F \tag{4.66}$$

連続式より

$$Q=A_2 v_2 \tag{4.67}$$

であるので，床板に作用する流体力 $F$ はつぎのように求められる。

$$F=\rho A_2 v_2 v_3=2\rho g A_2 \sqrt{h_1(h_1+h_2)} \tag{4.68}$$

## 〔3〕 応用例3：流れの方向が変化することによる流体力の算出

**例題 4.9** 曲面板に作用する流体力

図4.13のように，速度 $v_1$ の定常な噴流が曲面板に当たり，初めの方向（$x$ 方向）から角度 $\pi-\alpha$ だけ方向を変えるとき，曲面板に作用する流体力 $F$ とその方向 $\theta$ を求めよ．なお，断面1および断面2での噴流の断面積 $A$ は同じであり，摩擦力および重力の作用は無視できるものとする．つぎに，曲面板が $x$ 方向に等速度 $U$ で動くとき，曲面板に作用する流体力 $F'$ とその方向 $\theta'$ を求めよ．

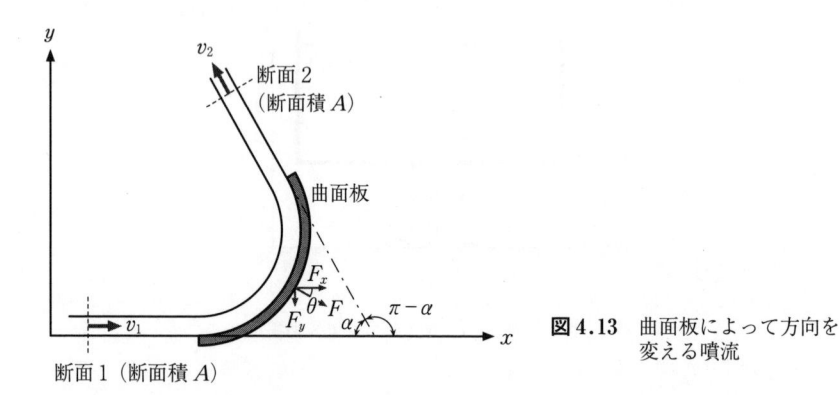

**図4.13** 曲面板によって方向を変える噴流

【解 答】
断面1と断面2の間を検査領域とすれば，$x$ 方向および $y$ 方向それぞれの運動量方程式は次式で表される．

$$-\rho Q v_1 + \rho Q(-v_2)\cos\alpha = -F_x \tag{4.69}$$

$$-0 + \rho Q v_2 \sin\alpha = -F_y \tag{4.70}$$

連続式より

$$Q = A v_1 = A v_2 \longrightarrow v_1 = v_2 \tag{4.71}$$

となるので，式（4.69）および式（4.70）に代入すれば，$x$ 方向および $y$ 方向それぞれの流体力 $F_x$ および $F_y$ はつぎのように求められる．

$$F_x = \rho Q v_1 (1+\cos\alpha) = \rho A v_1^2 (1+\cos\alpha) \tag{4.72}$$

$$F_y = -\rho Q v_1 \sin\alpha = -\rho A v_1^2 \sin\alpha \tag{4.73}$$

これらより，合力 $F$ およびその作用方向 $\theta$ は，次式となる．

$$F = \sqrt{F_x^2 + F_y^2} = \rho A v_1^2 \sqrt{2(1+\cos\alpha)} \tag{4.74}$$

$$\theta = \arctan\left|\frac{F_y}{F_x}\right| = \arctan\left|\frac{\sin\alpha}{1+\cos\alpha}\right| \tag{4.75}$$

ついで，曲面板が $x$ 方向に速度 $U$ で動くときには，噴流を曲面板から見た相対運動として捉えればよいので，断面1での流速 $v_1'$ および流量 $Q'$ はそれぞれ次式で表される．

$$v_1' = v_1 - U \tag{4.76}$$

$$Q' = A v_1' = A(v_1 - U) \tag{4.77}$$

式（4.76）および式（4.77）を式（4.72）と式（4.73）の $v_1$ および $Q$ にそれぞれ適用すれば，$x$ 方向および $y$ 方向それぞれの流体力 $F_x'$ および $F_y'$ は次式のように求められる．

$$F_x' = \rho Q' v_1' (1+\cos\alpha) = \rho A (v_1 - U)^2 (1+\cos\alpha) \tag{4.78}$$

$$F'_y = -\rho Q' v'_1 \sin\alpha = -\rho A (v_1 - U)^2 \sin\alpha \tag{4.79}$$

以上より，合力 $F'$ およびその作用方向 $\theta'$ は，つぎのように得られる。

$$F' = \sqrt{F'^2_x + F'^2_y} = \rho A (v_1 - U)^2 \sqrt{2(1+\cos\alpha)} \tag{4.80}$$

$$\theta' = \arctan\left|\frac{F'_y}{F'_x}\right| = \arctan\left|\frac{\sin\alpha}{1+\cos\alpha}\right| \tag{4.81}$$

## 4.3 ポテンシャル解析法による流れのイメージ化

### 4.3.1 流れの全体像を把握する方法

4.1 節と 4.2 節では，流れの中の特定の箇所における流速，圧力，流体力などを求める方法を学んだ。これに対して，流れの場全体を俯瞰的に捉えるにはどうしたらよいであろうか。ここでは，扱いを簡単にするため，2 次元流れを対象とした解析方法について考えてみる。

**図 4.14** は天気図の一例を示したものである。天気図には，一般に，高気圧（図中，H で表示），低気圧（図中，L で表示），等圧線などが描かれる。空気は気圧の高いところから低いところに向かって流れるため，こうした気圧配置から大気の流れを把握できるようになる。また，等圧線の間隔が狭いところでは気圧の変化が大きく，風速が大きくなることから，天気図では流れの速さも表現できる。

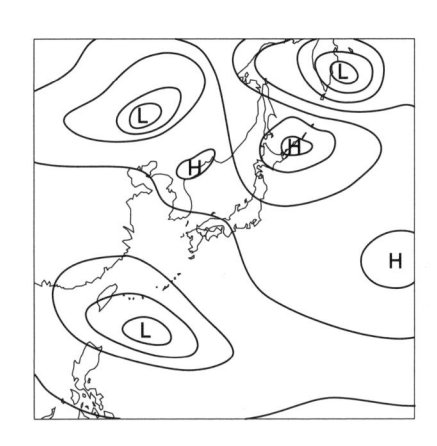

**図 4.14** 日本周辺の天気図

---
**課題 4.2**

コリオリ力を無視できるとしたとき，図 4.14 に示す天気図に大気の流れを表す流線を描き込め。

---

課題 4.2 では，等圧線に直交する曲線を低気圧から高気圧に向かって描くことで大気の流れを表すことができる（実際には，コリオリ力が働くため，大気の流れは等圧線に直交しない）。天気図は，特定の時間における瞬間的な気圧配置を示したものであるため，課題 4.2 で描かれる曲線は流線そのものとなる。こうした流線群により流れを可視化できるようになり，流れの場全体の様子を把握することが可能となる。

## 4.3.2 速度ポテンシャルの導入

図 4.14 に示した等圧線で表される気圧を $\phi$ として立体的に曲面として示すと**図 4.15**のように描ける．位置 $(x, y)$ における $x$ 方向および $y$ 方向の流速 $u$ および $v$ は，それぞれ気圧 $\phi(x, y)$ の $x$ 方向および $y$ 方向の傾きとして表現することができる．つまり，気圧 $\phi(x, y)$ を表す曲面を $x$ 方向に切断して得られる曲線の接線の傾きが $x$ 方向流速 $u$，$y$ 方向に切断して得られる曲線の接線の傾きが $y$ 方向流速 $v$ となる（付録 B.1.2 項参照）．

$$u = \frac{\partial \phi}{\partial x}, \quad v = \frac{\partial \phi}{\partial y} \tag{4.82}$$

流速ベクトル $(u, v)$ を式 (4.82) で表すことのできる関数 $\phi(x, y)$ が存在するとき，$\phi$ を**速度ポテンシャル**（velocity potential）という．また，速度ポテンシャルが存在する流れを**ポテンシャル流れ**（potential flow）と呼ぶ．図 4.14 に示した等圧線は等ポテンシャル線を表しているといえる．

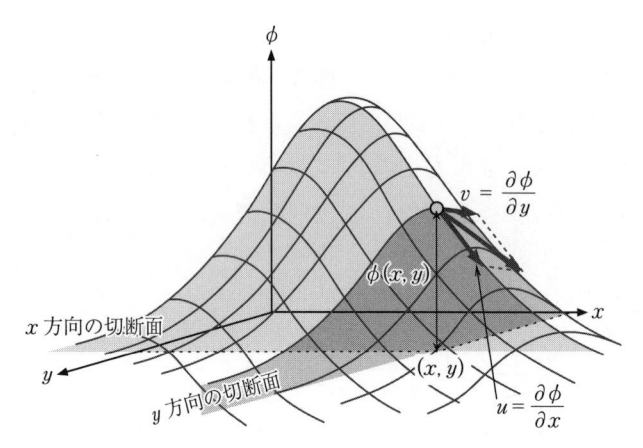

**図 4.15** 曲面による速度ポテンシャルの説明図

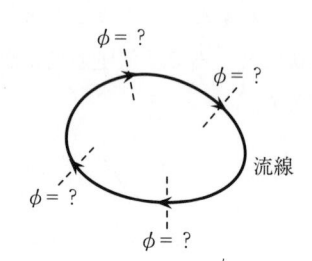

**図 4.16** 渦あり流れにおける速度ポテンシャル（定義不能）

渦あり流れの場合には，式 (4.82) は成り立たず，速度ポテンシャルを定義することはできない．このことは，**図 4.16** から直感的に理解できる．渦あり流れでは流線は閉曲線を描く．速度ポテンシャルが存在する場合，速度ポテンシャルの高いところから低いところに流れるが，流線が閉じた曲線となるとき，矛盾が生じてしまう．このため，速度ポテンシャルは渦なし流れに対してのみ定義可能となる．

**課題 4.3**

渦度の定義式 (2.55) と速度ポテンシャルの定義式 (4.82) を用いて，渦あり流れの場合に速度ポテンシャルが定義できないことを示せ．

---

**例題 4.10** 速度ポテンシャルを用いた連続式の表示

速度ポテンシャル $\phi$ を用いて非圧縮性 2 次元流れの連続式を示せ．

【解　答】

2 次元流れにおいて，式 (2.18) で示される非圧縮性流体の連続式は

$$\frac{\partial u}{\partial x} + \frac{\partial v}{\partial y} = 0 \tag{4.83}$$

と表されるので，式 (4.82) を適用すれば，次式を得る。

$$\frac{\partial^2 \phi}{\partial x^2} + \frac{\partial^2 \phi}{\partial y^2} = 0 \tag{4.84}$$

$$\nabla^2 \phi = 0 \tag{4.85}$$

式 (4.84) の左辺を微分演算子 $\nabla$ （ナブラ，nabla）を用いて表記したものが式 (4.85) である。

　速度ポテンシャルは，流速や圧力のように直接計測することはできず，数学的に定義された仮想的な物理量である。しかし，こうした仮想的な考え方を導入することにより，速度ベクトル $(u, v)$ を一つのスカラー量 $\phi$ だけで表示可能となることは，さまざまな利点を生む。例題 4.10 のように，非圧縮性流体の連続式を速度ポテンシャルで表せば，式 (4.84) や式 (4.85) のように，速度ポテンシャル $\phi$ だけを求める問題に帰着させられる。これらは**ラプラス方程式**（Laplace equation）と呼ばれる。

---

### 例題 4.11　速度ポテンシャルを用いたオイラーの運動方程式の表示

　例題 4.10 と同様に，速度ポテンシャルを用いてオイラーの運動方程式を示せ。

【解　答】

　式 (2.31) で表されるオイラーの運動方程式の $x$ 方向成分は，式 (2.55) で定義される渦度を用いて，つぎのように変形できる（式 (2.41) の変形と同様）。

$$\frac{Du}{Dt} = \frac{\partial u}{\partial t} + \frac{1}{2}\frac{\partial}{\partial x}\left(u^2 + v^2 + w^2\right) + \left(-v\omega_z + w\omega_y\right) = f_x - \frac{1}{\rho}\frac{\partial p}{\partial x} \tag{4.86}$$

ここでは，速度ポテンシャルが存在する流れを対象とするので，渦なし流れの条件 $\omega_x = \omega_y = \omega_z = 0$ を適用できる。また，式 (2.22) で定義される力のポテンシャル $\Omega$ を用いて質量力（保存力）を表せば，式 (4.86) は次式となる。

$$\frac{\partial u}{\partial t} + \frac{1}{2}\frac{\partial}{\partial x}\left(u^2 + v^2 + w^2\right) = -\frac{\partial \Omega}{\partial x} - \frac{1}{\rho}\frac{\partial p}{\partial x} \tag{4.87}$$

3次元流れにおいて速度ポテンシャルは

$$u = \frac{\partial \phi}{\partial x}, \quad v = \frac{\partial \phi}{\partial y}, \quad w = \frac{\partial \phi}{\partial z} \tag{4.88}$$

で定義されるので，これらを式 (4.87) に適用すれば，オイラーの運動方程式の $x$ 方向成分はつぎのように表される。

$$\frac{\partial}{\partial x}\left(\frac{\partial \phi}{\partial t} + \frac{1}{2}|\nabla \phi|^2 + \Omega + \frac{p}{\rho}\right) = 0 \tag{4.89}$$

ここに

$$u^2 + v^2 + w^2 = \left(\frac{\partial \phi}{\partial x}\right)^2 + \left(\frac{\partial \phi}{\partial y}\right)^2 + \left(\frac{\partial \phi}{\partial z}\right)^2 = |\nabla \phi|^2 \tag{4.90}$$

である。$y$ 方向および $z$ 方向についても同様に計算すれば，つぎのようになる。

$$\frac{\partial}{\partial y}\left(\frac{\partial \phi}{\partial t} + \frac{1}{2}|\nabla \phi|^2 + \Omega + \frac{p}{\rho}\right) = 0 \tag{4.91}$$

$$\frac{\partial}{\partial z}\left(\frac{\partial \phi}{\partial t} + \frac{1}{2}|\nabla \phi|^2 + \Omega + \frac{p}{\rho}\right) = 0 \tag{4.92}$$

例題4.11で求めた式（4.89），式（4.91）および式（4.92）を各方向で積分すれば，つぎの式（4.93）が得られる。

$$\underbrace{\frac{\partial \phi}{\partial t}}_{\text{非定常項}} + \underbrace{\frac{1}{2}|\nabla\phi|^2}_{\text{速度項}} + \underbrace{\Omega}_{\text{保存力項}} + \underbrace{\frac{p}{\rho}}_{\text{圧力項}} = \underbrace{C(t)}_{\substack{\text{空間}(x,y,z)\text{において一様で}\\\text{時間}t\text{とともに変化する値}}} \quad (4.93)$$

$$\underbrace{\frac{U^2}{2g}}_{\text{速度水頭}} + \underbrace{z}_{\text{位置水頭}} + \underbrace{\frac{p}{\rho g}}_{\text{圧力水頭}} = \underbrace{E\;(=\text{一定})}_{\text{全水頭}} \quad (2.53)$$

式（2.53）で表されるベルヌーイの定理と比較すると，式（4.93）はベルヌーイの定理を非定常流に拡張した形になっていることがわかる。このため，式（4.93）を**拡張されたベルヌーイの定理**という。式（4.93）は速度ポテンシャル$\phi$と圧力$p$だけの式となっている。速度ポテンシャル$\phi$は連続式としての式（4.84）または式（4.85）から求められるため，ポテンシャル流れの解析において，式（4.93）の未知数は圧力$p$だけとなる。このため，式（4.93）は**圧力方程式**（pressure equation）とも呼ばれる。

### 4.3.3 流れ関数と流線

課題4.2では，等圧線（等ポテンシャル線）に直交する曲線として流線を描いた。等ポテンシャル線は速度ポテンシャル$\phi(x,y)$が同じ値をとる点$(x,y)$をつないだ曲線である。そこで，これと同様な考え方により，2次元流れにおいて一本の流線上で同じ値となる関数$\psi(x,y)$を定義してみることにする。

こうして定義した関数$\psi(x,y)$を用いれば，流線は次式で表すことができる。

$$\psi(x,y) = C \quad (=\text{一定}) \quad (4.94)$$

一本の流線上で$C$の値は一定であり，この値によって各流線が区別される。式（4.94）の全微分は

$$d\psi = \frac{\partial \psi}{\partial x}dx + \frac{\partial \psi}{\partial y}dy = 0 \quad (4.95)$$

と求められ，これを変形すれば，つぎのように表される。

$$\frac{dx}{\partial \psi/\partial y} = \frac{dy}{-\partial \psi/\partial x} \quad (4.96)$$

式（4.94）およびこれから求められる式（4.96）は流線の方程式にほかならない。一方，1.4.3項で示したように，流線の方程式は式（1.23）で表され，これを2次元流れについて表示すれば次式となる。

$$\frac{dx}{u} = \frac{dy}{v} \quad (4.97)$$

式（4.96）と式（4.97）が同じとなるためには，関数$\psi(x,y)$は次式を満たす必要がある。

$$u = \frac{\partial \psi}{\partial y}, \quad v = -\frac{\partial \psi}{\partial x} \quad (4.98)$$

式 (4.98) の関係を満足する関数 $\psi(x, y)$ を**流れ関数**（stream function）と呼ぶ。

速度ポテンシャルが渦なし流れにおいてしか定義できなかったことに対し，式 (4.98) の定義により，連続式が無条件で満たされるため，渦あり・渦なしにかかわらず，流れ関数は存在する。このことは，すべての流れで流線が描けることからも理解できる。

**課題 4.4**

式 (4.98) で定義される流れ関数が連続式を自動的に満足することを示せ。

---

**例題 4.12** 流れ関数を用いた渦度の表示

流れ関数を用いて 2 次元流れにおける渦度を示せ。

**【解　答】**

式 (2.55) で表される渦度の定義より，$xy$ 平面の 2 次元流れにおける渦度 $\omega$ は次式で表される。

$$\omega = \frac{\partial v}{\partial x} - \frac{\partial u}{\partial y} \tag{4.99}$$

上式に式 (4.98) を適用すれば，次式を得る。

$$\omega = -\left(\frac{\partial^2 \psi}{\partial x^2} + \frac{\partial^2 \psi}{\partial y^2}\right) = -\nabla^2 \psi \tag{4.100}$$

---

式 (4.100) はつぎの**ポアソン方程式**（Poisson equation）に一致する。

$$\nabla^2 \psi = -\omega \tag{4.101}$$

渦なし流れでは $\omega = 0$ なので，式 (4.101) はつぎのラプラス方程式となる。

$$\nabla^2 \psi = 0 \tag{4.102}$$

### 4.3.4　コーシー・リーマンの関係式とポテンシャル流れの解析例

式 (4.82) および式 (4.98) で示されたように，速度ポテンシャル $\phi$ および流れ関数 $\psi$ を用いて流速 $u$ と $v$ は次式で表される。

$$\left.\begin{array}{l} u = \dfrac{\partial \phi}{\partial x} = \dfrac{\partial \psi}{\partial y} \\[6pt] v = \dfrac{\partial \phi}{\partial y} = -\dfrac{\partial \psi}{\partial x} \end{array}\right\} \tag{4.103}$$

上式で表される $(u, v)$，$\phi$ および $\psi$ の関係を**コーシー・リーマンの関係式**（Cauchy-Riemann's relation）という。式 (4.103) より，流速成分 $(u, v)$，速度ポテンシャル $\phi$ および流れ関数 $\psi$ は相互に関係し合い，三者のどれか一つが決まれば，残りの二つが求められることがわかる（**図 4.17**）。

---

**例題 4.13** 速度ベクトル → 速度ポテンシャル・流れ関数

$xy$ 平面の 2 次元流れにおいて流速成分 $(u, v)$ が次式で与えられるとき，速度ポテンシャル $\phi$ と流れ関数 $\psi$ を求めよ。また，流線を用いて流れの概略を図示せよ。

$$u = kx, \quad v = -ky \quad (k：正定数) \tag{4.104}$$

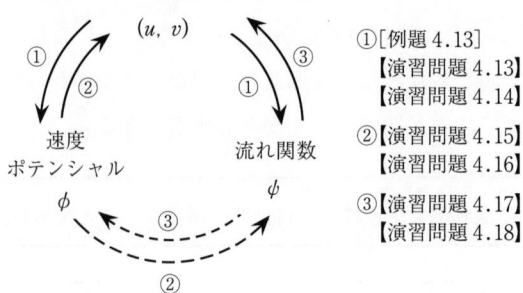

**図 4.17** 流速成分，速度ポテンシャルおよび流れ関数の関係

**【解　答】**
　式 (4.82) より，流速は速度ポテンシャル $\phi$ を用いて次式で表される。

$$u = kx = \frac{\partial \phi}{\partial x} \tag{4.105}$$

$$v = -ky = \frac{\partial \phi}{\partial y} \tag{4.106}$$

式 (4.105) の両辺を積分して

$$\phi = \frac{1}{2}kx^2 + f(y) \quad (f(y)：y\text{のみの関数}) \tag{4.107}$$

が得られるので，これを式 (4.106) に代入して解けば，次式を得る。

$$f(y) = -\frac{1}{2}ky^2 + C_1 \quad (C_1：積分定数) \tag{4.108}$$

これより，速度ポテンシャル $\phi$ は次式となる。

$$\phi = \frac{1}{2}k(x^2 - y^2) + C_1 \tag{4.109}$$

同様に，式 (4.98) より，流速は流れ関数 $\psi$ を用いて次式で表される。

$$u = kx = \frac{\partial \psi}{\partial y} \tag{4.110}$$

$$v = -ky = -\frac{\partial \psi}{\partial x} \tag{4.111}$$

式 (4.110) の両辺を積分して

$$\psi = kxy + g(x) \quad (g(x)：x\text{のみの関数}) \tag{4.112}$$

が得られるので，これを式 (4.111) に代入すれば，次式を得る。

$$g(x) = C_2 \quad (C_2：積分定数) \tag{4.113}$$

これより，流れ関数 $\psi$ はつぎのように求められる。

$$\psi = kxy + C_2 \tag{4.114}$$

流線の方程式は式 (4.94) で表されるため，式 (4.114) より，流線の方程式は次式となる。

$$kxy = C - C_2 = C_3 \quad (C_3：積分定数) \tag{4.115}$$

これより，流れの概略（流線図）は**図 4.18**のように描かれる[†]。

　例題 4.13 において，$x$ 軸や $y$ 軸では両側からの流れがぶつかり合い，各軸は流線の一部となっている。しかし，これらの軸を跨いだ流れは存在せず，流れは各象限ごとの四つの領域に分割され

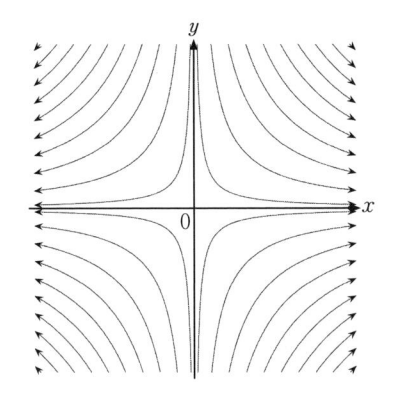

4.3 ポテンシャル解析法による流れのイメージ化   75

**図 4.18** 例題 4.13 の流線図

ている。このように流れを分けている流線は**分離流線**と呼ばれる。また，各領域の流れは独立しているため，図 4.18 の流線図は直角に交わる壁に沿って曲がる流れを表現している。

### 4.3.5 複素速度ポテンシャルと複素速度の導入

例題 4.13 からもわかるように，流速成分 $(u, v)$ から速度ポテンシャルや流れ関数を求めるためには複数回の積分を行う必要がある。式（4.103）で表されるコーシー・リーマンの関係式で $\phi$ と $\psi$ が結びつけられているとき，$\phi$ を実部，$\psi$ を虚部とするつぎの複素関数 $W$ を**複素速度ポテンシャル**（complex velocity potential）という。

$$W = \phi + i\psi \tag{4.116}$$

$z = x + iy$ の複素平面でこうした複素速度ポテンシャル $W$ を導入することにより，$\phi$ と $\psi$ を一つの物理量 $W$ だけで同時に扱うことが可能となる。

速度ポテンシャル $\phi$ を $x$ や $y$ で微分すると，各方向の流速 $u$ や $v$ が求められた。それでは，複素速度ポテンシャル $W$ を $z$ で微分するとなにが求められるのであろうか。式（4.116）で表される

---

前頁† 流れの向きの判定方法
　流線図では，流速成分の符号を領域ごとに調べることで流れの向きを判定できる。例えば，**図 4.19** において，$x > 0$, $y > 0$ の領域（第 1 象限）では，$u > 0$, $v < 0$ となるため，流速ベクトルは右下向きになる。

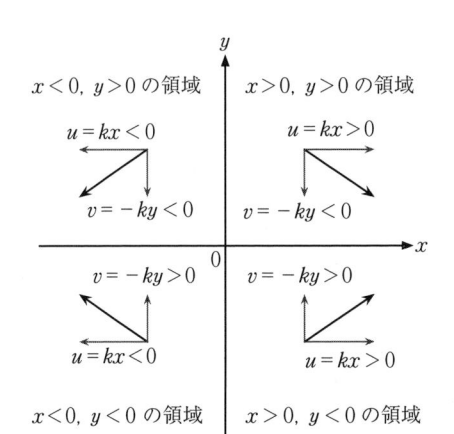

**図 4.19** 流れの向きの判定方法

複素関数 $W$ の全微分を求めると,つぎのようになる。

$$dW = \frac{\partial W}{\partial x}dx + \frac{\partial W}{\partial y}dy = \left(\frac{\partial \phi}{\partial x} + i\frac{\partial \psi}{\partial x}\right)dx + \left(\frac{\partial \phi}{\partial y} + i\frac{\partial \psi}{\partial y}\right)dy \tag{4.117}$$

式(4.117)にコーシー・リーマンの関係式を適用すれば,次式を得る。

$$\frac{dW}{dz} = u - iv \tag{4.118}$$

$u+iv$ は流速成分 $(u, v)$ を複素平面で表したものであり,式(4.118)はその共役複素数となっている。式(4.118)で表される $dW/dz$ を**複素速度**(complex velocity)という。

複素速度ポテンシャルと複素速度を導入することにより,図4.17で示した関係は**図4.20**のような簡単な対応関係に変換される。このことは,例題4.13で扱ったような流れの解析において,複素速度ポテンシャルと複素速度との関係に対する計算だけで流れを解析できることを示している。

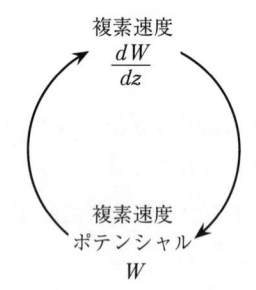

**図4.20** 複素速度と複素速度ポテンシャルの対応関係

### 4.3.6 複素速度ポテンシャルを用いたポテンシャル流れの解析例

|例題4.14| **角を曲がる流れ**

例題4.13における式(4.104)の流速成分を持つ2次元流れについて,複素速度ポテンシャルと複素速度を用いて,速度ポテンシャルと流れ関数を求めよ。

【解　答】

式(4.104)および式(4.118)より,複素速度はつぎのように表せる。

$$\frac{dW}{dz} = u - iv = kx + iky = kz \tag{4.119}$$

両辺を $z$ で積分すれば,つぎのように複素速度ポテンシャル $W$ が求められる。

$$W = \frac{1}{2}kz^2 + C = \left\{\frac{1}{2}k(x^2 - y^2) + C_1\right\} + i(kxy + C_2)$$

$$(C = C_1 + iC_2 ; C, C_1, C_2 : 積分定数) \tag{4.120}$$

式(4.116)より,式(4.120)の実部と虚部を比較すれば,例題4.13で導いたものと同じ次式を得る。

$$\phi = \frac{1}{2}k(x^2 - y^2) + C_1 \tag{4.109}$$

$$\psi = kxy + C_2 \tag{4.114}$$

例題4.13では,速度ポテンシャル $\phi$ と流れ関数 $\psi$ を求めるために4回の積分が必要であったが,複素平面で考えることにより,1回の積分でこれらを求めることが可能になっている。また,

この流れは，図 4.18 で示したような直角に交差する壁に沿った流れを表しているが，一般に，複素速度ポテンシャル $W=kz^n$ は原点で角度 $\pi/n$ で交差する壁に沿う流れを表す。

---

### 例題 4.15　一様流

複素速度ポテンシャル $W$ が次式で与えられるとき，流速成分 $(u, v)$，速度ポテンシャル $\phi$ および流れ関数 $\psi$ を求めよ。また，流線を用いて流れの概略を図示せよ。

$$W = Ue^{-i\theta}z, \quad z = x + iy \quad (U：正の実定数，\theta：実定数) \tag{4.121}$$

【解答 1】

オイラーの公式（付録 B.5.3 項参照）

$$e^{i\theta} = \cos\theta + i\sin\theta \tag{4.122}$$

を用いて，式 (4.121) を実部と虚部に分ける。

$$W = U(x\cos\theta + y\sin\theta) + iU(-x\sin\theta + y\cos\theta) \tag{4.123}$$

式 (4.116) より，実部と虚部を比較して，次式を得る。

$$\phi = U(x\cos\theta + y\sin\theta) \tag{4.124}$$
$$\psi = -U(x\sin\theta - y\cos\theta) \tag{4.125}$$

式 (4.103) のコーシー・リーマンの関係式より，流速成分は次式となる。

$$u = \frac{\partial \phi}{\partial x} = \frac{\partial \psi}{\partial y} = U\cos\theta \tag{4.126}$$

$$v = \frac{\partial \phi}{\partial y} = -\frac{\partial \psi}{\partial x} = U\sin\theta \tag{4.127}$$

式 (4.125) より，流線の方程式はつぎのように求められる。

$$y = (\tan\theta)x + C \quad (C：積分定数) \tag{4.128}$$

式 (4.128) を図示すれば，流れの概略は図 4.21 のように描かれる。

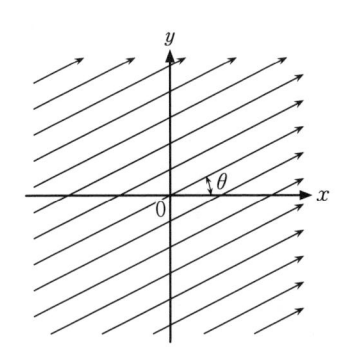

**図 4.21**　例題 4.15 の流線図

【解答 2】

式 (4.121) を $z$ で微分し，実部と虚部に分けると，次式となる。

$$\frac{dW}{dz} = Ue^{-i\theta} = U\cos\theta - iU\sin\theta \tag{4.129}$$

式 (4.118) より，実部と虚部を比較して，次式を得る。

$$u = U\cos\theta, \quad v = U\sin\theta \tag{4.130}$$

速度ポテンシャル，流れ関数および流線の算出は，解答 1 と同じである。

図 4.21 に示すような流速が一定で同一方向の流れを一様流（uniform flow）または平行流（parallel flow）という。式（4.121）の複素速度ポテンシャルは流速 $U$ で角度 $\theta$ だけ傾いた一様流を表す。例題 4.15 でのオイラーの公式を用いた解法は有用で，複素速度ポテンシャル $W$ が次式で与えられるときにも同様に解析できる。

$$W = m \ln z \quad (m：実定数) \tag{4.131}$$

上式に式（4.122）を適用して実部と虚部に分ければ，流れ関数は

$$\phi = m\theta \tag{4.132}$$

と求められ，流線は**図 4.22** に示すような原点を通るさまざまな傾きの直線群となる。また，この流れの複素速度は

$$\frac{dW}{dz} = \frac{m}{z} = \underbrace{\frac{mx}{x^2+y^2}}_{=u} - i\underbrace{\frac{my}{x^2+y^2}}_{=v} \tag{4.133}$$

となるため，$m$ が正であるとき，原点から放射状に外向きの流れとなり，これを**湧出し流れ**と呼ぶ。逆に，$m$ が負であるとき，原点への**吸込み流れ**となる。

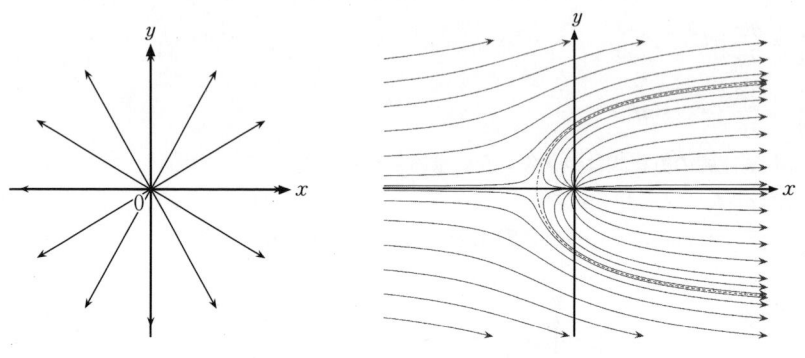

**図 4.22** 湧出し流れの流線図　　**図 4.23** 一様流と湧出し流れの重ね合わせ

複素速度ポテンシャルを重ね合わせることで，さまざまな流れを表現することができる。例えば，一様流 $W = Uz$ と湧出し流れ $W = m \ln z$ を重ねた複素速度ポテンシャル

$$W = Uz + m \ln z \quad (m：正の実定数) \tag{4.134}$$

より描かれる流線は**図 4.23** のようになる。この流れは，$x$ 方向に流速 $U$ で流れる一様流と原点からの湧出し流れが重なった状態を示している。また，図中の破線で示される分離流線を壁で置き換えれば，その外側の流れは半無限物体にぶつかる一様流が通過する様子を表している。このように，複数の複素速度ポテンシャルの重ね合わせによって，さまざまな流れの様子を解析することが可能となる。

## 演習問題

**【4.1】** 水が図 4.24 のように直径の変化するパイプの中を流れており,そこに,1 より小さい比重 $S_G$ のオイルを入れた逆 U 字管のマノメーターを取り付けて点 1 および点 2 の静圧を測っている。マノメーターの読み $h$ はいくらになるか。ただし,流量を $Q$,点 1 および点 2 における断面積を $A_1$ および $A_2$ とする。

**【4.2】** 図 4.25 のようにホースの途中(断面 1)にピエゾ管を取り付け,ピエゾ管の反対側を水槽の水に入れてからホースに水を流し,ホース先端(断面 2)より噴出させる。同じ流量 $Q$ で水を流しながら,図 4.25 に示すようにホースの断面 1 部分を絞ったとき,ピエゾ管内の水位が上昇した。水位 $h$ を求めよ。

ヒント:断面 2 では大気に接しているため,水圧は大気圧に等しくなる。また,ホースを絞ったとき断面 1 において負圧となる。

**【4.3】** 図 4.26 のように,高さ $H$,直径 $d$ の円管をつけた径 $D$ の円筒水槽に流量 $Q$ の水が供給されて定常状態になっているとき,水槽の水深 $h$ はいくらになるか。$H = 3$ m, $d = 15$ cm, $D = 1$ m, $Q = 0.15$ m$^3$/s として値を求めよ。ただし,エネルギー損失は無視する。

**図 4.24** 演習問題 4.1   **図 4.25** 演習問題 4.2   **図 4.26** 演習問題 4.3

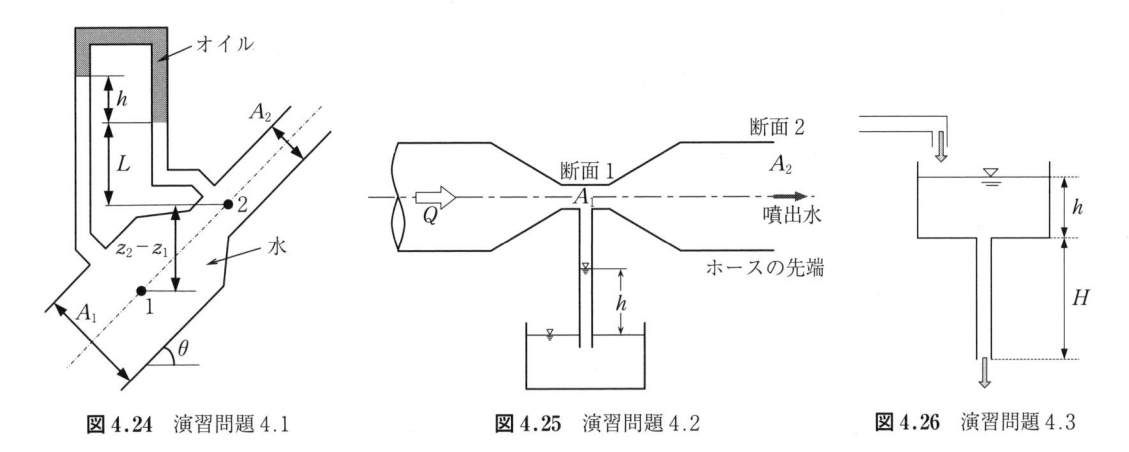

**【4.4】** 図 4.27 に示すように上面にパイプの取り付けられた容器に密度 $\rho$ の水が入れられ,容器底面の孔から流出している。容器内に密閉された空気部分の圧力 $p_A$ と孔から流出する水の流速 $v_C$ を求めよ。ただし,流出孔の断面積は容器の断面積に比べ十分小さく,流出孔でのエネルギー損失は無視できるものとする。

ヒント:パイプから空気が入るため,水面がパイプ下端の点 B より上にある場合,点 B では大気圧に等しくなる。こうした装置は**マリオット瓶**(**Mariotte's bottle**)と呼ばれる。

**【4.5】** 図 4.28 に示すように無限大の断面積を持つタンク内に油(密度 $\rho_1$)と水(密度 $\rho_2$)が入っている($\rho_1 < \rho_2$)。油と水は混ざり合うことなく,点 B を通る水平面で境界面を形成しながら,タンク底面に取り付けられた直径 $d$ の円管から水が流出している。タンク内の油層および水層の厚さをそれぞれ $h_1$ および $h_2$,円管流出孔(点 C)からタンク底面までの高さを $H$ とし,点 C を原点として鉛直上向きに $z$ 軸を設ける。$h_1$ および $h_2$ が一定で,エネルギー損失が無視できるとしたとき,点 C からの流出速度 $v_C$,流量 $Q$ およびタンク内と円管内の圧力分布 $p(z)$ を求めよ。

**【4.6】** 表面積が $A$ の水槽に取り付けた内径 $d$ のパイプの先から水が図 4.29 のように流出している。水の供給やエネルギー損失がないものとして以下の問いに答えよ。

(1) 水槽の水深 $H$ の時間変化を表す式を誘導せよ。ただし，初期条件は，$t=0$ で $H=H_0$ とする。
(2) 水槽の水が全部抜けてなくなる時間 $T$ を求めよ。
(3) $A=2\,000\,\text{cm}^2$，$d=2\,\text{cm}$，$H_0=30\,\text{cm}$ として $T$ の値を計算せよ。

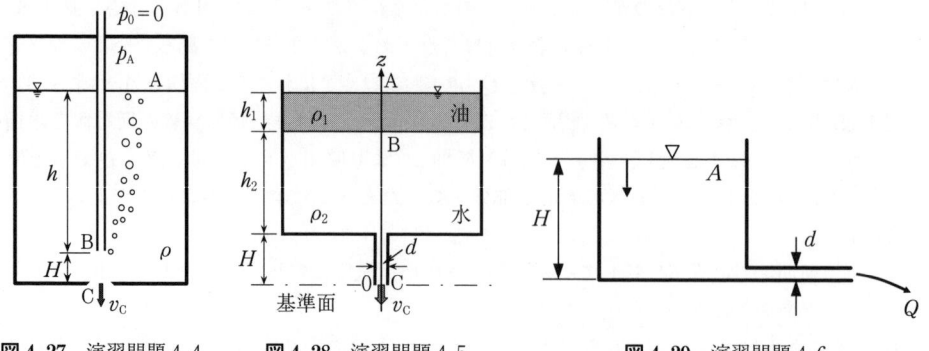

図 4.27　演習問題 4.4　　図 4.28　演習問題 4.5　　図 4.29　演習問題 4.6

【4.7】図 4.30 に示すような断面積が変化するパイプ内を密度 $\rho$ の水が流量 $Q$ で定常に流れているとき，断面 1（断面積 $A_1$，圧力 $p_1$）および断面 2（断面積 $A_2$，圧力 $p_2$）の間で，パイプ内壁が流体から受ける力 $F$ を求めよ。

【4.8】図 4.31 に示すような水平に設置された円管の断面Ⅰと Ⅱ で圧力を測定したところ，$\Delta h=90\,\text{cm}$ となった。このときの流量 $Q$ および断面縮小部の受ける力 $F$ を求めよ。ただし，$D_1=60\,\text{cm}$，$D_2=30\,\text{cm}$，$h=100\,\text{cm}$ とする。

【4.9】図 4.32 のように，重りを載せた板に下から水の噴流を衝突させて静止状態を保っている。重りの重量が 825 N のとき，噴流の速度はいくらか。衝突直前の噴流の直径は 60 mm とする。

図 4.30　演習問題 4.7　　図 4.31　演習問題 4.8　　図 4.32　演習問題 4.9

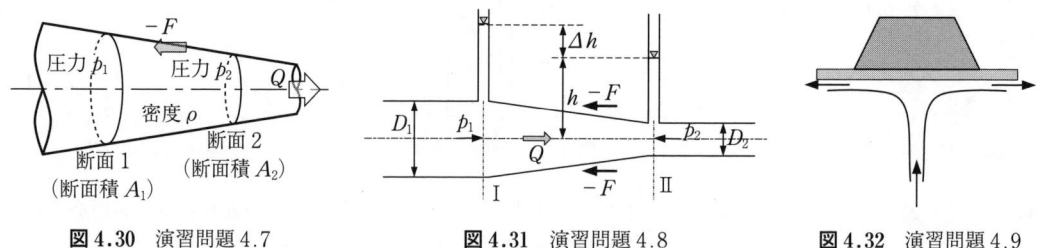

【4.10】図 4.33 に示すように水槽の底面に管径が下方に細くなる円管が取り付けられ，円管下端（断面積 $A_3$）から密度 $\rho$ の水が流出している。流出・落下した水が床板に垂直に衝突し，その後，すべての衝突水が床板と平行な方向に流れるとしたとき，落下する水が床板に及ぼす流体力 $F$ を求めよ。なお，水槽の断面積は十分大きく，流出に伴い水槽内の水深 $h_1$ は変化せず，エネルギー損失は無視できるものとする。

【4.11】図 4.34 に示すようにノズルからの流出水が角度 $\theta$ だけ傾いた平面壁に流速 $v$，流量 $Q$ で衝突し，$x$ 軸の正方向と負方向に分かれて定常状態で流れている。摩擦と重力の作用は無視でき，平面壁への衝突によって流速は変化しないとしたとき，断面 1 および断面 2 の流量 $Q_1$ および $Q_2$ と平面壁に作用する流体力 $F$ を求めよ。

【4.12】図 4.35 に示すような幅 $B$ の水平な矩形断面水路内に設置された堰に作用する水平方向の流体力 $F$ を求めよ。流体の密度を $\rho$，流量を $Q$，堰前後の一様水深部における断面 1 および断面 2 の水深をそ

**図4.33** 演習問題4.10　　**図4.34** 演習問題4.11　　**図4.35** 演習問題4.12

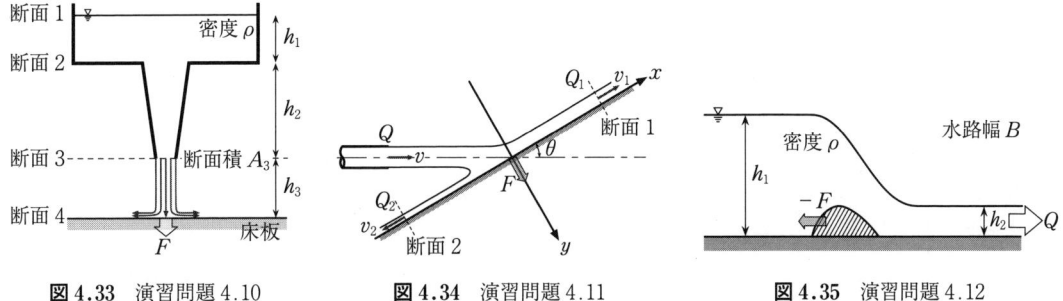

れぞれ $h_1$ および $h_2$ とする。ただし，流れは定常で，各断面での水圧は静水圧分布に従い，摩擦は無視できるものとする。

【4.13】 $xy$ 平面の2次元流れにおいて流速成分 $(u, v)$ が次式で与えられるとき，速度ポテンシャル $\phi$ と流れ関数 $\psi$ を求めよ。また，流線を用いて流れの概略を図示せよ。

$$u = u_0, \quad v = v_0 \quad (u_0, \ v_0 : 正定数) \tag{4.135}$$

【4.14】 $xy$ 平面の2次元流れにおいて流速成分 $(u, v)$ がつぎのように与えられている。

$$u = 2y, \quad v = 4x \tag{4.136}$$

この流れの流れ関数 $\psi$ を求めよ。また，流線を用いて流れの概略を図示せよ。

【4.15】 $xy$ 平面の2次元流れにおいて速度ポテンシャル $\phi$ が次式で与えられるとき，流速成分 $(u, v)$ と流れ関数 $\psi$ を求めよ。また，流線を用いて流れの概略を図示せよ。

$$\phi = -x^3 + 3xy^2 \tag{4.137}$$

ヒント：この流れも例題4.13と同様に，角を曲がる流れとなっている。

【4.16】 $xy$ 平面の2次元流れにおいて速度ポテンシャル $\phi$ がつぎのように与えられるとき，流速成分 $(u, v)$ と流れ関数 $\psi$ を求めよ。また，流線を用いて流れの概略を図示せよ。

$$\phi = xy + x^2 - y^2 \tag{4.138}$$

【4.17】 $xy$ 平面の2次元流れにおいて流れ関数 $\psi$ が次式で与えられるとき，流速成分 $(u, v)$ と速度ポテンシャル $\phi$ を求めよ。また，流線を用いて流れの概略を図示せよ。

$$\psi = x^2 + y^2 \tag{4.139}$$

ヒント：最初に，速度ポテンシャルが存在するか否かを判断する必要がある。

【4.18】 $xy$ 平面の2次元流れにおいて流れ関数が $\psi = 2axy$ のとき，流速成分 $(u, v)$ と速度ポテンシャル $\phi$ を求め，$\phi$ と $\psi$ の概略を図示せよ。

【4.19】 $xy$ 平面の2次元流れにおいて複素速度ポテンシャル $W$ が次式で表される流れはどのような流れを表すのか調べよ。

$$W = az^2 \quad (a > 0), \quad z = x + iy \tag{4.140}$$

## 【応用編】
# 5 粘性流体の運動
### 実際の流体における性質を理解する

### 確認クイズ

5.1 オイラーの運動方程式とナビエ・ストークスの運動方程式（ナビエ・ストークス方程式）の違いはなにか。

5.2 レイノルズ数の定義式を記せ。

5.3 管路の限界レイノルズ数はおよそいくらか。

5.4 慣性力より粘性力の影響が支配的となる流れをなんと呼ぶか。

5.5 管路における層流の流速分布はどのような曲線で表されるか。

5.6 管路における乱流の流速分布はどのような曲線で表されるか。

5.7 粘性流れにおける壁面での付着条件とはどのような条件か。

5.8 クエット流れとは，どんな流れか。

5.9 ハーゲン・ポアズイユ流れとは，どのような流れか。

5.10 1点法とはなにか。

5.11 レイノルズ方程式はナビエ・ストークス方程式となにが違うか。

5.12 2次元流れにおけるレイノルズ応力を表す式を記せ。

5.13 「乱流状態では渦動粘性係数は分子動粘性係数よりかなり小さくなる」は正しいか。

5.14 カルマン定数の値はいくらか。

5.15 摩擦速度の定義式を記せ。

5.16 水（密度 $1\,000\,\text{kg/m}^3$）の流れの摩擦速度が $10\,\text{cm/s}$ のとき，せん断応力はいくらか。

5.17 「粘性底層は層流にみられる層である」は正しいか。

## 5.1 実際の流れの解析における基本的なアプローチの考え方

4章までの基礎編では粘性の効果を無視した完全流体（非粘性流体）を対象とした流れの解析法を扱ってきた。粘性を無視することで，数学的な取扱いが簡単になるとともに，理論的かつマクロに流れを解析することが可能となる。しかし，実際の流れには粘性が存在するため，壁面での摩擦によるエネルギー損失や流速分布など，完全流体では現実の現象を表せないことが問題となる。5〜7章の応用編では，粘性を考慮した粘性流体（実在流体）を対象として，本章で層流と乱流という流れの状態の違いや解析法について学ぶ。

### 5.1.1 粘性応力の表現

1.3.2項で説明したように，粘性は流体粒子相互が引っ張り合うことにより生まれる性質である。こうした引っ張り合う性質をばねとして模式的に示した様子を**図5.1**に示す。図5.1の左の図では，$x$方向の流速（$u_1$と$u_2$）が異なる二つの流体粒子には，ばねの伸縮に伴う応力が流体粒子の進行方向（$x$方向）に作用する。この応力は，二つの流体粒子の間に設けられた仮想的な平面に対して垂直に作用する。このため，この応力 $\tau_{xx}$ は粘性に起因する伸縮に伴う垂直応力と理解できる。これに対して，図5.1の右の図では，$y$方向に隣り合う二つの流体粒子の$x$方向流速（$u_1$と$u_2$）が異なる場合に発生する応力を示している。ずり運動に伴うせん断応力 $\tau_{yx}$ が二つの流体粒子間の仮想平面に沿って生ずる。**図5.2**は，$(x, y, z)$を中心とする微小な直方体（流体素分）の各面に作用する粘性応力をテイラー展開の1次近似として示したものである。

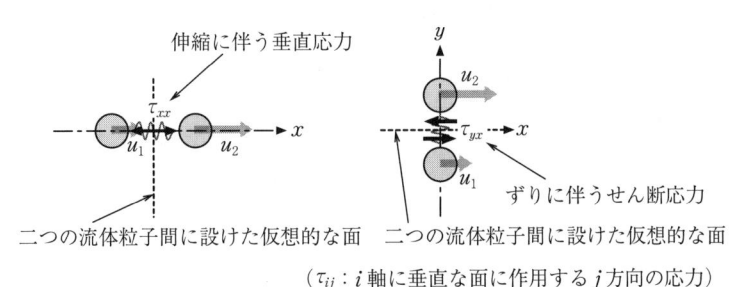

（$\tau_{ij}$：$i$軸に垂直な面に作用する$j$方向の応力）

**図5.1** 粘性により二つの流体粒子間に作用する応力の説明図

### 5.1.2 粘性流体の運動方程式 ―ナビエ・ストークス方程式―

図5.2より，流体素分に作用する$x$，$y$および$z$方向の粘性力は各方向の粘性応力の総和として表される。その結果を式（2.31）〜式（2.33）でのオイラーの運動方程式の導出プロセスに加えることにより，粘性の効果を考慮したつぎの運動方程式が得られる。

$$\frac{Du}{Dt} = \frac{\partial u}{\partial t} + u\frac{\partial u}{\partial x} + v\frac{\partial u}{\partial y} + w\frac{\partial u}{\partial z} = f_x - \frac{1}{\rho}\frac{\partial p}{\partial x} + \frac{1}{\rho}\left(\frac{\partial \tau_{xx}}{\partial x} + \frac{\partial \tau_{yx}}{\partial y} + \frac{\partial \tau_{zx}}{\partial z}\right) \quad (5.1)$$

## 5. 粘性流体の運動

①　$\tau_{xx} + \dfrac{\partial \tau_{xx}}{\partial x}\dfrac{\Delta x}{2}$　　❶　$\tau_{xx} - \dfrac{\partial \tau_{xx}}{\partial x}\dfrac{\Delta x}{2}$

②　$\tau_{xy} + \dfrac{\partial \tau_{xy}}{\partial x}\dfrac{\Delta x}{2}$　　❷　$\tau_{xy} - \dfrac{\partial \tau_{xy}}{\partial x}\dfrac{\Delta x}{2}$

③　$\tau_{xz} + \dfrac{\partial \tau_{xz}}{\partial x}\dfrac{\Delta x}{2}$　　❸　$\tau_{xz} - \dfrac{\partial \tau_{xz}}{\partial x}\dfrac{\Delta x}{2}$

④　$\tau_{yx} + \dfrac{\partial \tau_{yx}}{\partial y}\dfrac{\Delta y}{2}$　　❹　$\tau_{yx} - \dfrac{\partial \tau_{yx}}{\partial y}\dfrac{\Delta y}{2}$

⑤　$\tau_{yy} + \dfrac{\partial \tau_{yy}}{\partial y}\dfrac{\Delta y}{2}$　　❺　$\tau_{yy} - \dfrac{\partial \tau_{yy}}{\partial y}\dfrac{\Delta y}{2}$

⑥　$\tau_{yz} + \dfrac{\partial \tau_{yz}}{\partial y}\dfrac{\Delta y}{2}$　　❻　$\tau_{yz} - \dfrac{\partial \tau_{yz}}{\partial y}\dfrac{\Delta y}{2}$

⑦　$\tau_{zx} + \dfrac{\partial \tau_{zx}}{\partial z}\dfrac{\Delta z}{2}$　　❼　$\tau_{zx} - \dfrac{\partial \tau_{zx}}{\partial z}\dfrac{\Delta z}{2}$

⑧　$\tau_{zy} + \dfrac{\partial \tau_{zy}}{\partial z}\dfrac{\Delta z}{2}$　　❽　$\tau_{zy} - \dfrac{\partial \tau_{zy}}{\partial z}\dfrac{\Delta z}{2}$

⑨　$\tau_{zz} + \dfrac{\partial \tau_{zz}}{\partial z}\dfrac{\Delta z}{2}$　　❾　$\tau_{zz} - \dfrac{\partial \tau_{zz}}{\partial z}\dfrac{\Delta z}{2}$

$x$ 方向の粘性力 $= (①-❶)\Delta y \Delta z + (④-❹)\Delta x \Delta z + (⑦-❼)\Delta x \Delta y$

$\quad = \left( \dfrac{\partial \tau_{xx}}{\partial x} + \dfrac{\partial \tau_{yx}}{\partial y} + \dfrac{\partial \tau_{zx}}{\partial z} \right) \Delta x \Delta y \Delta z$

$y$ 方向の粘性力 $= (②-❷)\Delta y \Delta z + (⑤-❺)\Delta x \Delta z + (⑧-❽)\Delta x \Delta y$

$\quad = \left( \dfrac{\partial \tau_{xy}}{\partial x} + \dfrac{\partial \tau_{yy}}{\partial y} + \dfrac{\partial \tau_{zy}}{\partial z} \right) \Delta x \Delta y \Delta z$

$z$ 方向の粘性力 $= (③-❸)\Delta y \Delta z + (⑥-❻)\Delta x \Delta z + (⑨-❾)\Delta x \Delta y$

$\quad = \left( \dfrac{\partial \tau_{xz}}{\partial x} + \dfrac{\partial \tau_{yz}}{\partial y} + \dfrac{\partial \tau_{zz}}{\partial z} \right) \Delta x \Delta y \Delta z$

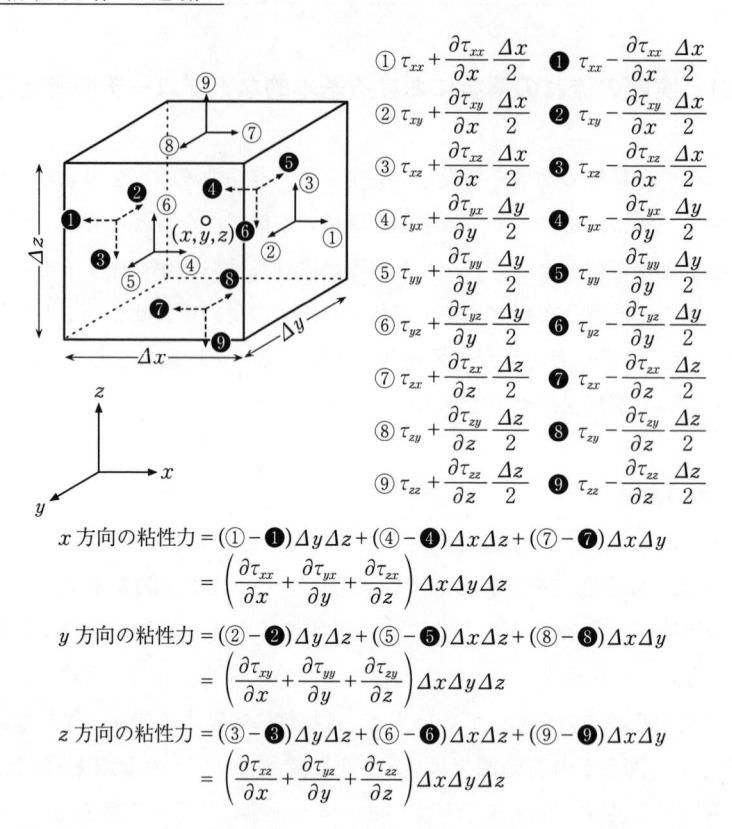

**図 5.2**　微小直方体（流体素分）の各面に作用する粘性応力と各方向の粘性力

$$\dfrac{Dv}{Dt} = \dfrac{\partial v}{\partial t} + u\dfrac{\partial v}{\partial x} + v\dfrac{\partial v}{\partial y} + w\dfrac{\partial v}{\partial z} = f_y - \dfrac{1}{\rho}\dfrac{\partial p}{\partial y} + \dfrac{1}{\rho}\left( \dfrac{\partial \tau_{xy}}{\partial x} + \dfrac{\partial \tau_{yy}}{\partial y} + \dfrac{\partial \tau_{zy}}{\partial z} \right) \tag{5.2}$$

$$\dfrac{Dw}{Dt} = \dfrac{\partial w}{\partial t} + u\dfrac{\partial w}{\partial x} + v\dfrac{\partial w}{\partial y} + w\dfrac{\partial w}{\partial z} = f_z - \dfrac{1}{\rho}\dfrac{\partial p}{\partial z} + \dfrac{1}{\rho}\left( \dfrac{\partial \tau_{xz}}{\partial x} + \dfrac{\partial \tau_{yz}}{\partial y} + \dfrac{\partial \tau_{zz}}{\partial z} \right) \tag{5.3}$$

これらの運動方程式を流速について解ける形にするためには，粘性応力を速度の関数として表現する必要がある．そこで，対象とする流体が式 (1.15) で表されるニュートンの粘性法則に従うとき，粘性応力を次式で表せると考えることにする†．

$$\left. \begin{aligned} \tau_{xx} &= 2\mu \dfrac{\partial u}{\partial x}, \quad \tau_{yz} = \tau_{zy} = \mu\left( \dfrac{\partial w}{\partial y} + \dfrac{\partial v}{\partial z} \right) \\ \tau_{yy} &= 2\mu \dfrac{\partial v}{\partial y}, \quad \tau_{zx} = \tau_{xz} = \mu\left( \dfrac{\partial u}{\partial z} + \dfrac{\partial w}{\partial x} \right) \\ \tau_{zz} &= 2\mu \dfrac{\partial w}{\partial z}, \quad \tau_{xy} = \tau_{yx} = \mu\left( \dfrac{\partial v}{\partial x} + \dfrac{\partial u}{\partial y} \right) \end{aligned} \right\} \tag{5.8}$$

これらの式を式 (5.1) ～式 (5.3) に適用し，非圧縮性流体の連続式である式 (2.18) を用いて整理すれば，次式を得る．

$$\dfrac{Du}{Dt} = \dfrac{\partial u}{\partial t} + u\dfrac{\partial u}{\partial x} + v\dfrac{\partial u}{\partial y} + w\dfrac{\partial u}{\partial z} = f_x - \dfrac{1}{\rho}\dfrac{\partial p}{\partial x} + \nu\left( \dfrac{\partial^2 u}{\partial x^2} + \dfrac{\partial^2 u}{\partial y^2} + \dfrac{\partial^2 u}{\partial z^2} \right) \tag{5.9}$$

$$\frac{Dv}{Dt} = \frac{\partial v}{\partial t} + u\frac{\partial v}{\partial x} + v\frac{\partial v}{\partial y} + w\frac{\partial v}{\partial z} = f_y - \frac{1}{\rho}\frac{\partial p}{\partial y} + \nu\left(\frac{\partial^2 v}{\partial x^2} + \frac{\partial^2 v}{\partial y^2} + \frac{\partial^2 v}{\partial z^2}\right) \quad (5.10)$$

$$\frac{Dw}{Dt} = \frac{\partial w}{\partial t} + u\frac{\partial w}{\partial x} + v\frac{\partial w}{\partial y} + w\frac{\partial w}{\partial z} = f_z - \frac{1}{\rho}\frac{\partial p}{\partial z} + \nu\left(\frac{\partial^2 w}{\partial x^2} + \frac{\partial^2 w}{\partial y^2} + \frac{\partial^2 w}{\partial z^2}\right) \quad (5.11)$$

ここに,$\nu$は式(1.16)で表される動粘性係数である.式(5.9)～式(5.11)は粘性流体の運動方程式を表し,**ナビエ・ストークス方程式**(Navier-Stokes equation)という.式(5.9)～式(5.11)の右辺第3項は粘性の効果を表しており,**粘性項**と呼ばれる.粘性を無視できる場合には粘性項をゼロと扱えるため,式(5.9)～式(5.11)は完全流体の運動を表す式(2.31)～式(2.33)のオイラーの運動方程式に一致する.

### 5.1.3 ナビエ・ストークス方程式による解析法の基本的な考え方

式(5.9)～式(5.11)で表されるナビエ・ストークス方程式と式(2.18)の非圧縮性流体の連続式を所定の初期条件と境界条件のもとで解くことにより,非圧縮性の粘性流体の運動を解析する(速度場や圧力場を求める)ことが可能となる.しかしながら,ナビエ・ストークス方程式は非線形方程式であり,この微分方程式を解くことは容易ではない.近年では,計算機による数値解法によってこれを解く努力もなされてきている.

---

前頁† 速度成分による粘性応力の表現における考え方
　図5.1に示したように,近接する二つの流体粒子間に作用する応力(伸縮に伴う垂直応力およびずりに伴うせん断応力)はこれらの流体粒子の速度差によって生じる.そこで,この速度差を$(du, dv, dw)$とすると,その全微分より,つぎのように表せる.

$$du = \frac{\partial u}{\partial x}dx + \frac{\partial u}{\partial y}dy + \frac{\partial u}{\partial z}dz$$
$$= \frac{1}{2}\gamma_{xx}dx + \frac{1}{2}(\gamma_{xy}dy + \gamma_{xz}dz) + \frac{1}{2}(\omega_y dz - \omega_z dy) \quad (5.4)$$

$$dv = \frac{\partial v}{\partial x}dx + \frac{\partial v}{\partial y}dy + \frac{\partial v}{\partial z}dz$$
$$= \frac{1}{2}\gamma_{yy}dy + \frac{1}{2}(\gamma_{yz}dz + \gamma_{yx}dx) + \frac{1}{2}(\omega_z dx - \omega_x dz) \quad (5.5)$$

$$dw = \frac{\partial w}{\partial x}dx + \frac{\partial w}{\partial y}dy + \frac{\partial w}{\partial z}dz$$
$$= \frac{1}{2}\gamma_{zz}dz + \frac{1}{2}(\gamma_{zx}dx + \gamma_{zy}dy) + \frac{1}{2}(\omega_x dy - \omega_y dx) \quad (5.6)$$

ここに

$$\left.\begin{array}{l}\gamma_{xx} = 2\dfrac{\partial u}{\partial x},\ \gamma_{yz} = \gamma_{zy} = \dfrac{\partial w}{\partial y} + \dfrac{\partial v}{\partial z} \\[4pt] \gamma_{yy} = 2\dfrac{\partial v}{\partial y},\ \gamma_{zx} = \gamma_{xz} = \dfrac{\partial u}{\partial z} + \dfrac{\partial w}{\partial x} \\[4pt] \gamma_{zz} = 2\dfrac{\partial w}{\partial z},\ \gamma_{xy} = \gamma_{yx} = \dfrac{\partial v}{\partial x} + \dfrac{\partial u}{\partial y}\end{array}\right\} \quad (5.7)$$

$$\omega_x = \frac{\partial w}{\partial y} - \frac{\partial v}{\partial z},\ \omega_y = \frac{\partial u}{\partial z} - \frac{\partial w}{\partial x},\ \omega_z = \frac{\partial v}{\partial x} - \frac{\partial u}{\partial y} \quad (2.55)$$

である.式(5.7)の$\gamma_{xx}$,$\gamma_{yy}$および$\gamma_{zz}$は各方向の速度変化率により表されており,図5.1の左に示すように,二つの流体粒子の速度差に伴って生じるばねの伸び(または縮み)に対応している.このため,これらを**伸縮ひずみ速度**という.一方,式(5.7)の$\gamma_{xy}$は,図5.1の右に示すような$xy$平面での速度差に伴う単位時間当りのせん断変形量の合計を表しており,$\gamma_{yz}$,$\gamma_{zx}$などと併せて,**せん断変形速度**と呼ばれる.式(2.55)は2.4.2項で説明した渦度であり,流体粒子の回転速度を表す.これらより,式(5.8)は,粘性応力が式(5.7)で表される伸縮ひずみ速度とせん断変形速度に比例するとして表されたものと理解できる.

86    5. 粘性流体の運動

粘性流体の運動における基本的な性質を理解するためには，適当な条件のもとでナビエ・ストークス方程式を解くことが有用となる。例えば，粘性項を無視した場合には，完全流体として扱うことになる。また，定常な1次元流れを対象とした扱いでは，非定常項や流れの方向以外の成分を無視することが可能となり，解析的にナビエ・ストークス方程式を解くことができるようになる。5.2節以降では，ナビエ・ストークス方程式に基づく粘性流体の運動の基本的な扱い方を説明する。

## 5.2 層流と乱流

### 5.2.1 レイノルズの実験

1883年，レイノルズ（Osborne Reynolds）は**図5.3**に示すような実験装置を用いて，着色液で可視化することにより，透明な円管内の流れの様子を観察した。この実験装置では，円管下流端に設けられたバルブを調整することで，円管内の流速をさまざまに設定できる。円管内の流速が小さいとき，細い管から供給された着色液は一本の細い筋となって円管内を流れる（**図5.4（a）**）。これに対して，円管内の流速をある程度の値よりも大きくすると，図5.4（b）のように，着色液の筋は下流に行くにしたがって波打つように太くなり，しだいに筋として認識できないほどに混合して拡がる。こうした図5.4（a）および（b）の流れをそれぞれ**層流**（laminar flow）および**乱流**（turbulent flow）という。

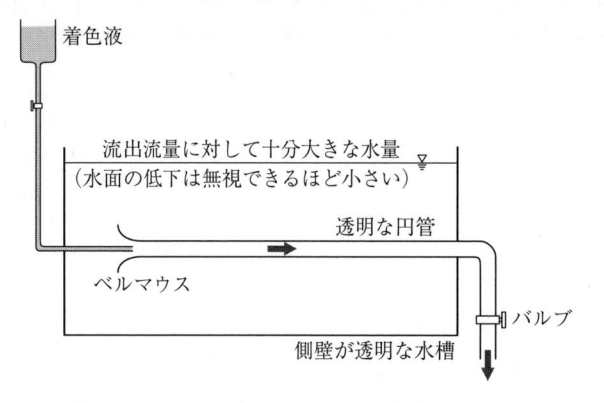

図5.3　レイノルズの実験における実験装置の概要

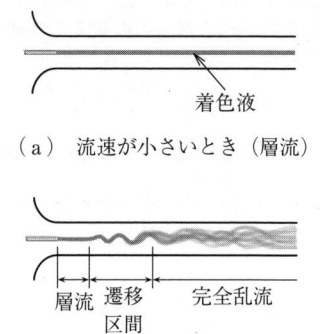

図5.4　レイノルズの実験における円管内の流れの様子

### 5.2.2 層流と乱流の発生メカニズム

図5.4に示すような層流と乱流が発生するメカニズムを考えてみる。1.3.2項や5.1.1項でばねを用いて説明したように，流体粒子の間には分子間引力に起因する粘性力が存在し，二つの流体粒子は相互に引き合っている。**図5.5**は異なる速度で並進運動する二つの流体粒子が衝突する様子をイメージとして示したものである。粘性力が存在しない極端な場合，衝突する二つの流体粒子は相互に運動量をやりとりし，衝突後はそれぞれ新たな運動量を持って運動する。運動量交換の大き

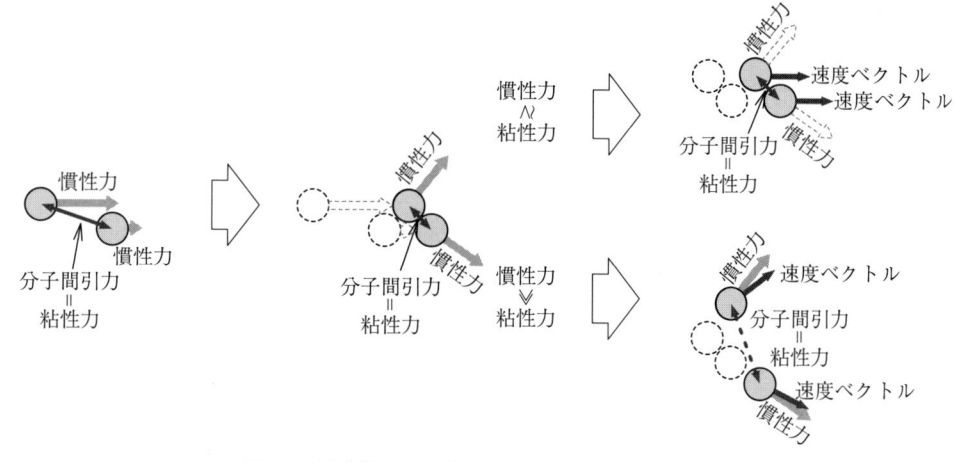

**図5.5** 流体粒子の衝突時の挙動に関するイメージ図

さは各流体粒子の速度に対応した慣性力に依存する．このため，慣性力が粘性力よりも十分に大きな場合（慣性力≫粘性力）には，流体粒子相互の運動量交換により，粘性力が存在しない場合とほぼ同様に，二つの流体粒子は衝突後ばらばらになって運動することになる．実際には，流体粒子は無数に存在するため，こうした衝突を各所で繰り返し，しだいにばらばらの運動が拡がっていく．これが図5.4（b）に示した乱流の状態であり，流体粒子は不規則な運動をしながら流下する．一方，粘性力が慣性力と同程度かそれよりも大きいとき（慣性力≦粘性力）には，衝突によって流体粒子がばらばらになろうとするものの，両者を引きつける粘性力の働きにより，衝突後も二つの流体粒子がくっついて，ほぼ同じ向きに移動することになる．慣性力が粘性力をわずかに上回るときでも，流体粒子相互の衝突によっていったんはばらばらになるものの，しだいに慣性力が低下して粘性力の作用が相対的に大きくなり，流体粒子は一様に運動するようになる．図5.4（a）では，流速が小さいため，慣性力が粘性力に比べて小さく，着色液の流体粒子と水粒子がくっつき合いながら，層状に流下する様子が観察されているといえる．

**課題5.1**

慣性力＞粘性力であっても，慣性力と粘性力が同程度の大きさであるときには，流れは乱流にはならず，層流状態を保つ．その理由を説明せよ．

### 5.2.3 ナビエ・ストークス方程式によるレイノルズ数の定義

5.2.2項のように，慣性力と粘性力の大小関係により，層流と乱流が区別される．そこで，ナビエ・ストークス方程式から慣性力と粘性力を表現し，これらの比がどのように表されるのかを考えてみる．

式（5.9）～式（5.11）で表されるナビエ・ストークス方程式は，式（2.31）～式（2.33）のオイラーの運動方程式と同様に，単位質量当りの力の釣合いを表している．このため，式（5.9）の$x$方向のナビエ・ストークス方程式の両辺に密度$\rho$を掛けることにより，単位体積当りの力の釣合

いとして表示してみる。

$$\underbrace{\rho \frac{Du}{Dt} = \rho \left( \frac{\partial u}{\partial t} + u\frac{\partial u}{\partial x} + v\frac{\partial u}{\partial y} + w\frac{\partial u}{\partial z} \right)}_{\text{慣性力}}$$

$$= \underbrace{\rho f_x}_{\text{質量力}} - \underbrace{\rho \frac{1}{\rho}\frac{\partial p}{\partial x}}_{\text{圧力}} + \underbrace{\rho \nu \left( \frac{\partial^2 u}{\partial x^2} + \frac{\partial^2 u}{\partial y^2} + \frac{\partial^2 u}{\partial z^2} \right)}_{\text{粘性力}} \tag{5.12}$$

上式の左辺が慣性力（質量×加速度），右辺第3項が粘性力を表す。ここで，流れの**代表速度**を $U$，**代表長さ**を $L^\dagger$ として慣性力と粘性力を表せば，次式となる。

$$\text{慣性力}: \rho\frac{Du}{Dt} \propto \rho\frac{U}{L/U} = \rho U^2 L^{-1} \tag{5.14}$$

$$\text{粘性力}: \rho\nu\left(\frac{\partial^2 u}{\partial x^2}+\frac{\partial^2 u}{\partial y^2}+\frac{\partial^2 u}{\partial z^2}\right) \propto \rho\nu\frac{U}{L^2} = \rho\nu UL^{-2} \tag{5.15}$$

これらより，慣性力と粘性力の比 $Re$ はつぎのように表されることになる。

$$Re = \frac{\text{慣性力}}{\text{粘性力}} = \frac{\rho U^2 L^{-1}}{\rho \nu U L^{-2}} = \frac{UL}{\nu} \tag{5.16}$$

上式の $Re$ を**レイノルズ数**（Reynolds number）といい，一般に $Re$ 数と表記される。

$Re$ 数が大きくなるにしたがい，粘性力に比べて慣性力が大きくなる。レイノルズの実験では，動粘性係数や管径は一定であるため，流速の増大に伴い，$Re$ 数が大きくなり，$Re$ 数がある値を超えると流れは層流から乱流に遷移する。こうした遷移が発生する時点での $Re$ 数を**限界レイノルズ数 $Re_c$**（critical Reynolds number，限界 $Re$ 数）といい，円管内の流れの場合には，一般に $Re_c$ = 2 000 ～ 5 000 となる。慣性力と粘性力が完全に釣り合うとき（$Re$ = 1）が限界 $Re$ 数となるわけではない理由は，課題5.1で考えたように，慣性力＞粘性力であっても，慣性力が粘性力と同程度で

---

† 代表速度と代表長さの考え方
　代表速度（velocity scale）や代表長さ（length scale）は対象とする流れの特性を表現する大きさによって定義される。なお，**代表時間**は（代表長さ／代表速度）で表される。例えば，レイノルズの実験では，円管内の断面平均流速を代表速度，内径を代表長さとする。また，開水路流れでは，代表速度として断面平均流速，代表長さとして**径深** $R$（hydraulic radius）が用いられる。

$$R = \frac{A}{S} \tag{5.13}$$

ここに，$A$ は水路横断面積および $S$ は**潤辺**（wetted perimeter）である。潤辺は水路横断面の水に接している辺の長さとして定義される（**図5.6**）。例えば，幅 $B$，深さ $h$ の矩形断面水路では，$A = Bh$，$S = B + 2h$ であるから，$R = Bh/(B + 2h)$ となる。
　このように流れの現象に応じて代表長さの選び方が変わるため，限界 $Re$ 数の値も異なったものとなる。一般に，開水路流れでは，限界 $Re$ 数は 500 程度となる。

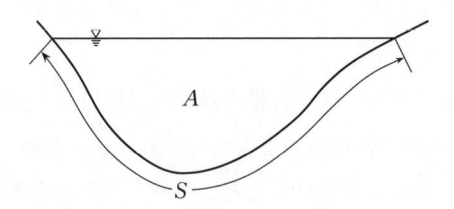

**図5.6** 開水路の横断面と潤辺

ある場合には，乱流にはならないためである。なお，限界 $Re$ 数は理論的に求められるものではなく，レイノルズの実験などの方法により，実験的に算出されたものである。このため，ベルマウス形状，円管材質（内壁面の粗さ）などの実験条件や外部から実験水槽に作用する微小な振動などによって，限界 $Re$ 数はある程度の幅を持った値となる。

---

**例題 5.1** 乱流が発生する限界の流速

内径 20 cm の円管に水温 20℃ の水を流すとき，動粘性係数 $\nu = 1.0 \times 10^{-6} \mathrm{m^2/s}$，$Re_c = 2\,400$ として，乱流が発生する限界の流速 $v_c$ を求めよ。

【解 答】

式 (5.16) において，代表長さ $L$ を内径 $D$ とすれば，限界 $Re$ 数 $Re_c$ における流速 $v_c$ は

$$v_c = \frac{\nu Re_c}{D} = \frac{1.0 \times 10^{-6} \times 2\,400}{0.20} = 0.012 \mathrm{\,m/s} = 1.2 \mathrm{\,cm/s} \tag{5.17}$$

と求められる。

---

### コラム　振り子による二つの球の衝突時の挙動

図 5.7 のように，重さと大きさが等しい磁石の球と鉄球を糸で結んだ振り子を作り，静止させた磁石の球に鉄球を衝突させる実験を考えてみよう。鉄球の持ち上げ高さが小さいときには，図（a）のように，衝突後，鉄球は磁石の球にくっついて振れる。これは鉄球の慣性力に比べて磁力が大きいために，衝突があっても磁石の球が弾き飛ばされないことによる。一方，図（b）のように，鉄球を高く持ち上げてから磁石の球に衝突させたときには，磁力よりも慣性力が大きいために，磁石の球が弾き飛ばされる。こうした運動の違いは，層流と乱流における流体粒子の挙動をイメージするうえで理解の助けとなるだろう。

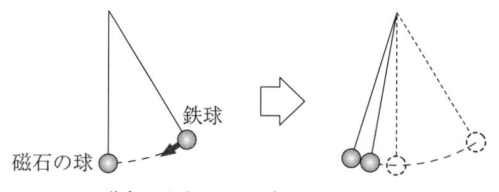

（a）慣性力 ≲ 磁力のとき　磁力により二つの球はくっついて振れる

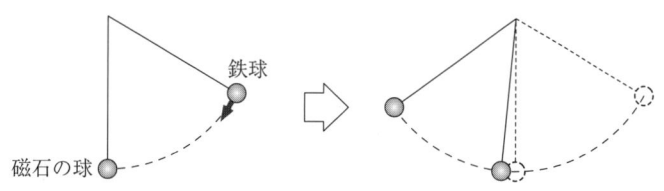

（b）慣性力 ≫ 磁力のとき　磁力よりも衝突時の慣性力が大きく二つの球は離れて振れる

**図 5.7** 振り子による二つの球の衝突時の挙動

**課題 5.2**

自分で想定した開水路流れについて，例題 5.1 と同様に，乱流が発生する限界の流速を求めよ。また，式 (5.17) の結果とあわせて，身の周りに存在する流れ（管路流れおよび開水路流れ）について，乱流と層流のいずれが多いかを考察せよ。

### 5.2.4 層流と乱流の相違
**〔1〕 流速分布の違い**

4 章では，流れの断面方向に流速は一定として扱っていた。しかし，実際には断面方向に流速の大きさは異なり，**図 5.8** のような流速分布を示す。粘性によって流体粒子は壁面に付着するため，壁面での流速はゼロとみなせる。これを**付着条件**（non-slip condition）という。

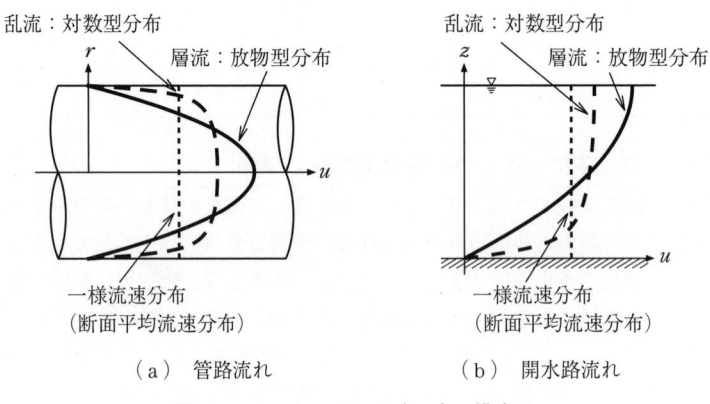

図 5.8 層流と乱流の流速分布の模式図
（a）管路流れ　　　（b）開水路流れ

　層流では，流体粒子間に作用する粘性力のため相互に引きつけ合うので，壁面から離れるほど流体粒子の移動速度が大きくなる。また，粘性のために断面方向の速度変化は緩やかなものになり，流速は放物型の分布形状となる。

　一方，乱流では，5.2.2 項で考察したように，粘性力よりも慣性力がきわめて大きく，流体粒子が相互に衝突することにより，流体粒子間での運動量交換が行われている。こうした活発な運動量交換によって，流体粒子が持つ運動量が平均化され，壁面から離れた場所での流体粒子の移動速度が均一になる。壁面近傍では，壁面での付着条件のために流速は小さいが，壁面から離れると急激に流速を増すことになり，対数型の分布形状が現れる。これらの流速分布の理論的導出については，5.3.3 項および 5.4.4 項で説明する。

**〔2〕 圧力降下量の違い**

4.1 節のベルヌーイの定理やその応用では，エネルギー損失を無視した解析が行われていた。粘性流体では，粘性のために流体粒子同士がくっつこうとすることによる摩擦が生じ，これに伴うエネルギー損失を考慮する必要がある。**図 5.9** は水平に設置された一様断面を持つ管路の流れにおけるピエゾ水頭および全水頭の変化を示す。断面が一定であるため流速 $v$ は変化せず，速度水頭

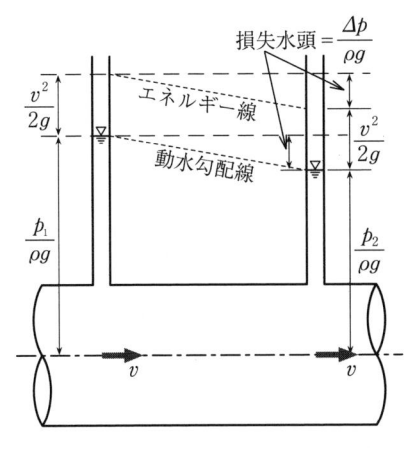

**図5.9** 水平な管路流れにおける損失水頭 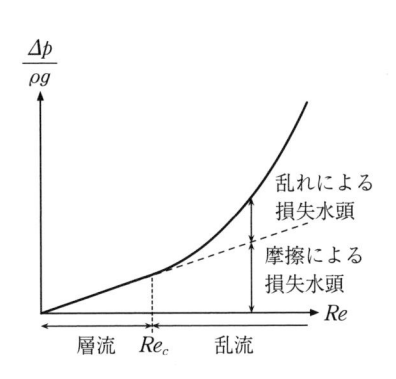　　**図5.10** $Re$数と損失水頭との関係

$v^2/2g$ も変わらない．位置水頭も同じであるため，エネルギー損失がない場合にはピエゾ水頭差は生まれないことになる．しかし，実際には，壁面摩擦などによる全水頭の損失が生じており，この損失分がピエゾ水頭の減少となる．こうしたピエゾ水頭の減少量 $\Delta p/\rho g$ を損失水頭といい，圧力降下量 $\Delta p$ からこれを評価できる．

流速をさまざまに変えて損失水頭（または，圧力降下量）を実験で測定し，$Re$数との関係としてグラフに表すと，**図5.10**のようになる．流速が小さく，$Re$数が$Re_c$よりも小さい層流のときには，損失水頭 $\Delta p/\rho g$ は直線的に増加する．しかし，$Re_c$を超えるほど流速が大きくなると，損失水頭 $\Delta p/\rho g$ の増加率はしだいに大きくなる．これは，層流では壁面摩擦などによる粘性に伴うエネルギー損失が支配的であることに対して，乱流では運動エネルギーが流体粒子の衝突に伴う音や熱のエネルギーに変換されることによる．すなわち，流体粒子の乱れに伴うエネルギー損失が摩擦に伴うエネルギー損失に付加されている状態が乱流といえる．

---
**課題5.3**

身近な流れにおける層流と乱流の例を挙げ，流体粒子の運動に着目しながら，その理由を説明せよ．

---

## 5.3 ナビエ・ストークス方程式の層流解析解

### 5.3.1 粘性流体に関する運動方程式の扱いとその解析解

層流，乱流，いずれの流れも，式（2.18）の連続式と式（5.9）～式（5.11）のナビエ・ストークス方程式に従う．4章までの基礎編で扱ってきた完全流体の運動と併せて流れの基礎方程式と流体運動の種類をまとめると**図5.11**のようになる．連続式は粘性の影響を受けないため，完全流体と粘性流体で同じ方程式を適用できる．これに対して運動方程式では，粘性の寄与を無視するか考慮するかによって，扱いが異なってくる．

## 5. 粘性流体の運動

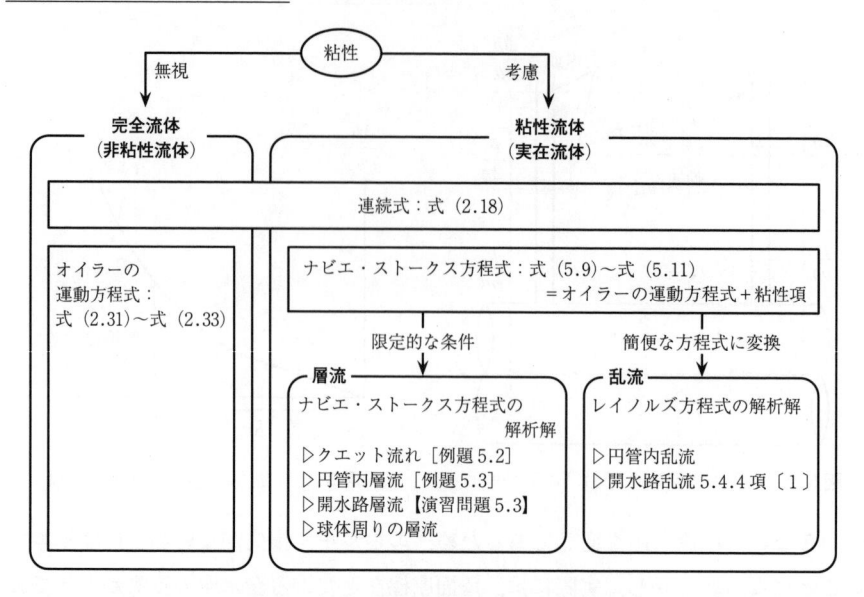

```
                        粘性
              無視 ↙         ↘ 考慮
   完全流体                粘性流体
  (非粘性流体)              (実在流体)

              連続式：式 (2.18)

   オイラーの       ナビエ・ストークス方程式：式 (5.9)～式 (5.11)
   運動方程式：            ＝オイラーの運動方程式＋粘性項
   式 (2.31)～式 (2.33)
                    限定的な条件 ↓      簡便な方程式に変換 ↓
                    ┌層流┐            ┌乱流┐
                    ナビエ・ストークス方程式の    レイノルズ方程式の解析解
                         解析解
                    ▷クエット流れ［例題 5.2］    ▷円管内乱流
                    ▷円管内層流［例題 5.3］     ▷開水路乱流 5.4.4 項〔1〕
                    ▷開水路層流【演習問題 5.3】
                    ▷球体周りの層流
```

**図 5.11** 流体運動の基礎方程式と解析解

5.1.3 項で述べたように，ナビエ・ストークス方程式を解析的に解ける流れは限られている．層流の場合には，円管内や開水路の中での定常で一様な流れなど，限定的な条件下での流れについてナビエ・ストークス方程式の解析解が知られている．一方，乱流の場合には，乱れに伴う流体運動の不規則性のために，ナビエ・ストークス方程式をそのままの形で解くことは難しい．このため，さまざまなアイディアを駆使した解析が行われている．後述の 5.4 節では，ナビエ・ストークス方程式を簡便な形に変換したレイノルズ方程式を用いて，円管内や開水路における乱流の解析解を取りあげる．

---

**コラム　水理学をつくった人たち：レイノルズ**（Osborne Reynolds；1842～1912）

オズボーン・レイノルズは，アイルランドに生まれ，イングランド東部に育った．若いころに工房の見習いや土木技師見習いとして働いた経験が，数学や物理学への興味をかき立てたと述懐している．ケンブリッジで数学を学んだ後，1868 年には，マンチェスター大学（オーエンズ大学）最初の工学教授となり 1905 年まで務めた．1877 年に王立協会の会員に選ばれ，1888 年には王立協会から金メダルを授与された．

レイノルズは，管の中の流体が層流から乱流に遷移することに着目し，その条件を実験的に調べ，レイノルズ数を着想した．限界レイノルズ数，レイノルズ応力，レイノルズ方程式，レイノルズの相似則などにその名が冠されている．流体力学の関係では，乱流原理を摩擦抵抗の計算に応用して船舶設計に生かしている．

固体と流体との間の熱伝導に関する研究においては，ボイラーやコンデンサーの設計にも有用な貢献が認められている．また，1880 年代には，粉粒体（粒状材料）の特性を明らかにし，その力学を一般化しようとしたことでも知られる．

### 5.3.2 簡単な層流の場合の解析手順

3.1節で説明した静水圧の解析手順と同様に，流れの条件を制約することでナビエ・ストークス方程式を簡単な形にできれば，微分方程式を数学的に解く問題に帰着させられる。例えば，流れの方向以外の流速成分はゼロであって，流下方向に流速や圧力が変化せず，しかも時間的にも流れが変化しないような層流の場合が，これに該当する。こうした簡単な層流を対象とした場合のナビエ・ストークス方程式の解析手順は以下のようにまとめられる。

1) 流速成分に関する制約条件を与える。
2) 連続式（2.18）に1）の制約条件を適用して，流速成分の制約条件を増やす。
3) 定常流を解析対象とすることから，時間微分の項をゼロとする。
4) 質量力および圧力に関する条件を与える。
5) 1）～4）の条件を式（5.9）～式（5.11）のナビエ・ストークス方程式に適用し，簡単な偏微分方程式に変形する。
6) 5）で得られた偏微分方程式を解き，一般解を求める。
7) 境界条件を与えて，解析解を得る。

### 5.3.3 ナビエ・ストークス方程式の層流解析解の例

本項では，具体的な例を用いて前項の解析手順を説明する。

---

**例題 5.2** クエット流れ

図5.12（a）のように，密度 $\rho$ の流体中に無限の広さを持つ二枚の平板が近接した一定間隔 $h$ で水平に設置されている。下側の板を固定し，上側の板を $x$ 方向に一定速度 $U$ で移動させたとき，二枚の板の間にある流体の運動が定常な層流となった。このときの平板間の流速分布を求めよ。

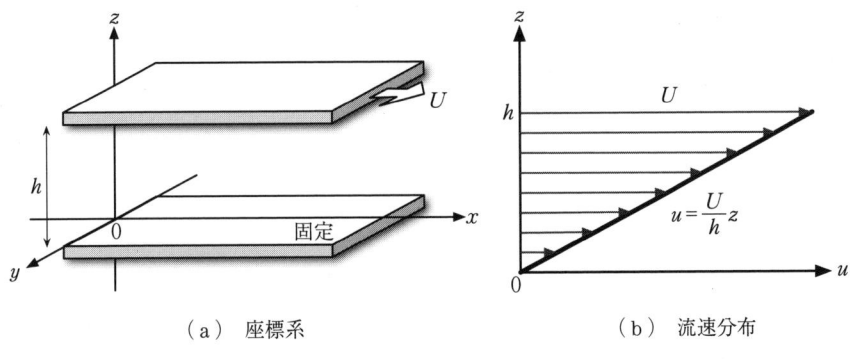

（a）座標系　　　　　（b）流速分布

図5.12 平行平板間の流れ（クエット流れ）

【解　答】
1) 平板が無限に広いため，上側の平板の運動によって発生する流速 $u$ は $x$ 方向および $y$ 方向に一様となり，しかも，$y$ 方向の流れは発生しないため，次式が成り立つ。

$$\frac{\partial u}{\partial x} = 0 \tag{5.18}$$

$$\frac{\partial u}{\partial y}=0 \tag{5.19}$$

$$v=0 \tag{5.20}$$

2) 式 (5.18) および式 (5.20) を式 (2.18) の連続式に適用すれば

$$\frac{\partial w}{\partial z}=0 \longrightarrow w=C \quad (C：積分定数) \tag{5.21}$$

となる。下側および上側の平板で流体は出入りしないため

$$w|_{z=0}=w|_{z=h}=0 \tag{5.22}$$

の境界条件を式 (5.21) に適用すれば $C=0$ となり，次式を得る。

$$w=0 \tag{5.23}$$

3) 定常流であることから，非定常項はゼロとなる。

$$\frac{\partial u}{\partial t}=0 \tag{5.24}$$

4) 無限に広い平板が $x$ 方向に移動することによって流れが生じているので，式 (5.18) と同様に，圧力 $p$ は $x$ 方向に一様となる。

$$\frac{\partial p}{\partial x}=0 \tag{5.25}$$

二枚の平板は水平に設置されているため，流れの方向（$x$ 方向）に質量力は作用しない。

$$f_x=0 \tag{5.26}$$

5) 式 (5.18) ～式 (5.20)，式 (5.23) ～式 (5.26) を式 (5.9) のナビエ・ストークス方程式に適用すれば，つぎのようになる。

$$0=\nu\frac{\partial^2 u}{\partial z^2} \tag{5.27}$$

6) 式 (5.27) を解けば，つぎのように $u$ の一般解が得られる。

$$u=C_1 z+C_2 \quad (C_1, C_2：積分定数) \tag{5.28}$$

7) 平板上の流体粒子は平板壁面に付着するため，付着条件より，下側および上側の平板での境界条件がつぎのように与えられる。

$$下側の平板壁面：u|_{z=0}=0 \tag{5.29}$$

$$上側の平板壁面：u|_{z=h}=U \tag{5.30}$$

式 (5.29) および式 (5.30) を式 (5.28) に代入すれば，積分定数は

$$C_1=\frac{U}{h},\ C_2=0 \tag{5.31}$$

と求められるので，流速分布は次式となり，図 5.12（b）に示す直線分布となる。

$$u=\frac{U}{h}z \tag{5.32}$$

---

例題 5.2 の流れは，粘性のために平板と流体粒子の間に発生するせん断力によって生まれている。すなわち，上側の平板の運動に伴って流体粒子が平板移動方向に引っ張られ，これが固定された下側の平板に向かって（$-z$ 方向に）移動速度を一定割合で減じながら伝わっていると解釈できる。こうした流れを**クエット流れ**（Couette flow）という。式 (1.15) のニュートンの粘性法則より，このときのせん断応力はつぎのように一定値となることがわかる。

$$\tau = \mu \frac{du}{dz} = \mu \frac{U}{h} \tag{5.33}$$

この式は流体の粘性係数を実験的に求める原理となっている。

---

**例題5.3** 円管内層流（ハーゲン・ポアズイユ流れ）

図5.13に示すように，半径$a$の円管内を密度$\rho$，動粘性係数$\nu$の流体が定常な層流状態で流れている。流下方向（$x$方向）に流れは一様であり，断面方向（$r$方向）の流速は発生しておらず，動水勾配が$I$となった。このときの流速分布を求めよ。

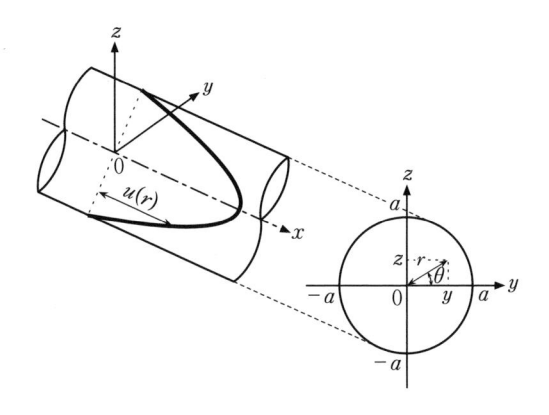

**図5.13** 円管内層流の座標系と流速分布

【解　答】

1）$x$方向に流れが一様であることから，流速$u$は$x$方向に変化しない。

$$\frac{\partial u}{\partial x} = 0 \tag{5.34}$$

断面方向の流速をゼロと扱えるため，次式が成り立つ。

$$v = w = 0 \tag{5.35}$$

2）式(5.34)および式(5.35)より，無条件で連続式を満足する。

3）定常流であることから，非定常項はゼロとなる。

$$\frac{\partial u}{\partial t} = 0 \tag{5.36}$$

4）ナビエ・ストークス方程式の質量力項と圧力項の和は，式(2.44)の力のポテンシャル$\Omega$を用いることにより，つぎのように表せる。

$$f_x - \frac{1}{\rho}\frac{\partial p}{\partial x} = -\frac{\partial \Omega}{\partial x} - \frac{1}{\rho}\frac{\partial p}{\partial x} = -g\frac{\partial}{\partial x}\underbrace{\left(\underbrace{\frac{\Omega}{g}}_{\substack{位置\\水頭}} + \underbrace{\frac{p}{\rho g}}_{\substack{圧力\\水頭}}\right)}_{\substack{ピエゾ水頭\\ -動水勾配 I}} = gI, \quad I = -\frac{\partial}{\partial x}\left(\frac{\Omega}{g} + \frac{p}{\rho g}\right) \tag{5.37}$$

5）式(5.34)〜式(5.37)を式(5.9)のナビエ・ストークス方程式に適用すれば，次式となる。

$$\frac{\partial^2 u}{\partial y^2} + \frac{\partial^2 u}{\partial z^2} = -\frac{gI}{\nu} \tag{5.38}$$

ここで$u$は$\theta$に対して一定となることに注意して

$$\frac{\partial^2 u}{\partial y^2} = \frac{\partial^2 u}{\partial r^2}\cos^2\theta + \frac{1}{r}\frac{\partial u}{\partial r}\sin^2\theta \tag{5.39}$$

$$\frac{\partial^2 u}{\partial z^2} = \frac{\partial^2 u}{\partial r^2}\sin^2\theta + \frac{1}{r}\frac{\partial u}{\partial r}\cos^2\theta \tag{5.40}$$

の関係を用いて式(5.38)を円筒座標系に変換すると，次式となる．

$$\frac{1}{r}\frac{\partial}{\partial r}\left(r\frac{\partial u}{\partial r}\right) = -\frac{gI}{\nu} \tag{5.41}$$

6) 式(5.41)を解けば，つぎのように$u$の一般解が得られる．

$$r\frac{\partial u}{\partial r} = -\frac{gI}{2\nu}r^2 + C_1 \quad (C_1：積分定数) \tag{5.42}$$

$$u = -\frac{gI}{4\nu}r^2 + C_1\ln r + C_2 \quad (C_2：積分定数) \tag{5.43}$$

7) 壁面での付着条件および円管断面の中心で流速が極大となる条件より，境界条件がつぎのように与えられる．

$$\text{壁面}\quad：u|_{r=a} = 0 \quad (付着条件) \tag{5.44}$$

$$\text{円管中心}：\left.\frac{\partial u}{\partial r}\right|_{r=0} = 0 \quad (流速極大) \tag{5.45}$$

式(5.44)と式(5.45)を式(5.42)および式(5.43)に適用すれば，積分定数は

$$C_1 = 0,\ C_2 = \frac{gI}{4\nu}a^2 \tag{5.46}$$

と求められるので，流速分布は次式となる．

$$u = \frac{gI}{4\nu}(a^2 - r^2) \tag{5.47}$$

---

式(5.47)より，円管内層流の流速分布が図5.8(a)で示した放物型分布となることが確かめられる．この流れの流量$Q$，断面平均流速$u_\mathrm{m}$および最大流速$u_\mathrm{max}$はつぎのように求められる（断面平均流速については5.5.1項で詳述する）．

$$Q = \int_0^a u(2\pi r)\,dr = \frac{\pi a^4}{8\nu}gI \tag{5.48}$$

$$u_\mathrm{m} = \frac{Q}{A} = \frac{a^2}{8\nu}gI \tag{5.49}$$

$$u_\mathrm{max} = u|_{r=0} = \frac{a^2}{4\nu}gI = 2u_\mathrm{m} \tag{5.50}$$

また，最大流速$u_\mathrm{max}$を用いれば，最大流速$u_\mathrm{max}$による無次元流速の分布が次式で表される．

$$\frac{u}{u_\mathrm{max}} = 1 - \left(\frac{r}{a}\right)^2 \tag{5.51}$$

図5.9で示した水平管路の場合のように，重力の影響を無視できるときには，式(5.37)での質量力$f_x$をゼロとおけるため，動水勾配$I$は圧力勾配$dp/dx$を用いてつぎのように表せる．

$$I = -\frac{1}{\rho g}\frac{dp}{dx} \tag{5.52}$$

これを式(5.47)および式(5.48)に適用し，式(1.16)で粘性係数$\mu$を用いて整理すれば，流速

分布および流量は次式となる。

$$u = -\frac{1}{4\mu}\frac{dp}{dx}(a^2 - r^2) \tag{5.53}$$

$$Q = -\frac{\pi a^4}{8\mu}\frac{dp}{dx} \tag{5.54}$$

これより，流速や流量は粘性係数に反比例し，粘性が大きくなるほど流れが遅くなることがわかる。また，圧力勾配 $dp/dx$ は図5.9の圧力降下量 $\Delta p$ と対応するため，管壁での摩擦によるエネルギー損失が多くなるほど流速や流量が減少することも表している。こうしたエネルギー損失については，6.2節で詳しく考察する。式（5.54）で表される流量と管径，圧力勾配，粘性係数の関係はポアズイユの法則と呼ばれる。また，例題5.3の流れを**ハーゲン・ポアズイユ流れ**（Hagen-Poiseuille flow）という。

開水路層流についても，例題5.2や例題5.3と同様に，簡単な条件のもとでナビエ・ストークス方程式の解析解を求めることができる。例えば，**図5.14**のような幅が十分広く一様な水路床勾配（水平面からの傾斜角 $\theta$）の矩形断面水路における定常な開水路層流において，流下方向（$x$方向）に流速 $u$ および水深 $h$ は一定であり，水路横断方向（$y$方向）に流れは一様で，$y$方向の流速成分はないとするとき，流速分布 $u(z)$，最大流速（水表面流速）$u_s$，断面平均流速 $u_m$，単位幅流量 $q$ およびせん断応力 $\tau$ は次式で表される（演習問題【5.3】）。

$$u(z) = \frac{g\sin\theta}{\nu}\left(-\frac{z^2}{2} + hz\right) \tag{5.55}$$

$$u_s = \frac{g\sin\theta}{2\nu}h^2 \tag{5.56}$$

$$u_m = \frac{g\sin\theta}{3\nu}h^2 = \frac{2}{3}u_s \tag{5.57}$$

$$q = \frac{g\sin\theta}{3\nu}h^3 = hu_m \tag{5.58}$$

$$\tau = -\rho g(z - h)\sin\theta \tag{5.59}$$

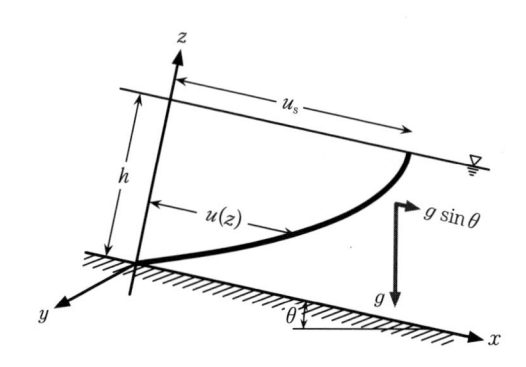

**図5.14** 開水路層流の座標系と流速分布

> **流速の鉛直分布に対する平均流速の算定法（1点法と2点法）**
>
> 図5.15のような任意の横断面形状を有する河川の断面平均流速 $U_m$ を計測するとき，つぎの1点法あるいは2点法と呼ばれる平均流速算定法が用いられている。
>
> 1点法： $U_m = u_{0.6}$ (5.60)
>
> 2点法： $U_m = \dfrac{1}{2}(u_{0.2} + u_{0.8})$ (5.61)
>
> **図5.15** 1点法と2点法による開水路の平均流速算定法に関する説明図
>
> 図5.14のような開水路層流の場合には，流速分布が式（5.55）で表されるので
>
> $u_{0.6} = u|_{z=h-0.6h}$ (5.62)
>
> $u_{0.2} = u|_{z=h-0.2h},\ u_{0.8} = u|_{z=h-0.8h}$ (5.63)
>
> を式（5.60）や式（5.61）に代入すれば，次式を得る。
>
> $U_m = u|_{z=h-0.6h} = 0.32 \dfrac{g\sin\theta}{\nu} h^2$ (5.64)
>
> $U_m = \dfrac{1}{2}(u|_{z=h-0.2h} + u|_{z=h-0.8h}) = 0.33 \dfrac{g\sin\theta}{\nu} h^2$ (5.65)
>
> 断面平均流速 $u_m$ の式（5.57）と比較すると，式（5.64）や式（5.65）の $U_m$ は近似的に断面平均流速 $u_m$ と一致することが確認できる。
>
> 一方，課題5.2で考察したように，自然界の流れの大半は乱流であるため，式（5.60）や式（5.61）を適用することはできないはずである。しかし，これらの断面平均流速は開水路乱流においても適用できることが経験的に確認されている。このため，層流・乱流にかかわらず，式（5.60）や式（5.61）は河川などでの断面平均流速の算定に活用される。

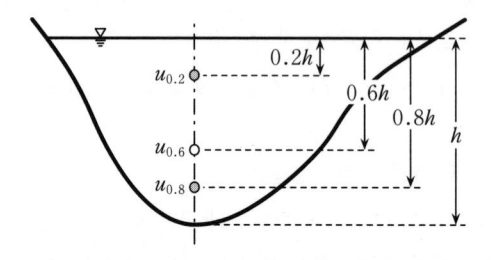

## 5.4 乱流の性質と扱い方

### 5.4.1 不規則過程としての乱流の記述方法

乱流では，流体粒子相互の衝突により，流速や圧力などの力学量が不規則に変化する。このため，流れ場の力学量は時間的にも空間的にも変動し，不規則過程として捉えることが必要になる。流れの中の特定の位置で $x$ 方向の流速 $u$ を計測した例を**図5.16**に示す。定常な層流の場合，流速は時間的に変化せず一定の値をとるが，乱流での流速は時間的に不規則に変化する。そこで，流速 $u$ をつぎのように平均成分 $\bar{u}$ と不規則変動成分 $u'$ に分けて考えることにする。

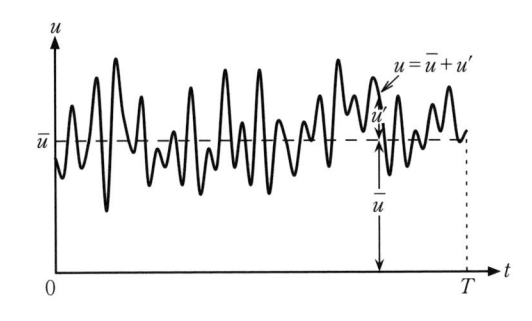

図5.16 乱流における流速の時間変化

$$\underbrace{u}_{\substack{乱れの\\力学量}} = \underbrace{\bar{u}}_{\substack{平均\\成分}} + \underbrace{u'}_{\substack{不規則変動\\成分}} \tag{5.66}$$

平均成分 $\bar{u}$ は，流速 $u$ の変動のおもな周期よりも十分に長い計測時間 $T$ を対象としたときの時間平均として求められる。

$$\bar{u} = \lim_{T \to \infty} \frac{1}{T} \int_0^T u(t)\,dt \tag{5.67}$$

図 5.16 から明らかなように，不規則変動成分 $u'$ は平均成分 $\bar{u}$ 周りの変動量を表し，その時間平均はゼロとなる。

$$\overline{u'} = 0 \tag{5.68}$$

式 (5.66) のように，乱流における力学量を平均成分と不規則変動成分の和として表現することにより，平均的な流れと乱れによる寄与とを分けて検討することが可能となる。

### 課題 5.4
式 (5.66) および式 (5.67) を用いて，式 (5.68) が成り立つことを示せ。

### 課題 5.5
例題 5.2，例題 5.3 などで導いたように，ナビエ・ストークス方程式の層流解析解（例えば，式 (5.47) の流速分布など）には $Re$ 数の制約は含まれておらず，$Re_c$ よりも大きな $Re$ 数となるような乱流の場合でも成り立つようにみえる。しかし，実際には層流を対象としたナビエ・ストークス方程式の解を乱流に適用することはできない。式 (5.66) などを用いて，その理由を説明せよ。

### 5.4.2 平均流に関する乱流の基礎式

図 5.16 に示すように流速 $u$ は平均成分 $\bar{u}$ の周りで変動しており，乱流であっても，大まかにみれば，平均的な流れは存在する。工学的には，微小な時間で変化する不規則変動は無視して，平均成分に着目したときの流れの評価が重要になることも多い。実際，課題 5.2 で考えたように，身の周りのほとんどの流れが乱流であるため，平均流に着目した扱いは有用になる。そこで，粘性流体の運動を記述する連続式と運動方程式を平均流に関する方程式に変換してみる。

〔1〕 **平均流に関する連続式**

式 (2.18) で表される非圧縮性流体の連続式に式 (5.66) を適用して整理するとつぎのようになる。

## 5. 粘性流体の運動

$$\frac{\partial u}{\partial x}+\frac{\partial v}{\partial y}+\frac{\partial w}{\partial z}=0 \tag{2.18}$$

$$\left(\frac{\partial \overline{u}}{\partial x}+\frac{\partial \overline{v}}{\partial y}+\frac{\partial \overline{w}}{\partial z}\right)+\left(\frac{\partial u'}{\partial x}+\frac{\partial v'}{\partial y}+\frac{\partial w'}{\partial z}\right)=0 \tag{5.69}$$

これより，平均成分と不規則変動成分のそれぞれの発散の和として連続式が表されることがわかる。式 (5.69) の両辺に対して式 (5.67) のような時間平均操作を施す。

$$\lim_{T\to\infty}\frac{1}{T}\int_0^T\left(\frac{\partial \overline{u}}{\partial x}+\frac{\partial \overline{v}}{\partial y}+\frac{\partial \overline{w}}{\partial z}\right)dt+\lim_{T\to\infty}\frac{1}{T}\int_0^T\left(\frac{\partial u'}{\partial x}+\frac{\partial v'}{\partial y}+\frac{\partial w'}{\partial z}\right)dt=0 \tag{5.70}$$

式 (5.70) 左辺第 2 項の不規則変動成分の部分は式 (5.68) などによりゼロとなるので，次式が得られる。

$$\frac{\partial \overline{u}}{\partial x}+\frac{\partial \overline{v}}{\partial y}+\frac{\partial \overline{w}}{\partial z}=0 \tag{5.71}$$

これより，平均流に関する連続式は，式 (2.18) の連続式とまったく同じ形の方程式で表されることがわかる。このことは，乱れによる変動が発生していても，変動による流量変化は打ち消し合い，結果として平均流だけで質量保存が満足されることを示している。

〔2〕 平均流に関する運動方程式——レイノルズ方程式の導出

連続式では，乱れによる変動の寄与は方程式に現れないことがわかったが，運動方程式ではどうだろうか。式 (5.71) の導出と同様な手順で，ナビエ・ストークス方程式を平均流に関する方程式に変換する。ただし，力の釣合い状態を考察しやすくするために，ナビエ・ストークス方程式の導出過程で出てきた式 (5.1) の運動方程式に対して時間平均操作を施すことにする。

まず，準備として，式 (5.1) をつぎのように変形する。

$$\frac{Du}{Dt}=\frac{\partial u}{\partial t}+u\frac{\partial u}{\partial x}+v\frac{\partial u}{\partial y}+w\frac{\partial u}{\partial z}$$

$$=f_x-\frac{1}{\rho}\frac{\partial p}{\partial x}+\frac{1}{\rho}\left(\frac{\partial \tau_{xx}}{\partial x}+\frac{\partial \tau_{yx}}{\partial y}+\frac{\partial \tau_{zx}}{\partial z}\right) \tag{5.1}$$

$$\rho\left\{\frac{\partial u}{\partial t}+\frac{\partial (u^2)}{\partial x}+\frac{\partial (uv)}{\partial y}+\frac{\partial (uw)}{\partial z}\right\}=\rho f_x+\frac{\partial}{\partial x}(-p+\tau_{xx})+\frac{\partial \tau_{yx}}{\partial y}+\frac{\partial \tau_{zx}}{\partial z} \tag{5.72}$$

この変形では，式 (2.18) の連続式と

$$\frac{\partial (u^2)}{\partial x}=2u\frac{\partial u}{\partial x},\ \frac{\partial (uv)}{\partial y}=u\frac{\partial v}{\partial y}+v\frac{\partial u}{\partial y},\ \frac{\partial (uw)}{\partial z}=u\frac{\partial w}{\partial z}+w\frac{\partial u}{\partial z} \tag{5.73}$$

を用いている。式 (5.72) の $u$, $v$, $w$, $p$, $\tau_{xx}$, $\tau_{yx}$ および $\tau_{zx}$ を式 (5.66) のように平均成分と変動成分に分離した式として表したうえで，式 (5.72) に対して時間平均操作を行えば，次式を得る。

$$\rho\left\{\frac{\partial \overline{u}}{\partial t}+\frac{\partial (\overline{u}^2)}{\partial x}+\frac{\partial (\overline{u}\,\overline{v})}{\partial y}+\frac{\partial (\overline{u}\,\overline{w})}{\partial z}\right\}$$

$$=\rho f_x+\frac{\partial}{\partial x}(-\overline{p}+\overline{\tau_{xx}}-\rho\overline{u'u'})+\frac{\partial}{\partial y}(\overline{\tau_{yx}}-\rho\overline{u'v'})+\frac{\partial}{\partial z}(\overline{\tau_{zx}}-\rho\overline{u'w'}) \tag{5.74}$$

　　　　　　　　　　　　　　　※　　　　　　　　　　　※　　　　　　　　　※

## 5.4 乱流の性質と扱い方

同様にして，$y$ 方向および $z$ 方向についてつぎのように導かれる。

$$\rho\left\{\frac{\partial \bar{v}}{\partial t}+\frac{\partial(\bar{u}\bar{v})}{\partial x}+\frac{\partial(\bar{v}^2)}{\partial y}+\frac{\partial(\bar{v}\bar{w})}{\partial z}\right\}$$
$$=\rho f_y+\frac{\partial}{\partial x}\left(\overline{\tau_{xy}}-\rho\underbrace{\overline{u'v'}}_{※}\right)+\frac{\partial}{\partial y}\left(-\bar{p}+\overline{\tau_{yy}}-\rho\underbrace{\overline{v'v'}}_{※}\right)+\frac{\partial}{\partial z}\left(\overline{\tau_{zy}}-\rho\underbrace{\overline{v'w'}}_{※}\right) \quad (5.75)$$

$$\rho\left\{\frac{\partial \bar{w}}{\partial t}+\frac{\partial(\bar{u}\bar{w})}{\partial x}+\frac{\partial(\bar{v}\bar{w})}{\partial y}+\frac{\partial(\bar{w}^2)}{\partial z}\right\}$$
$$=\rho f_z+\frac{\partial}{\partial x}\left(\overline{\tau_{xz}}-\rho\underbrace{\overline{u'w'}}_{※}\right)+\frac{\partial}{\partial y}\left(\overline{\tau_{yz}}-\rho\underbrace{\overline{v'w'}}_{※}\right)+\frac{\partial}{\partial z}\left(-\bar{p}+\overline{\tau_{zz}}-\rho\underbrace{\overline{w'w'}}_{※}\right) \quad (5.76)$$

式 (5.74) を式 (5.72) と比較すると，連続式の場合とは異なり，※印の新たな項が現れていることがわかる。これらの項は乱流における運動方程式を平均流に着目した力の釣合いとして表現したために現れる乱れに伴う応力を表しており，**レイノルズ応力**（Reynolds stress）と呼ばれる。また，式 (5.74) ～式 (5.76) を**レイノルズ方程式**（Reynolds equation）といい，平均流に関する乱流の運動方程式として扱われる。

---
**課題 5.6**

時間平均操作をする前の式 (5.72) やナビエ・ストークス方程式には現れていなかった応力が，レイノルズ方程式には新たに加わっている。力の釣合いに着目して，レイノルズ応力の力学的意味を考察せよ。

---

### 5.4.3 乱れの輸送モデル

式 (5.74) ～式 (5.76) のレイノルズ方程式は平均流速を未知数とする微分方程式になっている。しかし，※印のレイノルズ応力がわからなければ，これを解くことはできない。このため，さまざまなレイノルズ応力の評価法が考えられてきている。ここでは，その一つの例として，**プラントルの混合距離モデル**（Prandtl mixing length hypothesis）と呼ばれる考え方について説明する。

5.2 節でも考察したように，乱流は流体粒子の衝突に伴う運動量交換によって生じる流速の不規則変動現象と解釈できる。例えば，図 5.5 に示したような同一方向に流れる場合，流体粒子相互の衝突によって流下方向以外の流速成分が発生するため，運動量は流下方向のみならずこれに直交する方向にも輸送されることになる。そこで，流速分布 $u(y)$ を持つ $x$ 方向の流れ（$y$ 方向への質量輸送がない流れ）における $y$ 方向への単位面積当りの運動量輸送量（**運動量流束**）を考えてみる（**図 5.17**）。$x$ 方向および $y$ 方向の流速成分 $u$ および $v$ は平均成分と不規則変動成分の和として表されるが，$y$ 方向の平均流速はゼロであるため，各流速成分は次式となる。

$$u = \bar{u} + u' \tag{5.66}$$
$$v = \bar{v} + v' = v' \tag{5.77}$$

## 5. 粘性流体の運動

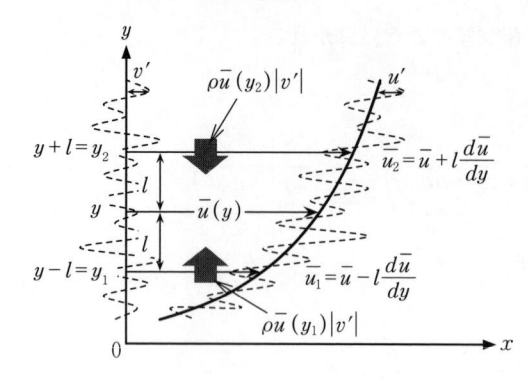

**図 5.17** 不規則変動成分 $v'$ による $y$ 方向への運動量の輸送

$x$ 方向の運動量 $\rho u$ の $y$ 方向への運動量流束は $\rho uv$ で表され，その時間平均 $\overline{\rho uv}$ は，$\overline{v'}=0$ の関係を用いて，つぎのように求められる。

$$\overline{\rho uv} = \rho\overline{(\bar{u}+u')v'} = \rho(\overline{\bar{u}v'}+\overline{u'v'}) = \rho\overline{u'v'} \tag{5.78}$$

一方，図 5.17 のような流速分布の場合，$v'$ に伴う鉛直混合のため，$y$ 方向への時間平均運動量流束は平均化されると考えられる。$+y$ 方向および $-y$ 方向の流速は平均的に等しいので，その大きさを $|v'|$ と表すことにすれば，運動量流束の平均は次式で表される。

$$\rho\overline{u'v'} = \frac{1}{2}\left\{\rho\bar{u}(y_1)|v'| + \rho\bar{u}(y_2)(-|v'|)\right\} \tag{5.79}$$

$\bar{u}(y_1)$ と $\bar{u}(y_2)$ をテイラー展開の 1 次近似で表せば，式 (5.79) はつぎのようになる。

$$\rho\overline{u'v'} = \rho\left(\frac{\bar{u}}{2}-\frac{l}{2}\frac{d\bar{u}}{dy}\right)|v'| - \rho\left(\frac{\bar{u}}{2}+\frac{l}{2}\frac{d\bar{u}}{dy}\right)|v'| = -\rho l|v'|\frac{d\bar{u}}{dy} \tag{5.80}$$

$|v'|$ は乱流に伴う不規則変動の大きさを表す。また，$\bar{u}$ が $y$ 方向に大きく異なるとき乱れが大きくなるため，$|v'|$ は $\bar{u}$ の空間変化量 $l|d\bar{u}/dy|$ に比例すると考えられる。さらに，乱れが等方性を持つと仮定すれば，$|u'| \simeq |v'|$ と扱える。そこで

$$|v'| = l\left|\frac{d\bar{u}}{dy}\right| \tag{5.81}$$

と表すこととすれば，式 (5.80) より，レイノルズ応力はつぎのように表される。

$$-\rho\overline{u'v'} = \rho l^2\left|\frac{d\bar{u}}{dy}\right|\frac{d\bar{u}}{dy} \tag{5.82}$$

$l$ は乱れに伴う混合によって運動量が輸送される距離と解釈できるため，これを**混合距離**（mixing length）という。これより，レイノルズ応力が混合距離と平均流速の勾配によって表現可能となることがわかる。

式 (1.15) のニュートンの粘性法則より，平均流を対象としたときの粘性によるせん断応力 $\tau$ は

$$\tau = \mu\frac{d\bar{u}}{dy} \tag{5.83}$$

と表されるので

$$\varepsilon = l^2 \left| \frac{d\bar{u}}{dy} \right| \tag{5.84}$$

を導入することで,式(5.82)のレイノルズ応力を乱れによるせん断応力として,つぎのように表示することができる。

$$\tau = -\rho \overline{u'v'} = \rho \varepsilon \frac{d\bar{u}}{dy} \tag{5.85}$$

式(5.83)と式(5.85)を比較すると,$\rho\varepsilon$ は粘性係数 $\mu$ と対応しており,乱れによるせん断応力を表す場合の,みかけの粘性係数を表していることがわかる。$\varepsilon$ をブシネスク(Boussinesq)の**渦動粘性係数**(kinematic eddy viscosity)という。また,これに対して,動粘性係数 $\nu$ は流体の分子間の相互作用によって決まるため,**分子動粘性係数**(kinematic molecular viscosity)とも呼ばれる。

このようにしてレイノルズ応力を渦動粘性係数によって表現することで,式(5.74)~式(5.76)のレイノルズ方程式の右辺第2~4項に現れる応力部分は,例えばつぎのように表せる。

$$\overline{\tau_{yx}} - \rho \overline{u'v'} = \mu \frac{d\bar{u}}{dy} + \rho\varepsilon \frac{d\bar{u}}{dy} = \rho(\nu + \varepsilon) \frac{d\bar{u}}{dy} \tag{5.86}$$

これは,形式的ではあるものの,レイノルズ方程式を平均成分だけの式として表示することができることを意味しており,優れたアイディアとなっている。しかし,渦動粘性係数は流れの状態に依存するため,その値を決めることは難しい。

**課題 5.7**
渦動粘性係数を用いてレイノルズ応力を表現することの意義について考察せよ。

### 5.4.4 乱流の流速分布
〔1〕 開水路乱流に関するレイノルズ方程式の解析解

式(5.74)のレイノルズ方程式を解いて,乱流の平均流速を求めてみる。例として,図5.14(演習問題【5.3】)で示した開水路層流と同様な幅が十分広い一様勾配矩形断面水路における開水路乱流(水深 $h$,水路床の傾き $\theta$,密度 $\rho$,動粘性係数 $\nu$)を考える(**図 5.18**)。また,流れはつぎの条件を満たすと仮定する。

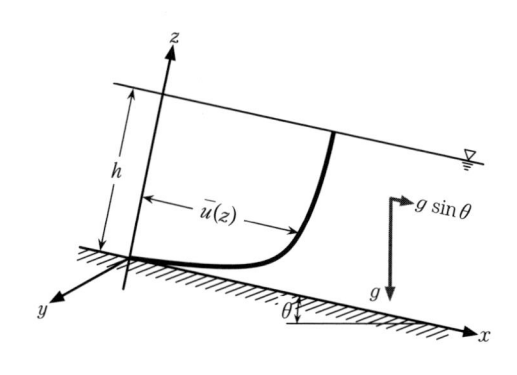

**図 5.18** 開水路乱流の座標系と流速分布

条件1：平均流は定常であり，平均流速や水深は時間的に変化しない。

$$\frac{\partial}{\partial t}=0 \tag{5.87}$$

条件2：流下方向（$x$方向）に流れは一様で，$x$方向の平均流速や水深は一定である。

$$\frac{\partial}{\partial x}=0 \tag{5.88}$$

条件3：水路横断方向（$y$方向）に流れは一様である。

$$\frac{\partial}{\partial y}=0 \tag{5.89}$$

条件4：水路横断方向（$y$方向）の平均流速はゼロである。

$$\overline{v}=0 \tag{5.90}$$

式（5.88）および式（5.89）（または，式（5.90））を式（5.71）の平均流に関する連続式に適用し

$$\overline{w}|_{z=0}=\overline{w}|_{z=h}=0 \tag{5.91}$$

の境界条件を用いれば，次式を得る。

$$\overline{w}=0 \tag{5.92}$$

$x$方向の質量力$f_x$は

$$f_x=g\sin\theta \tag{5.93}$$

と表せるので，式（5.87）～式（5.90），式（5.92）および式（5.93）を$x$方向のレイノルズ方程式（5.74）に適用すれば，次式を得る。

$$0=\rho g\sin\theta+\frac{\partial}{\partial z}\left(\overline{\tau_{zx}}-\rho\overline{u'w'}\right) \tag{5.94}$$

上式中の$\overline{\tau_{zx}}$は，ニュートンの粘性法則より

$$\overline{\tau_{zx}}=\mu\frac{d\overline{u}}{dz} \tag{5.95}$$

と表され，分子粘性によるせん断応力である。一方，レイノルズ応力$-\rho\overline{u'w'}$は乱れによるせん断応力である。つまり，これらの和$\left(\overline{\tau_{zx}}-\rho\overline{u'w'}\right)$は粘性と乱れによる平均的なせん断応力と解されるので，これを

$$\overline{\tau}=\overline{\tau_{zx}}-\rho\overline{u'w'} \tag{5.96}$$

と表すことにする。乱れによるせん断応力は流体粒子の衝突時の運動量交換を発生させる慣性力に対応する。このため，乱流では，粘性によるせん断応力よりも乱れによるせん断応力のほうがはるかに大きく

$$\overline{\tau_{zx}}\ll\rho\overline{u'w'} \tag{5.97}$$

と扱える。そこで，式（5.96）における$\overline{\tau_{zx}}$を無視して式（5.94）を解けば，平均せん断応力は次式で表されることになる。

$$\overline{\tau}=-\rho\overline{u'w'}=-\rho gz\sin\theta+C_1\quad(C_1：積分定数) \tag{5.98}$$

## 5.4 乱流の性質と扱い方

水面においては水と大気の間での摩擦によるせん断応力が無視できると扱えるため，境界条件として

$$\overline{\tau}\big|_{z=h} = 0 \tag{5.99}$$

を用いれば，積分定数が求められる。

$$C_1 = \rho g h \sin\theta \tag{5.100}$$

式 (5.100) を式 (5.98) に代入して，平均せん断応力の一般解がつぎのように得られる。

$$\overline{\tau} = -\rho \overline{u'w'} = \rho g(h-z)\sin\theta = \rho g h \sin\theta \left(1 - \frac{z}{h}\right) \tag{5.101}$$

プラントルの混合距離モデルでは，式 (5.82) のようにレイノルズ応力が表されるので，式 (5.101) はつぎのように表示できる。

$$\overline{\tau} = -\rho \overline{u'w'} = \rho l^2 \left|\frac{d\overline{u}}{dz}\right| \frac{d\overline{u}}{dz} \tag{5.102}$$

ここで，水路床の近く，すなわち壁面近傍 ($z\simeq 0$) では混合距離 $l$ が壁面からの距離に比例すると仮定する（**プラントルの仮定**）。

$$l = \kappa z \tag{5.103}$$

$\kappa$ は**カルマン定数**（von Karman's constant）と呼ばれる実験的に得られる定数であり，最近は 0.41 の値が用いられる。壁面近傍 ($z\simeq 0$) でのせん断応力を $\tau_0$ とすれば，式 (5.102) および式 (5.103) より，つぎのように平均流速に関する微分方程式が得られる。

$$\tau_0 = \overline{\tau}\big|_{z\simeq 0} = -\rho \overline{u'w'}\big|_{z\simeq 0} = \rho \kappa^2 z^2 \left(\frac{d\overline{u}}{dz}\right)^2 \bigg|_{z\simeq 0} \tag{5.104}$$

なお，上式では，$\tau_0$ が正となることから絶対値を外している。式 (5.104) を解けば，平均流速に関する一般解が求められる。

$$\frac{\overline{u}}{u_*} = \frac{1}{\kappa} \ln z + C_2 \quad (C_2 : 積分定数) \tag{5.105}$$

ここに，$u_*$ は**摩擦速度**（friction velocity）と呼ばれ，次式で定義される。

$$u_* = \sqrt{\frac{\tau_0}{\rho}} \tag{5.106}$$

$z = z_0$ において $\overline{u} = u_0$ と考え，境界条件

$$\overline{u}\big|_{z=z_0} = u_0 \tag{5.107}$$

を式 (5.105) に適用すれば，積分定数がつぎのように求められる。

$$C_2 = \frac{u_0}{u_*} - \frac{1}{\kappa} \ln z_0 \tag{5.108}$$

これより，開水路乱流における平均流速は次式の対数分布となる。

$$\frac{\overline{u}}{u_*} = \frac{1}{\kappa} \ln \frac{z}{z_0} + \frac{u_0}{u_*} \tag{5.109}$$

一般には，$z_0 = \nu/u_*$ で無次元化した次式が用いられる。

$$\frac{\bar{u}}{u_*} = \frac{1}{\kappa} \ln \frac{u_* z}{\nu} + A \tag{5.110}$$

ここに，$A$ は積分定数であり，実験的に決められる。

式 (5.110) は壁面近傍 ($z \simeq 0$) に対して導かれた平均流速の分布式であるが，実際には，壁面から離れた開水路全体にわたり流速分布をよく表す。これは，式 (5.103) の仮定が乱流混合の 1 次近似を与えているためと理解される。管路乱流においても同様な展開により平均流速の対数分布式が導かれ，これらより，乱流の流速分布は図 5.8 に破線で示す形状となることが確認できる。

---

**課題 5.8**

$z$ 方向のレイノルズ方程式 (5.76) に式 (5.87)～式 (5.90) の条件を適用することにより，開水路乱流における平均圧力 $\bar{p}$ が静水圧分布に従うことを示せ。

ヒント：式 (5.97) と同様に，粘性によるせん断応力よりも乱れによるせん断応力のほうがはるかに大きく，さらに，乱れによるせん断応力は圧力に比べて無視できるほど小さいことを利用する。

---

〔2〕**粘性底層**

式 (5.109) や式 (5.110) は $z=0$ をとることができず，壁面に近づくに従い流速はマイナス無限大となってしまう。しかし，実際には，壁面近くでは，壁面の存在により流体粒子相互の運動量交換に伴う乱れが抑制され，分子粘性が卓越する領域を形成している。薄い層をなすこの領域を**粘性底層** (viscous sublayer) という (**図 5.19**)。

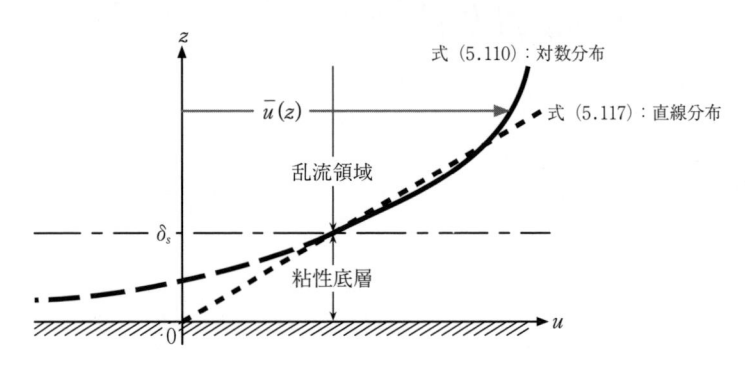

**図 5.19** 滑らかな壁面近傍での流速分布と粘性底層

粘性底層内では，式 (5.97) とは反対に

$$\overline{\tau_{zx}} \gg \rho \overline{u'w'} \tag{5.111}$$

となっているため，レイノルズ応力 $-\rho \overline{u'w'}$ を無視すれば，式 (5.94) は次式となる。

$$0 = \rho g \sin \theta + \mu \frac{d^2 \bar{u}}{dz^2} \tag{5.112}$$

上式を解けば，つぎのように平均流速が求められる。

$$\frac{d\bar{u}}{dz} = -\frac{\rho g \sin \theta}{\mu} z + C_3 \quad (C_3 : 積分定数) \tag{5.113}$$

$$\bar{u} = -\frac{\rho g \sin\theta}{2\mu} z^2 + C_3 z + C_4 \quad (C_4 : 積分定数) \tag{5.114}$$

粘性底層内での平均せん断応力は式(5.95)で与えられ，壁面($z=0$)においてせん断応力が$\tau_0$に等しく一定になるとすれば，次式が成り立つ。

$$\tau_0 = \bar{\tau}\big|_{z=0} = \mu \frac{d\bar{u}}{dz}\bigg|_{z=0} \tag{5.115}$$

上式に式(5.113)を適用すると，積分定数$C_3$が得られる。

$$C_3 = \frac{\tau_0}{\mu} \tag{5.116}$$

壁面($z=0$)において付着条件$\bar{u}\big|_{z=0}=0$を満足するとき，式(5.114)より積分定数は$C_4=0$となる。また，壁面近傍では$z^2 \fallingdotseq 0$と扱えるので，式(5.114)の右辺第1項を無視できる。これらのことより，式(5.106)の摩擦速度を用いて式(5.114)を整理すれば，粘性底層内での平均流速は次式の直線分布となる。

$$\frac{\bar{u}}{u_*} = \frac{u_* z}{\nu} \tag{5.117}$$

式(5.110)の対数分布と式(5.117)の直線分布が交わるところでの$z$が粘性底層の厚さ$\delta_s$となり，次式を解くことで$\delta_s$が求められる。

$$\frac{u_* \delta_s}{\nu} = \frac{1}{\kappa} \ln \frac{u_* \delta_s}{\nu} + A \tag{5.118}$$

例えば，Nezu & Rodi (1986)[†]による開水路乱流の計測から求められる$A=5.29$と$\kappa=0.41$を代入して，ニュートン法による繰り返し計算で$\delta_s$を求めると，次式が得られる。

$$\delta_s = 11.2 \frac{\nu}{u_*} \tag{5.119}$$

$z=\delta_s$という粘性底層外縁は粘性の影響が強い領域と乱流領域との境界にあたる。この境界領域は**バッファー層**と呼ばれ，バースティング現象などの乱流の発生源となることが知られている。

## 5.5 粘性流体の1次元解析法

管路や開水路の流れを対象とするとき，速度成分が一つの方向に卓越していることが多く，流れを1次元で扱うことが有用となる。そこで，ここでは，$x$方向のみに流れが存在する1次元流れの解析法について説明する。

### 5.5.1 断面平均流速

層流では放物型分布，乱流では対数型分布となるように，流速は流れの断面方向に異なった値となる。このため，断面積$A$の断面における流量$Q$は，時間平均流速を用いて次式から求められる。

---

[†] I. Nezu and W. Rodi : Open-channel Flow Measurements with a Laser Doppler Anemometer, J. Hydraul. Eng., **112**, 5, pp. 335～355 (1986)

> **滑面と粗面における乱流の流速分布**
>
> 式（5.110）のように求めた乱流の流速分布式において，$A$ は壁面の状態に依存した積分定数であり，実験的に求められている．滑らかな壁面（滑面）では
>
> $$\frac{\bar{u}}{u_*} = \frac{1}{\kappa} \ln \frac{u_* z}{\nu} + A_s \quad (A_s = 5.5) \tag{5.120}$$
>
> がよく用いられており，これを式（5.118）に適用したときには，粘性底層の厚さ $u_* \delta_s / \nu$ は 11.6 となる．一方，粗い壁面（粗面）の場合には，壁面の凸凹が粘性底層よりも大きくなり，凸凹の高さが支配的となる．こうした壁面の凸凹の高さは壁面粗度と呼ばれる．式（5.107）における $z_0$ として壁面粗度 $k_s$ を用いれば，粗面での流速分布がつぎのように表される．
>
> $$\frac{\bar{u}}{u_*} = \frac{1}{\kappa} \ln \frac{z}{k_s} + A_r \quad (A_r = 8.5) \tag{5.121}$$
>
> 式（5.120）や式（5.121）での $A_s$ や $A_r$ の値は，20 世紀前半のニクラーゼ（Nikuradse）による実験で得られたものであり，レーザードップラー流速計などを用いた近年の計測技術の進歩により，積分定数 $A$ の正確な値が得られるようになってきている．

$$Q = \int_A \bar{u} \, dA \tag{5.122}$$

時間平均流速を断面内で平均したものが断面平均流速 $v$ であり，$Q = Av$ を満足する必要がある．このため，断面平均流速 $v$ はつぎのように表される．

$$v = \frac{Q}{A} = \frac{1}{A} \int_A \bar{u} \, dA \tag{5.123}$$

なお，式（5.123）の $v$ は $y$ 方向流速ではなく，これ以降に説明する 1 次元流れでは断面平均流速を表すものとする．

### 5.5.2 連　続　式

$x$ 方向の 1 次元流れでは

$$\bar{v} = \bar{w} = 0 \tag{5.124}$$

と扱えるので，式（5.71）で表される乱流の平均流に関する連続式は次式となる．

$$\frac{\partial \bar{u}}{\partial x} = 0 \tag{5.125}$$

これを $x$ 軸に垂直な断面 $A$ で積分すると，つぎのように表せる．

$$\int_A \frac{\partial \bar{u}}{\partial x} dA = 0 \tag{5.126}$$

断面が場所的に変化する流れでは，$A$ は $x$ の関数となるので

$$\frac{\partial}{\partial x} \int_A \bar{u} \, dA = \int_A \frac{\partial \bar{u}}{\partial x} dA + \bar{u} \frac{\partial A}{\partial x} \tag{5.127}$$

と計算できることを用いて式（5.126）を変形すれば，次式を得る．

$$\int_A \frac{\partial \bar{u}}{\partial x} dA = \frac{\partial}{\partial x} \int_A \bar{u} \, dA - \bar{u} \frac{\partial A}{\partial x} = \frac{\partial Q}{\partial x} - \bar{u} \frac{\partial A}{\partial x} = 0 \qquad (5.128)$$

非定常流における断面 $A$ の時間変化は断面 $A$ の空間変化に伴う流速変化と相殺され

$$\frac{DA}{Dt} = \frac{\partial A}{\partial t} + \bar{u} \frac{\partial A}{\partial x} = 0 \qquad (5.129)$$

と表せるため，式（5.129）を式（5.128）に適用すれば，非定常流の連続式がつぎのように求められる。

$$\frac{\partial A}{\partial t} + \frac{\partial Q}{\partial x} = 0 \qquad (5.130)$$

### 課題 5.9

図 5.20 のような非定常な開水路流れについて，式（5.130）の意味を考察せよ。

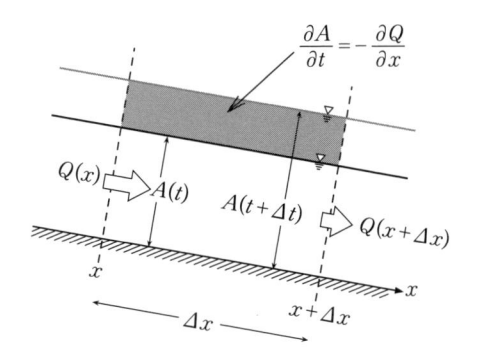

**図 5.20** 非定常流な開水路流れにおける連続式の意味

### 5.5.3 運動方程式

図 5.21 に示すような非定常な1次元流れについて，断面の変化が緩やかで各断面での流速分布は相似と扱えるときの運動方程式を導いてみる。

式（5.74）で表される $x$ 方向のレイノルズ方程式において，分子粘性応力とレイノルズ応力の和が，式（5.86）のように分子動粘性係数 $\nu$ と渦動粘性係数 $\varepsilon$ を用いてつぎのように表せるものと

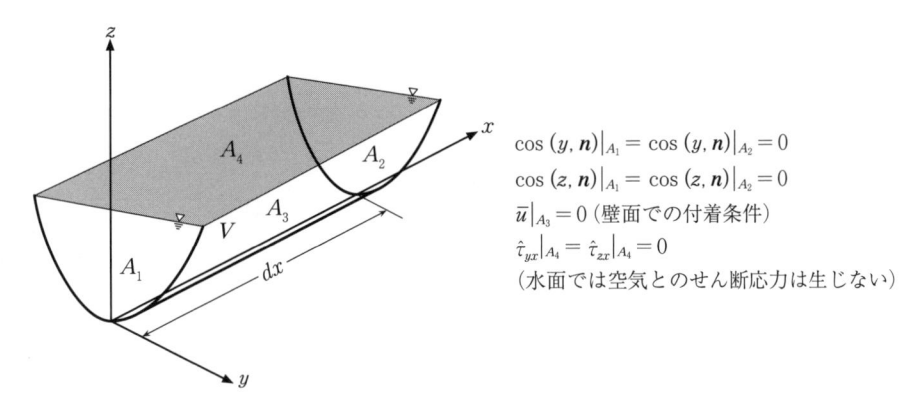

$\cos(y, \boldsymbol{n})|_{A_1} = \cos(y, \boldsymbol{n})|_{A_2} = 0$
$\cos(z, \boldsymbol{n})|_{A_1} = \cos(z, \boldsymbol{n})|_{A_2} = 0$
$\bar{u}|_{A_3} = 0$（壁面での付着条件）
$\hat{\tau}_{yx}|_{A_4} = \hat{\tau}_{zx}|_{A_4} = 0$
（水面では空気とのせん断応力は生じない）

**図 5.21** 1次元非定常流の解析対象領域 $V$ と断面（$A_1$ および $A_2$），壁面（$A_3$）および水面（$A_4$）

する。

$$\hat{\tau}_{xx} = \overline{\tau_{xx}} - \rho\overline{u'u'} = \rho(\nu+\varepsilon)\frac{\partial \bar{u}}{\partial x} \tag{5.131}$$

$$\hat{\tau}_{yx} = \overline{\tau_{yx}} - \rho\overline{u'v'} = \rho(\nu+\varepsilon)\frac{\partial \bar{u}}{\partial y} \tag{5.132}$$

$$\hat{\tau}_{zx} = \overline{\tau_{zx}} - \rho\overline{u'w'} = \rho(\nu+\varepsilon)\frac{\partial \bar{u}}{\partial z} \tag{5.133}$$

単位時間当りのエネルギー輸送量に着目して扱うこととすれば，式 (5.74) のレイノルズ方程式の両辺に $\bar{u}$ を掛けて領域 $V$ で積分することにより，次式を得る。

$$\underbrace{\int_V \rho\bar{u}\frac{\partial \bar{u}}{\partial t}dV}_{\text{① 非定常項}} + \underbrace{\int_V \rho\bar{u}\left\{\frac{\partial(\bar{u}^2)}{\partial x}+\frac{\partial(\bar{u}\bar{v})}{\partial y}+\frac{\partial(\bar{u}\bar{w})}{\partial z}\right\}dV}_{\text{② 移流項}}$$

$$= \underbrace{\int_V \rho\bar{u}f_x dV}_{\text{③ 質量力項}} - \underbrace{\int_V \bar{u}\frac{\partial \bar{p}}{\partial x}dV}_{\text{④ 圧力項}} + \underbrace{\int_V \bar{u}\left(\frac{\partial \hat{\tau}_{xx}}{\partial x}+\frac{\partial \hat{\tau}_{yx}}{\partial y}+\frac{\partial \hat{\tau}_{zx}}{\partial z}\right)dV}_{\text{⑤ 粘性項}} \tag{5.134}$$

$x$ 方向の 1 次元流れでは，式 (5.124) および式 (5.125) が成り立つ。また，対象とする領域 $V$ 内において断面変化が緩やかなので，微小区間 $dx$ の体積は $V = Adx$ と表せ，$dV = dAdx$ と扱える。これらを用いて式 (5.134) の各項を計算する。

まず，① 非定常項について，式 (5.123) の断面平均流速 $v$ を用いて表示すればつぎのようになる。

① 非定常項

$$= \int_V \frac{\partial}{\partial t}\left(\frac{\rho\bar{u}^2}{2}\right)dV = \int_x \frac{\partial}{\partial t}\left(\frac{\rho}{2}\int_A \bar{u}^2 dA\right)dx = \int_x \rho gQ\frac{\beta}{g}\frac{\partial v}{\partial t}dx \tag{5.135}$$

ここに，$\beta$ は流速分布 $\bar{u}$ を断面平均流速 $v$ に置き換えるために導入したパラメーターであり，次式で定義される。

$$\beta = \frac{1}{A}\int_A \left(\frac{\bar{u}}{v}\right)^2 dA \tag{5.136}$$

$\beta$ を**運動量補正係数**という。

② 移流項については，式 (5.71) の連続式と式 (5.124) および式 (5.125) の関係を適用することにより，つぎのように求められる。

② 移流項

$$= \int_V \rho\bar{u}\left\{\left(\bar{u}\frac{\partial \bar{u}}{\partial x}+\bar{v}\frac{\partial \bar{u}}{\partial y}+\bar{w}\frac{\partial \bar{u}}{\partial z}\right)+\bar{u}\left(\frac{\partial \bar{u}}{\partial x}+\frac{\partial \bar{v}}{\partial y}+\frac{\partial \bar{w}}{\partial z}\right)\right\}dV$$

$$= \int_A \int_x \bar{u}\frac{\partial}{\partial x}\left(\frac{\rho\bar{u}^2}{2}\right)dxdA = \frac{\rho}{2}\int_A \bar{u}^3 dA = \rho gQ\frac{\alpha v^2}{2g} \tag{5.137}$$

ここに，$\alpha$ は，$\beta$ と同様に $\bar{u}$ を $v$ に置き換えるために導入され，**エネルギー補正係数**と呼ばれる。

$$\alpha = \frac{1}{A}\int_A \left(\frac{\bar{u}}{v}\right)^3 dA \tag{5.138}$$

③ 質量力項については，質量力 $f_x$ が力のポテンシャル $\Omega$ を用いて式（2.22）および式（2.24）で表されるため，式（5.137）の導出と同様にして，次式となる。

③ 質量力項

$$= \int_V \rho \bar{u}\left(-\frac{\partial \Omega}{\partial x}\right)dV = \int_A \int_x \bar{u}\frac{\partial}{\partial x}(\rho\Omega)dxdA = \rho gz\int_A \bar{u}\,dA = \rho gQz \tag{5.139}$$

④ 圧力項も，式（5.137）や式（5.139）と同様に計算すれば，次式で表される。

④ 圧力項

$$= \int_A \int_x \bar{u}\frac{\partial \bar{p}}{\partial x}dxdA = \rho gQ\frac{\bar{p}}{\rho g} \tag{5.140}$$

式（5.125）および式（5.131）より $\hat{\tau}_{xx}=0$ となるため，⑤ 粘性項はつぎのように表せる。

⑤ 粘性項

$$= \underbrace{\int_A \bar{u}\hat{\tau}_{yx}\cos(y,\boldsymbol{n})dA}_{※1} - \int_V \hat{\tau}_{yx}\frac{\partial \bar{u}}{\partial y}dV + \underbrace{\int_A \bar{u}\hat{\tau}_{zx}\cos(z,\boldsymbol{n})dA}_{※2} - \int_V \hat{\tau}_{zx}\frac{\partial \bar{u}}{\partial z}dV \tag{5.141}$$

上式の第1項および第3項の※印部分は，図5.21に示す領域の各面について考えることにより，つぎのようにゼロとなる。

※1+※2

$$= \int_{A_1} \bar{u}\{\underbrace{\hat{\tau}_{yx}\cos(y,\boldsymbol{n})}_{=0} + \underbrace{\hat{\tau}_{zx}\cos(z,\boldsymbol{n})}_{=0}\}dA$$

$$+ \int_{A_2} \bar{u}\{\underbrace{\hat{\tau}_{yx}\cos(y,\boldsymbol{n})}_{=0} + \underbrace{\hat{\tau}_{zx}\cos(z,\boldsymbol{n})}_{=0}\}dA$$

$$+ \int_{A_3} \bar{u}\{\underbrace{\hat{\tau}_{yx}\cos(y,\boldsymbol{n})}_{=0} + \hat{\tau}_{zx}\cos(z,\boldsymbol{n})\}dA$$

$$+ \int_{A_4} \bar{u}\{\underbrace{\hat{\tau}_{yx}\cos(y,\boldsymbol{n})}_{=0} + \underbrace{\hat{\tau}_{zx}\cos(z,\boldsymbol{n})}_{=0}\}dA = 0 \tag{5.142}$$

これより，⑤ 粘性項は式（5.132）と式（5.133）を用いて整理すれば，次式となる。

⑤ 粘性項

$$= -\int_V \left(\hat{\tau}_{yx}\frac{\partial \bar{u}}{\partial y}dV + \hat{\tau}_{zx}\frac{\partial \bar{u}}{\partial z}\right)dV$$

$$= -\int_V \rho(\nu+\varepsilon)\left\{\left(\frac{\partial \bar{u}}{\partial y}\right)^2 + \left(\frac{\partial \bar{u}}{\partial z}\right)^2\right\}dV = -\int_V \Phi_l dV \tag{5.143}$$

ここに，$\Phi_l$ は $[\mathrm{ML^{-1}T^{-3}}]$ の次元を持ち，粘性による単位時間・単位体積当りのエネルギー散逸量を表す関数であり，**エネルギー散逸関数**（dissipation function）と呼ばれる。

$$\Phi_l = \rho(\nu+\varepsilon)\left\{\left(\frac{\partial \bar{u}}{\partial y}\right)^2 + \left(\frac{\partial \bar{u}}{\partial z}\right)^2\right\} \tag{5.144}$$

$\Phi_l$ を領域の体積 $V$ で積分した値は単位時間でのエネルギー散逸量となるので,これを $\rho g Q$ で除して水頭換算すれば,次式のエネルギー損失水頭 $h_l$ を定義できる.

$$h_l = \frac{1}{\rho g Q} \int_V \Phi_l dV \tag{5.145}$$

式 (5.145) を式 (5.143) に適用すれば,⑤粘性項はつぎのように表せる.

$$⑤粘性項 = -\rho g Q h_l \tag{5.146}$$

式 (5.135),式 (5.137),式 (5.139),式 (5.140) および式 (5.146) を式 (5.134) に適用し,両辺を $x$ で微分して整理すると,次式を得る.

$$\frac{\beta}{g}\frac{\partial v}{\partial t} + \frac{\partial}{\partial x}\left(\frac{\alpha v^2}{2g} + z + \frac{\bar{p}}{\rho g}\right) + \frac{\partial h_l}{\partial x} = 0 \tag{5.147}$$

上式が非定常な管路流れや開水路流れでの運動方程式となる.エネルギー補正係数 $\alpha$ と運動量補正係数 $\beta$ は,通常,どちらも 1 と扱え,エネルギー損失を伴わない定常流では,式 (5.147) は式 (2.53) のベルヌーイの定理に一致する.

## 演 習 問 題

**【5.1】** 内径 $d=10\,\mathrm{cm}$ の円管内を流量 $Q=0.5\,\ell/\mathrm{s}$ の水が流れている.この場合の流れは層流と乱流のどちらになるか.ただし,水の動粘性係数は $0.01\,\mathrm{cm}^2/\mathrm{s}$ とする.

**【5.2】** 半径 $r$ の円管内を満管状態で水が平均流速 $U$ で流れている.このとき,10 m の区間の壁から水が受ける抵抗力を求めよ.ただし,水の動粘性係数を $\nu=0.01\,\mathrm{cm}^2/\mathrm{s}$,$r=2\,\mathrm{cm}$,$U=4\,\mathrm{cm/s}$ とする.

**【5.3】** 図 5.14 のように,幅が十分広く一様な水路床勾配(水平面からの傾斜角 $\theta$)の矩形断面水路を密度 $\rho$,動粘性係数 $\nu$ の水が定常な層流状態で流れている.流下方向($x$ 方向)に流速 $u$ および水深 $h$ は一定であり,水路横断方向($y$ 方向)に流れは一様で,$y$ 方向の流速成分はないとする.このとき,流速分布 $u(z)$,最大流速(水表面流速)$u_s$,断面平均流速 $u_m$,単位幅流量 $q$ およびせん断応力 $\tau$ が式 (5.55)~式 (5.59) で表されることを示せ.

**【5.4】** 円管内乱流における混合距離を

$$l = \kappa y \sqrt{1 - (y/a)} \tag{5.148}$$

と仮定すれば,対数分布則が得られることを示せ.ここに,$\kappa$ はカルマン定数,$y$ は管壁からの距離,$a$ は管の半径である.

**【5.5】** 内径 $D=2\,\mathrm{m}$ の円管内を水が乱流状態で流れている.管壁から $y$($\delta_s < y < D/2$,$\delta_s$:粘性底層の厚さ)の距離における流速が近似的に

$$u(y) = 10 + 0.8 \ln y \quad (\mathrm{m},\ \mathrm{s}\ 単位) \tag{5.149}$$

であったとする.管壁から $1/3\,\mathrm{m}$ の点での流体のせん断応力が 103 Pa のとき,渦動粘性係数,混合距離およびカルマン定数を求めよ.

**【5.6】** 動水勾配 $I=1/1\,500$,内径 $D=2\,\mathrm{cm}$ の滑らかなビニール管に水が流れているとき,粘性底層の厚さ $\delta_s$,および平均流速 $U$ を求めよ.

## 【応用編】

# 6 管路の定常流
## 管路流れの性質と解析法を理解する

### 確認クイズ

6.1 管路と開水路の流れの本質的な違いはなにか。

6.2 「管路流れの圧力は静水圧分布となる」は正しいか。

6.3 管路の定常流における連続式を記せ。

6.4 完全流体と粘性流体の管路流れにおけるエネルギー勾配の違いはなにか。

6.5 エネルギー線と動水勾配線の高さの差はなにに相当するか。

6.6 直径 $D$ の円管の径深 $R$ はどのように表せるか。

6.7 ダルシー・ワイズバッハの式はなにを求める式か。

6.8 「損失水頭は速度水頭に比例する」は正しいか。

6.9 損失水頭の種類を列挙せよ。

6.10 管路における形状損失が生じる原因はなにか。

6.11 シェジーの平均流速公式を記せ。

6.12 マニングの平均流速公式を記せ。

6.13 マニングの平均流速公式を使うときの注意点はなにか。

6.14 「管壁のマニングの粗度係数はおよそ 0.01 程度である」は正しいか。

6.15 「動水勾配線の高さは流下方向に減少する」は正しいか。

6.16 管路流れにおける流出損失係数の値はいくらか。

6.17 「急拡損失による損失水頭は,急拡前の速度水頭に比例する」は正しいか。

6.18 「急縮損失による損失水頭は,急縮後の速度水頭に比例する」は正しいか。

6.19 ハーディ・クロス法は,どのような管路の近似計算法か。

## 6.1 管路流れの基礎式

　管路流れとは，管路の中が流体で満たされ自由水面がない状態の流れのことである。自由水面を持つ流れは開水路流れと呼ばれる。管路の中を流れる流れでも，自由水面を持つ流れは開水路として取り扱われる。管路流れでは，重力と圧力が流れの駆動力となる。代表的な管路流れとしては給水管，配水管の流れや水力発電所の水圧管の流れが挙げられる。

　**図 6.1** に管路と開水路の例を示す。流体が水路の内壁と接している長さを潤辺と呼ぶ。管の内径 $D$ の円管路では，潤辺 $S$ は内壁の周長 $(S=\pi D)$，断面積 $A$ は円管の面積 $(A=\pi D^2/4)$ となる。一方，開水路では，断面の周長より大気と接している自由水面を除いた長さが潤辺となる。

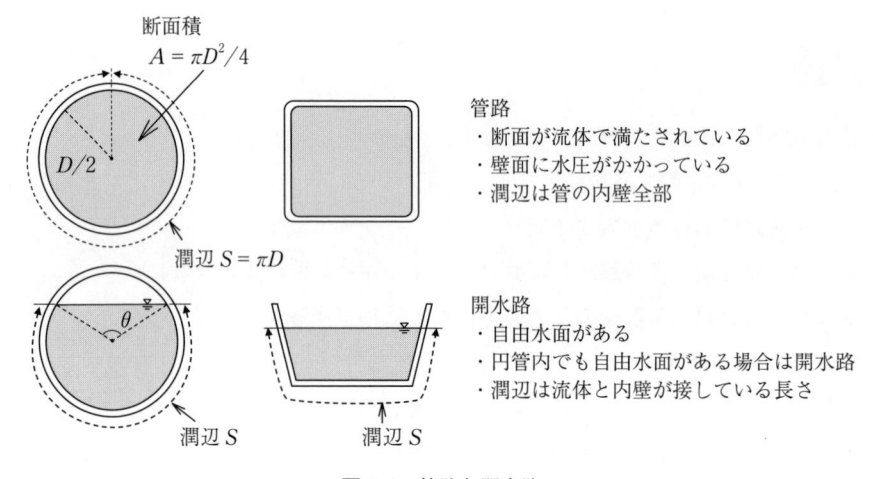

**図 6.1** 管路と開水路

　管路には，断面積が変化しない直線管路のほかに，屈曲部や断面が変化する部分を持つ管路が存在するが，屈曲部や急激に断面が変化する部分に発生する渦によるエネルギー損失などの非常に微細な部分を考慮する以外は，一般的には管路の流下方向に軸をとった 1 次元として解析される。

　管路流れの連続式は，1 次元流れの連続式（式 (5.130)，式 (5.122)）である。

$$\frac{\partial A}{\partial t}+\frac{\partial Q}{\partial x}=0 \tag{5.130}$$

$$Q=\int_A \bar{u}\,dA \tag{5.122}$$

　一般的な管路流れでは，時間的に断面積が変化しない $(\partial A/\partial t=0)$ ため，次式を連続式として用いる。

$$\frac{\partial Q}{\partial x}=0 \tag{6.1}$$

両辺を積分すると式 (6.1) は次式のように書き換えられる。

$$Q = vA = 一定 \tag{6.2}$$

ここに，$v$ は断面平均流速である。5章までは $v$ を $y$ 方向の流速成分としておもに用いてきたが，6章以降ではおもに断面平均流速を表す。管路流れの運動方程式には，5.5.3項で導いた1次元流れの運動方程式である式（5.147）が用いられる。

$$\frac{\beta}{g}\frac{\partial v}{\partial t} + \frac{\partial}{\partial x}\left(\frac{\alpha v^2}{2g} + z + \frac{\bar{p}}{\rho g}\right) + \frac{\partial h_l}{\partial x} = 0 \tag{5.147}$$

一般の管路流れのほとんどは乱流であるため，$\bar{p}$ を単に $p$ として扱い，エネルギー補正係数 $\alpha$，運動量補正係数 $\beta$ は，$\alpha = \beta = 1$ として，次式を運動方程式として用いる。

$$\frac{1}{g}\frac{\partial v}{\partial t} + \frac{\partial}{\partial x}\left(\frac{v^2}{2g} + z + \frac{p}{\rho g}\right) + \frac{\partial h_l}{\partial x} = 0 \tag{6.3}$$

定常流の場合には，非定常項 $\partial v/\partial t$ を 0 とおいた次式を運動方程式として用いる。

$$\frac{\partial}{\partial x}\left(\frac{v^2}{2g} + z + \frac{p}{\rho g}\right) + \frac{\partial h_l}{\partial x} = 0 \tag{6.4}$$

両辺を積分すると式（6.4）は次式のように書き換えられる。これはすなわち，拡張されたベルヌーイの定理と同じである。

$$\frac{v^2}{2g} + z + \frac{p}{\rho g} + h_l = 一定 \tag{6.5}$$

---

**コラム　水理学と水力学の違い**

どちらも hydraulics と呼ばれる。基本的には同じ学問である。水理学という言葉は土木工学や農業工学で用いられ，水力学は機械工学で用いられると考えてよい。大学のカリキュラムでもそれぞれの学科で，科目名が異なる。前者では水理学，後者では水力学を使っている。

土木工学や農業工学では，河川，運河や農業用水路といった開水路を取り扱うといえばわかりやすいであろう。一方，機械工学では，工場やプラントの中での配水システム，すなわち管路や管路網を扱うことが多い。

土木工学では，開水路水理学，海岸水理学，土砂水理学という言葉を多用する。すなわち，屋外でのオープンスペースでの水の流体としての挙動を扱う場合に水理学という言葉が用いられている。もちろん，土木の中でも上水道などの配水システムの場合には管路の水理学を用いる。

機械工学では，熱水や水以外の流体を扱うことも少なくない。管路中の熱エネルギーや化学的な要素も水力学では相対的に重要である。船舶などを取り扱う場合は，開水面や静水圧も取り扱う。航空機や自動車の場合は，水よりも空気の流れが重要になるので，さらに一般的な流体力学（fluid dynamics あるいは fluid mechanics）が用いられる。水の場合は，これにならって hydrodynamics という用語も近年ではよく使われる。

## 6.2 エネルギー損失

### 6.2.1 損失水頭とエネルギー勾配

完全流体ではエネルギーの損失がないため，速度水頭，位置水頭，圧力水頭の合計である全水頭はどの断面でも変化がなく一定である．しかし，粘性流体が管路の中を流れると摩擦などによるエネルギー損失が生じる．このエネルギー損失が損失水頭である．

図 6.2 のような管路の流れを考える．断面Ⅰ，Ⅱ間での全水頭の差が断面Ⅰ，Ⅱ間の損失水頭 $h_l$ である．

$$h_l = H_1 - H_2 = \left(\frac{v_1^2}{2g} + z_1 + \frac{p_1}{\rho g}\right) - \left(\frac{v_2^2}{2g} + z_2 + \frac{p_2}{\rho g}\right) \tag{6.6}$$

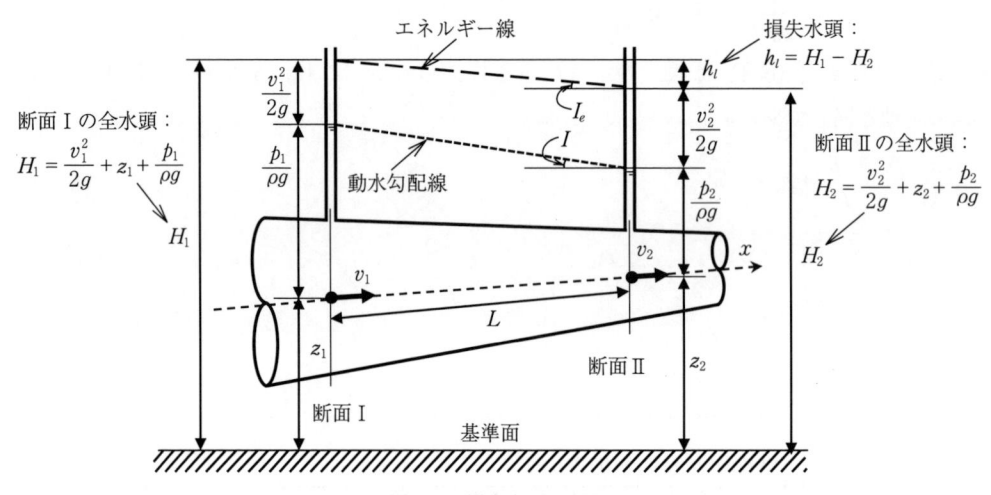

**図 6.2** 損失水頭の説明

断面Ⅰと断面Ⅱの全水頭をつなげた線をエネルギー線と呼ぶ．エネルギー線の勾配は**エネルギー勾配**（energy gradient）と呼ばれる．エネルギー勾配 $I_e$ は流下方向に $x$ 軸をとると，つぎのような微分形式で表すことができる．

$$I_e = -\frac{dH}{dx} = \frac{H_1 - H_2}{L} = \frac{dh_l}{dx} \tag{6.7}$$

ここに，$dh_l/dx$ は**損失勾配**である．一方，動水勾配 $I$ は次式で表される．

$$I = \frac{1}{L}\left\{\left(z_1 + \frac{p_1}{\rho g}\right) - \left(z_2 + \frac{p_2}{\rho g}\right)\right\} = -\frac{d}{dx}\left(z + \frac{p}{\rho g}\right) \tag{6.8}$$

したがって，エネルギー勾配は動水勾配に速度水頭の勾配 $(-d(v^2/2g)/dx)$ を加えたものであることがわかる．

$$I_e = I - \frac{d}{dx}\left(\frac{v^2}{2g}\right) \tag{6.9}$$

断面が変化しない管路では、速度水頭勾配はゼロであるため、動水勾配とエネルギー勾配は同じ傾きとなる。

### 6.2.2 摩擦損失

粘性流体が管路の中を流れると壁面と水粒子の摩擦により熱エネルギーが発生し、それによるエネルギー損失が生じる。この摩擦によるエネルギー損失を**摩擦損失水頭**（friction head）$h_f$ と呼ぶ。摩擦によるエネルギー損失は、管路の長さ、壁面の抵抗、流れの運動エネルギー（速度水頭 $v^2/2g$）に比例するため、摩擦損失水頭は、次式のような**ダルシー・ワイズバッハの式**（Darcy-Weisbach's equation）で表される。

$$h_f = f' \frac{L}{R} \frac{v^2}{2g} \tag{6.10}$$

ここに、$R$ は径深、$L$ は管路長、$v$ は断面平均流速である。$f'$ は**摩擦損失係数**（friction loss coefficient）と呼ばれる無次元の定数である。円管路では、潤辺 $S$ は円管の周長であるため、径深 $R$ は次式のように表される。

$$R = \frac{A}{S} = \frac{D}{4} \tag{6.11}$$

この関係式を用いて、円管路における摩擦損失水頭は、次式のように表される。

$$h_f = f \frac{L}{D} \frac{v^2}{2g} \tag{6.12}$$

ただし、$f$ は円管路における摩擦損失係数（$f = 4f'$）である。摩擦によるエネルギー損失は、式 (6.10) や式 (6.12) のように、速度水頭に比例する。

---

**例題 6.1** ダルシー・ワイズバッハの式の導出

図 6.3 のような水平に設置された管径 $D$ の円管路におけるピエゾ管の水位差 $\Delta h$ が式 (6.12) における $h_f$ に一致することを示せ。

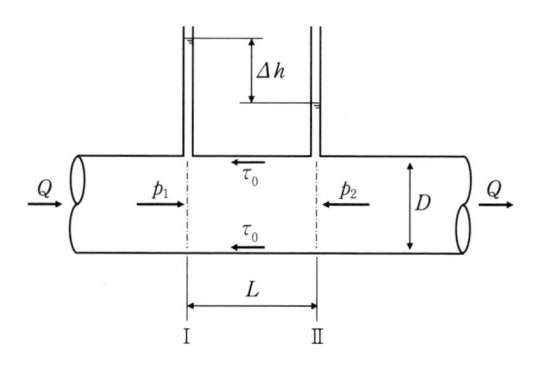

**図 6.3** ダルシー・ワイズバッハの式の説明

【解　答】

図6.3の断面Ⅰ，Ⅱ間でベルヌーイの定理を適用すると，つぎのような式が成り立つ。

$$\frac{v_1^2}{2g} + z_1 + \frac{p_1}{\rho g} = \frac{v_2^2}{2g} + z_2 + \frac{p_2}{\rho g} + \Delta h \tag{6.13}$$

管路の断面積変化がなく，水平に設定されていることから水位差$\Delta h$は，次式のように圧力水頭の差として表される。

$$\Delta h = \frac{p_1 - p_2}{\rho g} \tag{6.14}$$

ここに，$\rho$は流体の密度である。断面Ⅰ，Ⅱの間で運動量は変化しないため，運動量方程式はつぎのように表される。

$$0 = \frac{\pi D^2}{4} p_1 - \frac{\pi D^2}{4} p_2 - \pi D L \tau_0 \tag{6.15}$$

ここに，$\tau_0$は壁面に作用する摩擦応力，$L$は断面Ⅰ，Ⅱ間の距離である。一方，摩擦応力$\tau_0$は，一般に次式で表される。

$$\tau_0 = \frac{1}{8} f \rho v^2 \tag{6.16}$$

式（6.14）〜式（6.16）を合わせると，つぎのような式が得られる。

$$\frac{1}{8} f \rho v^2 = \frac{\rho g D \Delta h}{4L} \tag{6.17}$$

式（6.17）を整理すると次式のようなダルシー・ワイズバッハの式が得られる。

$$\Delta h = f \frac{L}{D} \frac{v^2}{2g} \tag{6.18}$$

---

### 6.2.3　形状損失

管路流れでは摩擦以外にも曲り，断面変化などの管路の形状による損失が発生する。管路の形状変化によるエネルギー損失を**形状損失**（shape loss）と呼ぶ。以下に形状損失の例を解説する。

#### 〔1〕 流入による損失

水槽などから管路に流入する際，管路入口で流れはいったん収縮し，ついで管全体に広がる。そのため，流入部で渦が発生し，エネルギーが消費される。流入損失水頭$h_e$は，次式で表される。

$$h_e = f_e \frac{v^2}{2g} \tag{6.19}$$

ここに，$f_e$は流入損失係数である。流入損失係数は，**図6.4**に示すように入口の形によって異なる。これらの値は実験によって確かめられている。

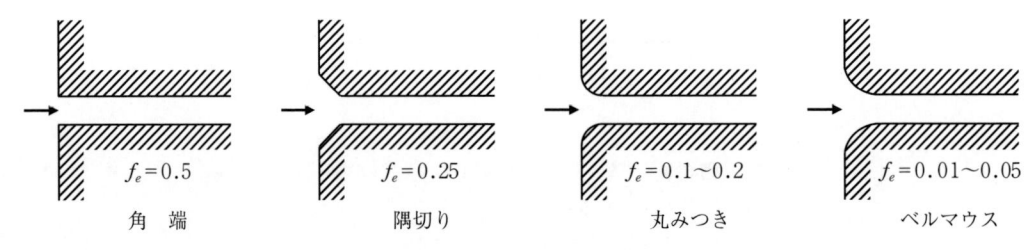

| $f_e = 0.5$ | $f_e = 0.25$ | $f_e = 0.1 \sim 0.2$ | $f_e = 0.01 \sim 0.05$ |
| :---: | :---: | :---: | :---: |
| 角　端 | 隅切り | 丸みつき | ベルマウス |

**図6.4**　流入損失係数の例

〔2〕 流出による損失

管路から水槽へ流出した際，水槽の水と衝突して渦を生じる。速度水頭分の運動エネルギーは渦のエネルギーに変化し消失する。流出損失水頭 $h_o$ は，次式で表される。

$$h_o = f_o \frac{v^2}{2g} \tag{6.20}$$

ここに $f_o$ は流出損失係数であり，$f_o = 1.0$ である。

〔3〕 曲り・屈折による損失

管路の曲り，屈折などの方向が変化する部分でもエネルギー損失が生じる。管路が滑らかに曲がっている部分では，管路の曲りによる損失と曲線部の距離に応じた摩擦損失が発生する。また，屈折の場合には屈折部分で渦が発生し，エネルギー損失が生じる。曲り・屈折損失水頭 $h_b$ は次式で表される。

$$h_b = f_b \frac{v^2}{2g} \tag{6.21}$$

ここに，$f_b$ は曲り・屈折損失係数[†]である。

〔4〕 断面変化による損失

管路の断面が大きく変化する際，変化部分で渦が発生しエネルギー損失が生じる。断面変化による損失には，急拡による損失と急縮による損失が挙げられる。

**a）急拡による損失：** 図 6.5 のように断面が急激に拡大する管路では，断面急拡部の剥離渦によりエネルギー損失が生じる。急拡損失水頭 $h_{se}$ は次式で表される。

$$h_{se} = f_{se} \frac{v_1^2}{2g} \tag{6.24}$$

ここに，$f_{se}$ は急拡損失係数，$v_1$ は断面急拡前の流速である。

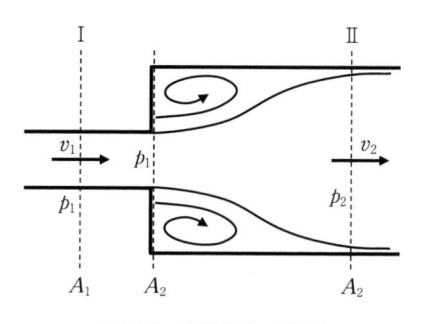

図 6.5 急拡損失の説明

---

[†] 曲り・屈折損失係数の実用公式
曲り損失係数は，例えば曲り角度 $\theta$ に対し，つぎのような実験式が提案されている。

$$f_b = f_{b1} f_{b2} \tag{6.22}$$

　　$f_{b1}$：$\theta = 90°$ のときの損失係数（$R/D$ によって決まる）
　　$f_{b2}$：$\theta$ によって決まる係数

一方，屈折損失係数 $f_{be}$ は，屈折角度 $\theta$ に関して，つぎのような実験式が提案されている。

$$f_{be} = 0.946 \sin^2 \frac{\theta}{2} + 2.05 \sin^4 \frac{\theta}{2} \tag{6.23}$$

図 6.5 の断面 I, II で連続式を考えると次式のようになる.

$$v_1 A_1 = v_2 A_2 = Q \tag{6.25}$$

ここに, $v_1$, $v_2$ は急拡前後の断面平均流速, $A_1$, $A_2$ は急拡前後の断面積である. また, 運動量方程式は次式のように表される.

$$\rho Q v_2 - \rho Q v_1 = p_1 A_2 - p_2 A_2 \tag{6.26}$$

ここに, $p_1$, $p_2$ は急拡前後の圧力である. 式 (6.25), 式 (6.26) を整理すると, 断面 I, II における圧力変化は次式で表される.

$$p_1 - p_2 = \rho \left( \frac{A_1^2}{A_2^2} - \frac{A_1}{A_2} \right) v_1^2 \tag{6.27}$$

断面 I, II 間のエネルギー損失は, 次式で表される.

$$h_{se} = \left( \frac{v_1^2}{2g} + \frac{p_1}{\rho g} \right) - \left( \frac{v_2^2}{2g} + \frac{p_2}{\rho g} \right) \tag{6.28}$$

式 (6.28) に式 (6.25), 式 (6.27) を代入して整理すると次式が得られる.

$$h_{se} = \left( 1 - \frac{A_1}{A_2} \right)^2 \frac{v_1^2}{2g} \tag{6.29}$$

したがって, 急拡損失係数 $f_{se}$ は, 断面 I, II の断面積 $A_1$, $A_2$ を用いて次式のように表される.

$$f_{se} = \left( 1 - \frac{A_1}{A_2} \right)^2 \tag{6.30}$$

また, 断面 I, II の管径 $D_1$, $D_2$ の円管路の場合, $f_{se}$ は次式で表される.

$$f_{se} = \left\{ 1 - \left( \frac{D_1}{D_2} \right)^2 \right\}^2 \tag{6.31}$$

**b) 急縮による損失:** 断面の急縮による損失では, 図 6.6 に示すように急縮に伴う縮流によって断面積が $C_c A_2$ まで縮小し, その後 $A_2$ まで回復する過程で渦が発生し, エネルギー損失が生じる. 急縮損失水頭 $h_{sc}$ は, 急縮後の流速を $v_2$ として, 次式で表される.

$$h_{sc} = f_{sc} \frac{v_2^2}{2g} \tag{6.32}$$

ここに, $f_{sc}$ は急縮損失係数であり, 縮流係数 $C_c$ を用いて次式で表される.

$$f_{sc} = \left( \frac{1}{C_c} - 1 \right)^2 \tag{6.33}$$

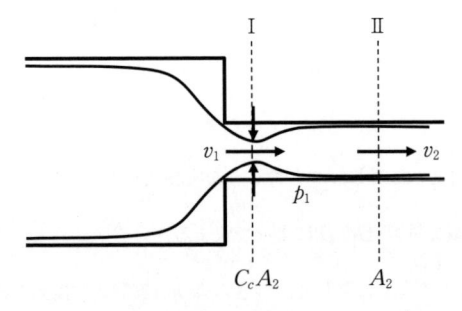

図 6.6 急縮損失の説明

### 例題 6.2　急縮損失係数の導出

急縮部では縮流により断面積が $C_c A_2$ となる。急拡損失係数の導出を参考に，急縮損失係数（式 (6.33)）を導け。

【解　答】

図 6.6 の断面 I が急拡前，断面 II が急拡後の断面と考える。断面 I の急縮部分の断面積 $A_1 = C_c A_2$ であるため，断面 I，II 間の連続式 $v_1 C_c A_2 = v_2 A_2$ より，次式が成り立つ。

$$v_1 = \frac{1}{C_c} v_2 \tag{6.34}$$

式 (6.34) と $A_1 = C_c A_2$ を式 (6.29) に代入するとつぎの急縮損失水頭の式が得られる。

$$h_{sc} = \left(1 - \frac{A_1}{A_2}\right)^2 \frac{v_1^2}{2g} = \left(1 - \frac{C_c A_2}{A_2}\right)^2 \frac{1}{2g}\left(\frac{1}{C_c} v_2\right)^2$$

$$= \left(\frac{1}{C_c} - 1\right)^2 \frac{v_2^2}{2g} = f_{sc} \frac{v_2^2}{2g} \tag{6.35}$$

したがって，$f_{sc} = (1/C_c - 1)^2$ となり，式 (6.33) が導かれる。

〔5〕　弁による損失

弁（バルブ）は管路の途中に設置され，流量調節に用いられる。弁（バルブ）損失水頭 $h_v$ は，次式で表される。

$$h_v = f_v \frac{v^2}{2g} \tag{6.36}$$

ここに，$f_v$ は弁損失係数（バルブ損失係数）[†] である。

#### 6.2.4　平均流速公式

ダルシー・ワイズバッハの式（式 (6.10)）を変形すると，つぎのような式が得られる。

$$v = \sqrt{\frac{2gR}{f'} \frac{h_f}{L}} \tag{6.37}$$

---

[†] 弁の種類とバルブ損失係数
　図 6.7 に示すように，コック，バタフライ弁のように弁が回転するバルブではバルブ損失係数 $f_v$ は弁の回転角度 $\theta$ に依存する。スルース弁では，弁の開放度 $S/D$ に $f_v$ は依存する。スルース弁は全開時の損失が少ない，バタフライ弁は大口径管用として安価，コックは急な開閉に適しているという特徴がある。

コック　　　　バタフライ弁　　　　スルース弁

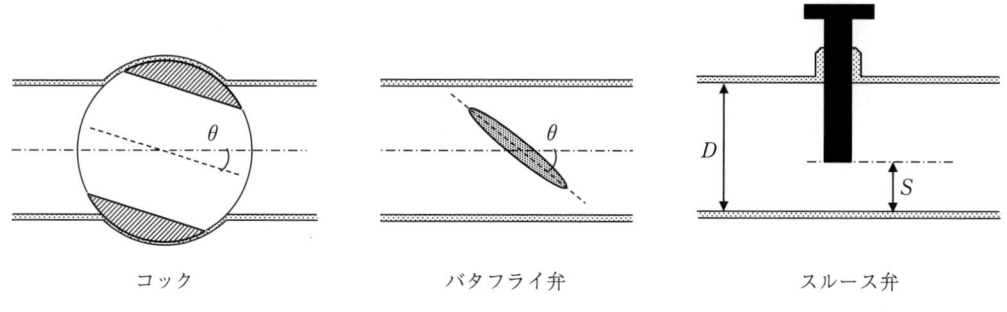

図 6.7　バルブの種類

$h_f/L$ は，距離 $L$ 間での損失水頭の変化であり，エネルギー勾配に等しい。ここで断面形状が変化しない管路流れを仮定すると，速度水頭が変化しないため動水勾配とエネルギー勾配は等しい。したがって，動水勾配 $I$ を用いて式（6.37）は次式のように表される。

$$v = \sqrt{\frac{2g}{f'}}\sqrt{RI} \tag{6.38}$$

式（6.38）は，流速が動水勾配の1/2乗に比例することを示している。この関係を利用し，以下のような経験的に導かれた平均流速公式が用いられることが多い。

$$v = C\sqrt{RI} \quad :\text{シェジーの平均流速公式}（\text{Chezy's equation}） \tag{6.39}$$

$$v = \frac{1}{n}R^{2/3}I^{1/2} \quad :\text{マニングの平均流速公式}（\text{Manning's equation}（\text{m，s 単位系}）） \tag{6.40}$$

ここに，$C$ は**シェジー係数**（Chezy's coefficient）である。また，$n$ は**マニングの粗度係数**（Manning's roughness coefficient）と呼ばれ，代表的な管路に対して，**表6.1**のような数値が提案されている。式（6.40）は取扱いが簡単であり，開水路，管路の平均流速公式として日本では一番よく用いられている。ただし，$n$ は $\mathrm{m}^{-1/3} \cdot \mathrm{s}$ の単位を持つため，式（6.40）もmとsを用いて表記されることに注意する必要がある。

表6.1 代表的な管路に関するマニングの粗度係数

| 壁面の種類 | $n[\mathrm{m}^{-1/3}\cdot\mathrm{s}]$ |
|---|---|
| 塩化ビニル管 | ～0.0098 |
| 新しい鋳鉄管 | 0.0104～0.0117 |
| 古い鋳鉄管 | 0.0126～0.0158 |
| 滑らかなコンクリート管 | 0.0099～0.0102 |
| 粗いコンクリート管 | 0.0114～0.0119 |

［水理委員会，水理公式集改訂委員会編：水理公式集（平成11年版），p.374の表4.3.1，表4.3.2をもとに作成。］

---

**例題6.3** シェジー係数，粗度係数と摩擦損失係数の関係

シェジー係数 $C$，マニングの粗度係数 $n$ および一般断面水路のダルシー・ワイズバッハの式に用いられる摩擦損失係数 $f'$ の関係について考察せよ。

【解　答】

シェジー係数 $C$ と摩擦損失係数 $f'$ の関係は，式（6.39）より次式で表される。

$$C = \sqrt{\frac{2g}{f'}} \tag{6.41}$$

シェジー係数 $C$ とマニングの粗度係数 $n$ の関係は，式（6.39），式（6.40）より，次式で表される。

$$C = \frac{R^{1/6}}{n} \tag{6.42}$$

式（6.41），式（6.42）より，マニングの粗度係数 $n$ と摩擦損失係数 $f'$ の関係は，次式のように表される。

$$f' = \frac{2gn^2}{R^{1/3}} \tag{6.43}$$

> **水撃作用と音**
>
> 管路において，途中にバルブ（弁）があったり，末端にゲートがあったりして水量を調整することができる場合，急にそれらを閉じて流量を調整すると流速の低下に応じた圧力が発生する。この圧力変化が流路内の流れの逆方向に伝播する現象を**水撃作用**という。破壊力のある現象であるから，**ウォーターハンマー**とも呼ばれる。圧力差によって泡が発生したり消滅したりして空洞現象（キャビテーション）を引き起こす場合もある。いずれにせよ，水の圧縮性や管の弾性も大きな要因となる。
>
> バルブやゲートの閉鎖のほか，配管に水を満たす途中や，ポンプを急停止した場合にも発生する。水力発電所などで大量の水を流下させる場合には巨大な水撃作用となり配管，水理構造物のみならずそれを設置したコンクリートや基礎地盤までをも破壊するような大事故にもつながることがある。水に限らず，水蒸気などの気体を送る管の場合にも発生する。また，管路が金属製の場合は，カンカンという音が鳴り，騒音を引き起こす。スチームやセントラルヒーティングシステムを稼働するときにカンカンという音が天井裏から聞こえることを経験したことがあるのではないだろうか。蒸気管系で発生する現象は，**スチームハンマー**と呼ばれることもある。
>
> 水撃作用を起こさないような工夫としては，急激な水圧変化を起こさないような操作をすることや，圧力を吸収する水槽（**サージタンク**）を連結することなどがある。

したがって，シェジー係数 $C$ およびマニングの粗度係数 $n$ は，摩擦損失による抵抗を表す係数であるといえる。

## 6.3 管路流れの解析法

### 6.3.1 単線管路

端から端まで一本の管路で結んだものを単線管路という。二つの水槽の水位差は全損失水頭に等しい。全損失水頭は管路全体の摩擦損失と，管路の途中に存在する形状損失の総和で表すことができる。したがって，管路途中の摩擦損失水頭と形状損失水頭を考慮して管路流れの流速の算定ができる。以下，例題により代表的な解析法について説明する。

**例題 6.4　管径が一定の場合**

図 6.8 のように管径 $D$ の管路の両端に水槽が接続された単線管路がある。上流側，下流側の水槽の水位はそれぞれ $H_1$, $H_2$ である。区間 AB, BC, CD の距離をそれぞれ $L_1$, $L_2$, $L_3$, 流入損失係数，流出損失係数をそれぞれ $f_e$, $f_o$ とし，点 B，点 C の屈折損失係数を $f_b$, 摩擦損失係数を $f$ としたとき，流速 $v$ を示せ。

【解　答】

二つの水槽の水位差 $H_1 - H_2$ は，管路の途中に存在する形状損失と管路全体の摩擦損失の合計として次式のように表すことができる。

124    6. 管路の定常流

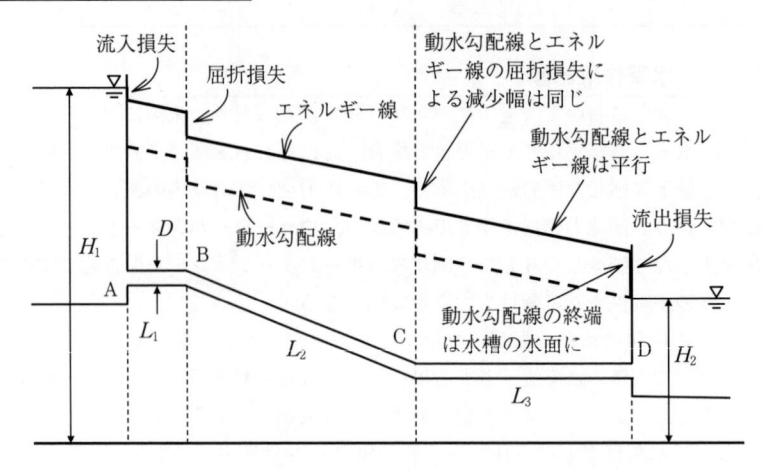

**図6.8** 管径一定の単線管路のエネルギー損失

$$H_1 - H_2 = \left(f_e + f_o + 2f_b + f\frac{L_1+L_2+L_3}{D}\right)\frac{v^2}{2g} \tag{6.44}$$

したがって，式 (6.44) を変形すると，流速 $v$ は次式で表される。

$$v = \sqrt{\frac{2g(H_1 - H_2)}{f_e + f_o + 2f_b + f\dfrac{L_1+L_2+L_3}{D}}} \tag{6.45}$$

エネルギー線は，形状損失が発生する箇所で各形状損失係数に従って垂直に減少する。摩擦損失が発生する管路の途中では，摩擦損失勾配に従って減少する。管路の出口では流出損失水頭により速度水頭と同等のエネルギー損失が発生し，最終的にエネルギー線は下流の水槽の水面に接続する。動水勾配線はエネルギー線より速度水頭分だけ下方から始まる。管径一定の場合，流速が変化しないためエネルギー線と動水勾配線は平行となる。

---

**例題 6.5** 管径が変化する場合

図 6.9 のような管径が変わる単線管路がある。上流側，下流側の水槽の水位はそれぞれ $H_1$, $H_2$ である。AB，BC，CD，DE，EF 間の距離をそれぞれ $L_1$, $L_2$, $L_3$, $L_4$, $L_5$ とし，AD 間および EF 間の管径を $D_1$，DE 間の管径を $D_2$ とする。流入損失係数，流出損失係数をそれぞれ $f_e$, $f_o$，点 B および点 C の屈折損失係数を $f_b$，摩擦損失係数を $f$ とし，点 D での急拡損失係数を $f_{se}$，点 E での急縮損失係数を $f_{sc}$ とする。管路を流れる流量 $Q$ を求めよ。

【解　答】

管径が変化する単線管路では，流速が変化することにより速度水頭が変化する。管径が変わる点 D と点 E では，それぞれ急拡損失と，急縮損失が発生する。AD 間および EF 間における管径，流速を $D_1, v_1$，DE 間における管径，流速を $D_2, v_2$ とすると，二つの水槽の水位差 $H_1 - H_2$ は次式で表される。

$$H_1 - H_2 = \left(f_e + f_o + 2f_b + f\frac{L_1+L_2+L_3+L_5}{D_1} + f_{se} + f_{sc}\right)\frac{v_1^2}{2g} + f\frac{L_4}{D_2}\frac{v_2^2}{2g} \tag{6.46}$$

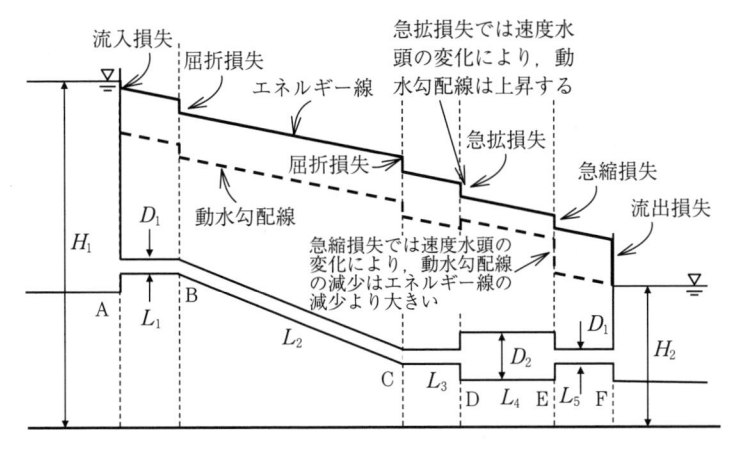

**図 6.9** 管径が変化する場合の単線管路のエネルギー損失

$v_2 = \left(\dfrac{D_1}{D_2}\right)^2 v_1$ を用いて整理すると，次式のようになる．

$$H_1 - H_2 = \left(f_e + f_o + 2f_b + f\dfrac{L_1+L_2+L_3+L_5}{D_1} + f_{se} + f_{sc} + f\dfrac{L_4}{D_2}\left(\dfrac{D_1}{D_2}\right)^4\right)\dfrac{v_1^2}{2g} \tag{6.47}$$

したがって，流速 $v_1$, $v_2$ は以下のように求められる．

$$v_1 = \sqrt{\dfrac{2g(H_1-H_2)}{f_e + f_o + 2f_b + f\dfrac{L_1+L_2+L_3+L_5}{D_1} + f_{se} + f_{sc} + f\dfrac{L_2}{D_2}\left(\dfrac{D_1}{D_2}\right)^4}} \tag{6.48}$$

$$v_2 = \sqrt{\dfrac{2g(H_1-H_2)}{\left(f_e + f_o + 2f_b + f\dfrac{L_1+L_2+L_3+L_5}{D_1} + f_{se} + f_{sc}\right)\left(\dfrac{D_2}{D_1}\right)^4 + f\dfrac{L_2}{D_2}}} \tag{6.49}$$

以上より，管路を流れる流量 $Q$ は，次式で表される．

$$Q = \dfrac{\pi D_1^2}{4}v_1 = \dfrac{\pi D_2^2}{4}v_2$$

$$= \dfrac{\pi}{2}\sqrt{\dfrac{g(H_1-H_2)}{\left(f_e + f_o + 2f_b + f\dfrac{L_1+L_2+L_3+L_5}{D_1} + f_{se} + f_{sc}\right)\left(\dfrac{1}{D_1}\right)^4 + f\dfrac{L_2}{D_2^5}}} \tag{6.50}$$

---

**例題 6.6  管路下端に水槽がない場合**

図 6.10 のように管路の下端が水槽に接続されておらず，大気中へ放出している単線管路を考える．上流側の水槽の水位を $H_1$，管路下端の流出口の高さを $H_2$ とする．管路長を $L$，管径を $D$，管路の摩擦損失係数を $f$，流入損失係数，流出損失係数をそれぞれ $f_e$, $f_o$ としたとき，この管路の流速 $v$ を求めよ．

【解　答】

管路の出口では圧力と大気圧が等しくなるため，管路出口におけるピエゾ水頭は位置水頭に等しくなる．すなわち動水勾配線の下端は，管路出口と同じ高さとなる．したがって，水槽の水位と管路下端の流出高の差 $H_1 - H_2$ は，管路の途中に存在する形状損失と管路全体の摩擦損失の合計として次式のように表

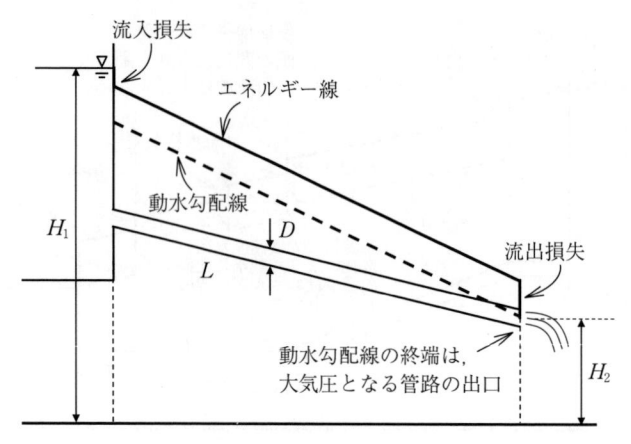

**図 6.10** 管路の一端が水槽に接続していない場合

すことができる。

$$H_1 - H_2 = \left(f_e + f_o + f\frac{L}{D}\right)\frac{v^2}{2g} \tag{6.51}$$

式 (6.51) より，流速 $v$ は次式のように表される。

$$v = \sqrt{\frac{2g(H_1 - H_2)}{f_e + f_o + f\frac{L}{D}}} \tag{6.52}$$

### 6.3.2 サイホン

障害物を避けて一部を高くした管路を**サイホン**（siphon）と呼ぶ。**図 6.11** のようなサイホンで動水勾配線を描くと，点 B は動水勾配線より上に位置する。このように動水勾配線より上に位置する管路ではピエゾ水頭より位置水頭が高く，圧力水頭は負となる。サイホンで流れが発生するのは，両端の水槽にかかる大気圧のためである。4.1 節で解説したように，点 B の圧力 $p_B$ は，ピエゾ水頭よりマイナス 1 気圧まで低くすることができる。したがって，4.1.2 項で述べたように，点 B の高さの理論値は $-10.350\,\mathrm{m}$ となり，実際には，キャビテーションの影響により，$p_B/\rho g = -8\,\mathrm{m}$ 程度となる。

### 6.3.3 水車とポンプ

上流から下流への水の落差，すなわち位置水頭を動力に変える装置を**水車**と呼ぶ。**図 6.12** のような点 C に水車が設置された管路を考える。水車によって得られるエネルギーである**有効落差**（net head）$H_n$ は，次式で表される。

$$H_n = H_g - (H_{l1} + H_{l2}) \tag{6.53}$$

ここに，$H_g$ は上流側と下流側の貯水池の水位差であり，**総落差**（gross head）と呼ばれる。$H_{l1}$ は点 A から水車のある点 C までの形状損失と摩擦損失の合計，$H_{l2}$ は点 C から点 D までの損失の合計である。水車は，$H_n$ に相当するエネルギーを仕事に変えて動力を発生する。理論上は以下の**理**

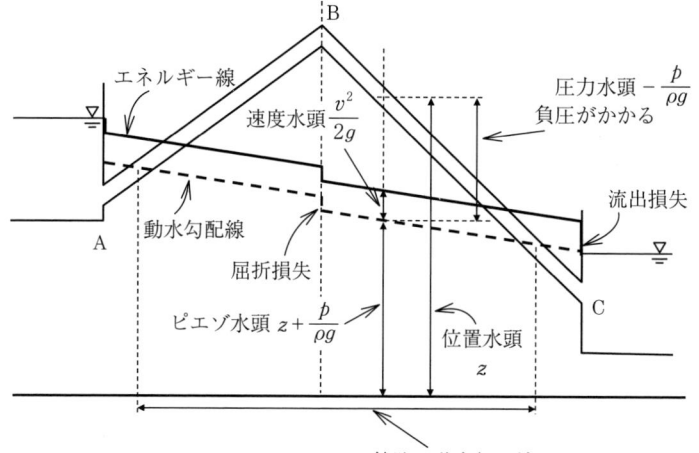

```
                                        B
                エネルギー線
                                        速度水頭 v²/2g              圧力水頭 -p/ρg
         ▽                                                          負圧がかかる

                        動水勾配線                              流出損失
              A                 屈折損失                                ▽
                        ピエゾ水頭 z + p/ρg      位置水頭           C
                                                    z

                        管路が動水勾配線より上にある区間では，
                        つねに負圧がかかっている
```

**図 6.11** サイホン

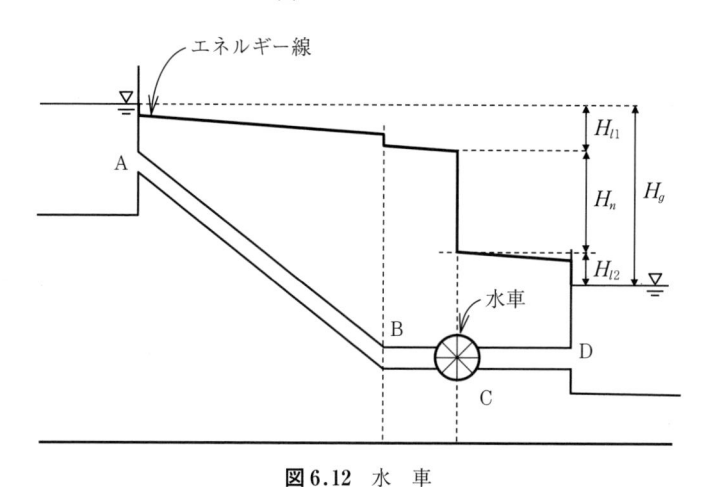

```
                エネルギー線
         ▽                                              H_l1
              A                                                    H_g
                                                    H_n
                                                              H_l2
                                            水車                  ▽
                        B                    D
                                C
```

**図 6.12** 水 車

論水力 (theoretical power) $P_t$ が得られる．

$$P_t = \rho g Q H_n \tag{6.54}$$

ここに，$\rho$ と $Q$ はそれぞれ水車を通過する流体の密度と流量（発電流量）である．水車による発電量 $P$ は，水車の効率 $\eta_T$ と発電機の効率 $\eta_G$ の効率を合わせた**総合効率**（combined efficiency）$\eta = \eta_T \eta_G$ を用いて，次式のように表される．

$$P = \rho g \eta Q H_n \tag{6.55}$$

一方，**図 6.13** のようにポンプを用いて上流側の貯水池へ水を持ち上げる**揚水**（pumping up）に必要とするエネルギーについては以下のように考える．ポンプが流体に加える全エネルギーは**全揚程**（total pump head）と呼ばれる．管路途中の損失水頭を考慮し，ポンプによって実際に持ち上げられる流体の水頭差，すなわち上下流貯水池の水位差は**実揚程**（actual pump head）と呼ばれる．全揚程と実揚程の関係は次式で表される．

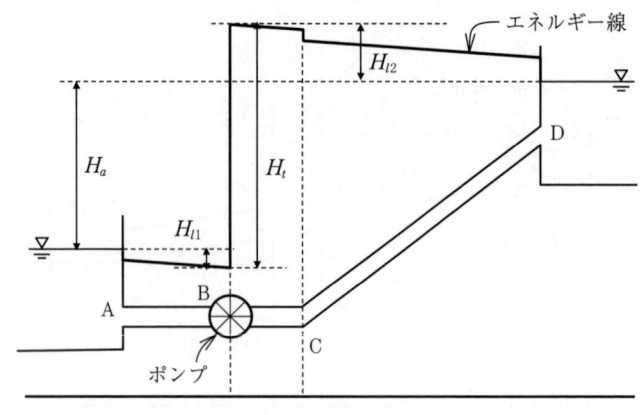

図 6.13 ポンプ

## サイホンが使われている実例

河川流域においては，サイホンの原理は，主として利水のために使われてきた。河川を越えて対岸に用水路を通して，灌漑水などを供給する場合が多い。

わが国最古のサイホンは，佐賀県伊万里市松浦町桃川にある馬頭サイホンで，成富兵庫茂安と中野神右衛門の設計・施工により 1611（慶長 16）年に完成した。その後，第三代加賀藩主前田利常が板屋兵四郎に設計させた辰巳用水は，地中を潜るさらに大規模なものである。

農業用水を地域に分配する場合に用いられる円筒分水（円形分水）は，サイホンによって水を持ち上げ，円筒外周部から水を越流，落下させ，一定比率で分配できる設備であり，各地において用いられている。

サイホンの本来の形態で川や障害物の上を交差する場合は「上越し」と呼ばれる。これは水理学上，高さに 8 m 程度という制限がある。一方，用水路が河川と交差して逆サイホン構造によって河底を横過する場合は「伏せ越し」という。また，川（谷）をまたぐ水道橋は，片側から対岸に逆サイホンで通水する。

いくつかの例を表 6.2 に示す。いずれも逆サイホンの形態である。

表 6.2　わが国におけるサイホンの実例

| 建設時期 | 名称 | 所在地 | サイホンの形態 | 備考 |
|---|---|---|---|---|
| 1611 年<br>1928 年改築 | 馬頭 | 佐賀県 | 湾曲する松浦川の上流部井堰から導水，湾曲後の松浦川の下を潜り桃川地区へ | 長さ約 50 m<br>大筒，小筒の二本で二地域へ |
| 1632 年 | 辰巳用水 | 石川県 | 兼六園から金沢城へ | 長さ 640 m |
| 1854 年 | 通潤橋 | 熊本県 | 白糸台地に水を供給する石造りのアーチ水路橋（水道橋） | 長さ 76 m |
| 1891 年 | 御坂サイホン橋 | 兵庫県 | 志染川の上に架けた眼鏡橋の上を通る淡河川疎水の一部として | サイホン橋は全長 54 m |
| 1933 年 | 吉田川 | 宮城県 | 鶴田川を吉田川の下に潜らせる | 長さ 200 m |
| 1937〜1939 年，1985 年 | 大熊川 | 新潟県 | 中江用水を大熊川の下に潜らせる | 二本のサイホン |

$$H_t = H_a + (H_{l1} + H_{l2}) \tag{6.56}$$

ここに，$H_t$ は全揚程，$H_a$ は実揚程，$H_{l1}$ は点Aから点Bまでの形状損失と摩擦損失の合計，$H_{l2}$ は点Bから点Dまでの損失の合計である。揚水にポンプが必要とする動力を**水動力**（pump output power）$P_o$ と呼び，次式で表される。

$$P_o = \rho g Q' H_t \tag{6.57}$$

ここに，$Q'$ は揚水流量である。水動力に対し，ポンプの効率 $\eta_P$ と電動機の効率 $\eta_M$ を考慮した**軸動力**（shaft power；pump input power）が実際に揚水に必要とする電力である。軸動力 $P_s$ は，次式で表される。

$$P_s = \frac{\rho g Q' H_t}{\eta_P \eta_T} \tag{6.58}$$

### 6.3.4 枝状管路

水位差のある複数の水槽に枝分かれした管路が接続された管路を**枝状管路**と呼ぶ。三槽が接続した枝状管路までは以下のように解析的に解くことができる。

**図6.14**のように最上流側の水槽から下流側の二つの水槽へ流れている場合，**分岐管路**と呼ばれる。点Aから点Dまでの流量を $Q_1$，点Dから点Bへの流量を $Q_2$，点Dから点Cへの流量を $Q_3$ と仮定する。管路が十分長いとき，摩擦損失に比べて形状損失は小さいので，摩擦損失水頭のみ考慮してベルヌーイの定理を適用すると，AB間，AC間の水位差 $H_1$，$H_2$ は以下のように表される。

$$H_1 = f_1 \frac{L_1}{D_1} \frac{v_1^2}{2g} + f_2 \frac{L_2}{D_2} \frac{v_2^2}{2g} \tag{6.59}$$

$$H_2 = f_1 \frac{L_1}{D_1} \frac{v_1^2}{2g} + f_3 \frac{L_3}{D_3} \frac{v_3^2}{2g} \tag{6.60}$$

$v_1 = \dfrac{4Q_1}{\pi D_1^2}$，$v_2 = \dfrac{4Q_2}{\pi D_2^2}$，$v_3 = \dfrac{4Q_3}{\pi D_3^2}$ を代入すると

$$H_1 = \frac{8}{\pi^2 g} \frac{f_1 L_1}{D_1^5} Q_1^2 + \frac{8}{\pi^2 g} \frac{f_2 L_2}{D_2^5} Q_2^2 \tag{6.61}$$

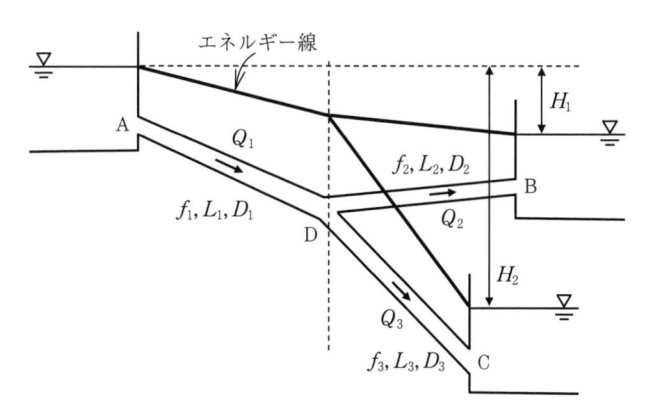

**図6.14** 分岐管路

$$H_2 = \frac{8}{\pi^2 g} \frac{f_1 L_1}{D_1^5} Q_1^2 + \frac{8}{\pi^2 g} \frac{f_3 L_3}{D_3^5} Q_3^2 \tag{6.62}$$

となる．ここで

$$k_1 = \frac{8}{\pi^2 g} \frac{f_1 L_1}{D_1^5}, \quad k_2 = \frac{8}{\pi^2 g} \frac{f_2 L_2}{D_2^5}, \quad k_3 = \frac{8}{\pi^2 g} \frac{f_3 L_3}{D_3^5} \tag{6.63}$$

とおくと，式 (6.61), 式 (6.62) は以下のように書き換えられる．

$$H_1 = k_1 Q_1^2 + k_2 Q_2^2 \tag{6.64}$$
$$H_2 = k_1 Q_1^2 + k_3 Q_3^2 \tag{6.65}$$

さらに，点 D での連続式はつぎのように表現される．

$$Q_1 = Q_2 + Q_3 \tag{6.66}$$

したがって，式 (6.64)～式 (6.66) は未知数三個の連立方程式となる．この連立方程式を解くことにより，分岐管路の流速を求めることができる．

一方，上流の二つの水槽から最下流の水槽へ合流する流れを持つ管路を**合流管路**と呼ぶ．**図 6.15** のような合流管路の場合，分岐管路の場合と同様に AC 間，BC 間にベルヌーイの定理を適用すると，以下の式が成り立つ．

$$H_2 - H_1 = k_2 Q_2^2 + k_3 Q_3^2 \tag{6.67}$$
$$H_2 = k_1 Q_1^2 + k_3 Q_3^2 \tag{6.68}$$

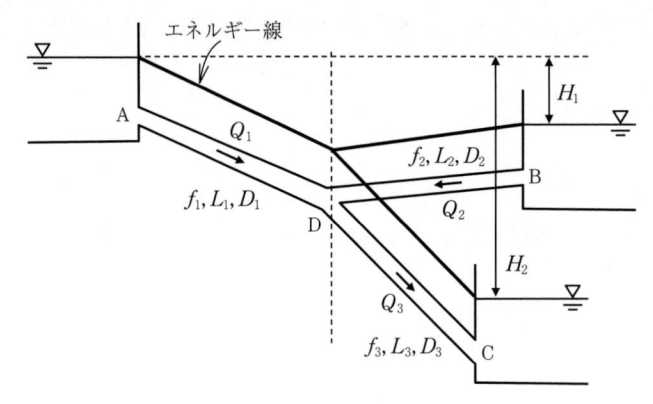

図 6.15 合流管路

さらに，点 D での連続式は次式のように表される．

$$Q_1 = Q_2 + Q_3 \tag{6.69}$$

したがって，式 (6.67)～式 (6.69) の未知数三個の連立方程式となり，分岐管路と同様に解析的に解くことができる．

枝状管路では単線管路と異なり，管路内の流れの向きが一見してわからない．解析的に解く場合は，分岐管路か合流管路のどちらかを仮定したうえで連立方程式を解き，実解が得られなければ最初に仮定した管路ではないので，もう一つの管路として連立方程式を解けば解が得られる．

### 6.3.5 管　網

上水道の配水管のように網状に配置された管路を**管網**（pipe network）と呼ぶ。管網の流量の配分計算を管網計算と呼び，図 6.16 に示すような近似計算を行う**ハーディ・クロス法**（Hardy-Cross method）などが提案されている。

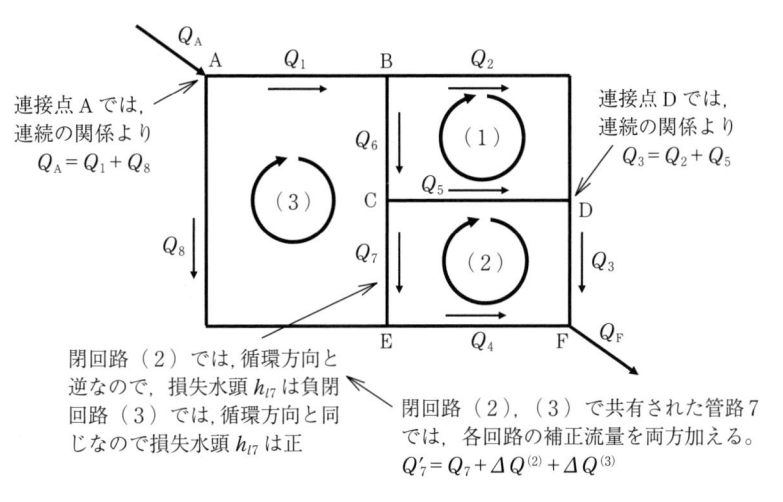

連接点 A では，連続の関係より
$Q_A = Q_1 + Q_8$

連接点 D では，連続の関係より
$Q_3 = Q_2 + Q_5$

閉回路（2）では，循環方向と逆なので，損失水頭 $h_{l7}$ は負
閉回路（3）では，循環方向と同じなので損失水頭 $h_{l7}$ は正

閉回路（2），（3）で共有された管路 7 では，各回路の補正流量を両方加える。
$Q'_7 = Q_7 + \Delta Q^{(2)} + \Delta Q^{(3)}$

**図 6.16**　管網の例

ハーディ・クロス法では以下の手順に従い，繰り返し計算によって各管路の流量を推定する。

1) 管網の節点，管路に記号を付け，管網をいくつかの閉回路に分け，循環の方向を定める。
2) 連接点において連続の関係を満たすように各管路の流量 $Q_i$ を仮定する。
3) 管路が十分長く形状損失が無視できると仮定して，各管路の損失水頭 $h_{li}$ を計算する。

$$h_{li} = k_i Q_i^2, \quad k_i = \frac{8}{\pi^2 g} \frac{f_i L_i}{D_i^5} \tag{6.70}$$

ここに，$i$ は管路番号（$i=1, 2, ..., m$）であり，$D_i, L_i, f_i$ はそれぞれ管路番号 $i$ の管径，管路長，摩擦損失係数である。

4) 各閉回路（$I=1, 2, 3, ..., M$）について損失水頭の和を求める。

$$\sum_i^m h_{li}^{(I)} = \sum_i^m k_i^{(I)} Q_i^{(I)2} \tag{6.71}$$

5) 2) で仮定した流量が正しければ，各回路の損失水頭の和はゼロとなる。しかし，一般に最初に仮定した流量は正しくないので，次式のような補正流量 $\Delta Q^{(I)}$ による補正計算を行う。

$$\Delta Q^{(I)} = -\frac{\sum h_{li}^{(I)}}{2\sum k_i^{(I)} Q_i^{(I)}} \tag{6.72}$$

6) 仮定流量 $Q_i$ に補正流量 $\Delta Q^{(I)}$ を加えた $Q_i + \Delta Q^{(I)}$ を新しい仮定流量 $Q'_i$ として，3）〜 5）を繰り返し計算する。

7) $\sum_i^m h_{li} \simeq 0$ になったとき，計算を終了する。

式 (6.72) で表される補正流量 $\Delta Q$ は,計算終了条件である $\sum_{i}^{m} h_{li} \simeq 0$ より,次式を満たす。

$$\sum h_l = \sum k(Q+\Delta Q)^2$$
$$= \sum kQ^2 + \sum k\Delta Q^2 + 2\sum kQ\Delta Q = 0 \tag{6.73}$$

$\sum k\Delta Q^2$ が微小として除去すると,次式が得られる。

$$\Delta Q = -\frac{\sum kQ^2}{2\sum kQ} \tag{6.74}$$

## 演 習 問 題

【6.1】 水平におかれた内径 20 cm,水路長 40 m の円管路において,流量 0.02 m³/s で水が流れているとき,摩擦損失水頭を求めよ。ただし,摩擦損失係数 $f$ = 0.03 とする。

【6.2】 内径 $D$ = 500 mm,水路長 $L$ = 3 000 m の管の摩擦損失水頭 $h_f$ = 30 m であった。マニングの粗度係数 $n$ = 0.013 とすれば,管内の流量 $Q$ はいくらか。

【6.3】 カルマンは管壁の滑らかな乱流の流速分布として次式を示した。

$$\frac{\bar{u}(z)}{u_*} = \frac{1}{\kappa}\ln\frac{u_* z}{\nu} + A_s \tag{5.120}$$

ここに,$u_*$ は摩擦速度,$A_s$ = 5.5(定数),$\kappa$ = 0.4,$z$ は管壁から管中心に向かう距離である。この式から,滑面管路の摩擦損失係数を求める式を誘導せよ。

【6.4】 粗面管路の流速分布式は次式で与えられる。

$$\frac{\bar{u}(z)}{u_*} = \frac{1}{\kappa}\ln\frac{z}{k_s} + A_r \tag{5.121}$$

ここに,$u_*$ は摩擦速度,$A_s$ = 8.5(定数),$\kappa$ = 0.4,$z$ は管壁から管中心に向かう距離,$k_s$ は管壁の粗度高さである。この式から,粗面管路の摩擦損失係数を求める式を誘導せよ。

【6.5】 管径 $D$ が 0.5 m のパイプに平均流速 $U$ = 0.5 m/s で水が流れている。管壁が滑面の場合と粗面の場合の摩擦損失係数 $f$ を求めよ。ただし,粗面の相当粗度 $k_s$ = 1.0 mm,動粘性係数 $\nu$ = 1.0×10⁻⁶ m²/s とする。

【6.6】 図 6.17 のような管路があるとき,点 B,C,D における圧力はいくらになるか。ただし,管径 $d_1$ = 0.1 m,$d_2$ = 0.15 m,$d_3$ = 0.2 m,流入平均流速 $V_A$ = 1 m/s,点 A における圧力 $P_A$ = 10 Pa,$L$ = 5 m,摩擦損失係数 $f$ = 0.03 とする。

【6.7】 図 6.18 に示すように,断面積 $A_1$ の小管と断面積 $A_2$ の大管の間に接続管を設けて,断面急拡大によるエネルギー損失を最小にしたい。そのためには,接続管の断面積 $A_i$ をいくらにすればよいか。また,そのときの損失水頭は接続管がないときと比べてどれくらい減少するか。

【6.8】 図 6.8 の単線管路において,$H_1$ = 20 m,$H_2$ = 5 m,$L_1$ = 200 m,$L_2$ = 1 000 m,$L_3$ = 800 m,$D$ = 0.5 m,

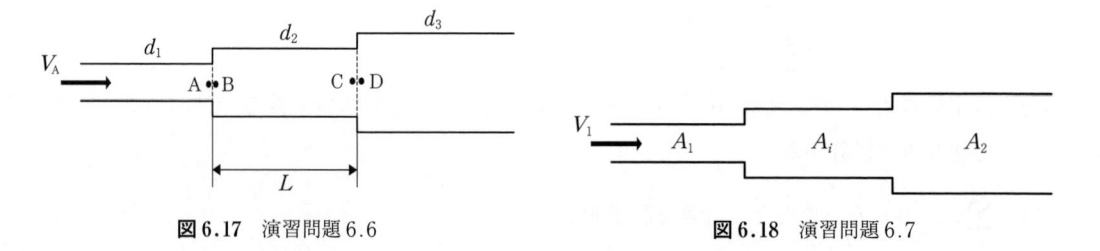

図 6.17 演習問題 6.6

図 6.18 演習問題 6.7

点Aでの入口損失係数$f_e=0.2$，点B，点Cでの屈折損失係数がそれぞれ$f_{bB}=f_{bC}=0.1$，管路の摩擦損失係数が$f=0.3$であったとき，管路を流れる流量$Q$〔m³/s〕を求めよ．

【6.9】 図6.9の単線管路において，$H_1=20$ m，$H_2=5$ m，$L_1=200$ m，$L_2=1000$ m，$L_3=200$ m，$L_4=300$ m，$L_5=200$ m，$D_1=0.2$ m，$D_2=0.5$ m，点Aでの入口損失係数$f_e=0.2$，点B，点Cでの屈折損失係数がそれぞれ$f_{bB}=f_{bC}=0.1$，管路の摩擦損失係数が$f=0.3$，点Fでの縮流係数$C_c=2.0$であったとき，管路を流れる流量$Q$〔m³/s〕を求めよ．

【6.10】 図6.10の下端が水槽に接続されていない単線管路において，$H_1=20$ m，$H_2=5$ m，$L=1000$ m，$D=0.3$ m，摩擦損失係数$f=0.25$，流入損失係数$f_e=0.2$であった場合，管路を流れる流量$Q$〔m³/s〕を求めよ．

【6.11】 図6.19のように二つの貯水池をつなぐ管路があるとき，貯水池Qの水面の基準面からの高さを求めよ．また，図に動水勾配線とエネルギー線を書き入れよ．ただし，貯水池Pの水面は基準面より20 m，点A, Bは15 m，点Cから点Jまでは5 mの高さにあり，AB=30 m，BC=35 m，CE=20 m，EF=10 m，FG=40 m，GJ=30 m，管径$D_1=0.2$ m，$D_2=0.3$ m，流入平均流速$V_1=2$ m/s，マニングの粗度係数$n=0.012$，流入損失係数$f_e=0.5$，曲り損失係数$f_b=0.2$，バルブ損失係数$f_v=0.07$，急拡損失係数$f_{se}=0.3$，急縮損失係数$f_{sc}=0.2$，流出損失係数$f_o=1.0$とする．

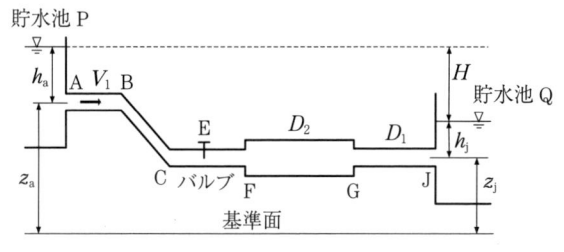

図6.19 演習問題6.11

【6.12】 図6.20のように，二つの貯水池を管の内径$D=0.4$ m，全長$L=30$ mのサイホンで接続している．このとき，点Bにおける圧力$P_B$と管内流量$Q$を求めよ．また，図に動水勾配線とエネルギー線を書き入れよ．ただし，$L_{AB}=10$ m，$L_{BC}=20$ m，流入損失係数$f_e=0.5$，曲り損失係数$f_b=0.2$，流出損失係数$f_o=1.0$，マニングの粗度係数$n=0.013$，$z_a=8$ m，$h_a=9$ m，$z_b=14$ m，$H=15$ m，$h_c=2$ mとする．

【6.13】 図6.21のような水力発電所において，使用水量$Q=10$ m³/sの発電所の総合効率を$\eta=85\%$とするとき，この発電所の出力を求めよ．また，図にエネルギー線を書き入れよ．ただし，管径は一定で$D=1.5$ m，マニングの粗度係数$n=0.014$，水位差$H=100$ m，$H_A=105$ m，$H_B=5$ m，$L_{AT}=200$ m，$L_{TB}=10$ m，$z_T=10$ mとする．

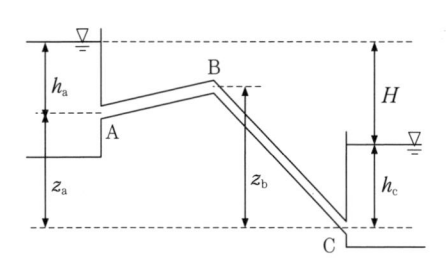

図6.20 演習問題6.12     図6.21 演習問題6.13

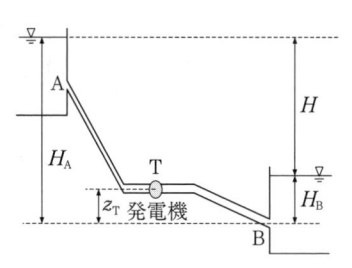

【6.14】図 6.22 のように三つの水槽ア，イ，ウより伸びた管路が点 B で連結された枝状管路がある。基準面からの水槽ア，イ，ウの水面高をそれぞれ $H_1$，$H_2$，$H_3$ とし，管路 AB，BC，BD の管径，管路長，摩擦損失係数をそれぞれ $D_1$，$D_2$，$D_3$，$L_1$，$L_2$，$L_3$，$f_1$，$f_2$，$f_3$ とする。管路 AB，BC，BD を流れる流量を $Q_1$，$Q_2$，$Q_3$ としたとき，以下の問いに答えよ。

(1) AB 間の摩擦損失水頭 $h_{AB}$ を $D_1$，$L_1$，$f_1$，$Q_1$ および重力加速度 $g$ を用いて示せ。

(2) 枝状管路を合流管路と考え，未知数 $Q_1$，$Q_2$，$Q_3$ を導き出す連立方程式を示せ。形状損失はすべて無視できるとする。

(3) $D_1 = D_2 = D_3 = 200$ mm，$L_1 = 200$ m，$L_2 = 300$ m，$L_3 = 100$ m，$f_1 = f_2 = f_3 = 0.00387$，$H_1 = 15$ m，$H_2 = 10$ m，$H_3 = 5$ m としたとき，この枝状管路が合流管路か分岐管路か判別し，流量 $Q_1$，$Q_2$，$Q_3$ を求めよ。

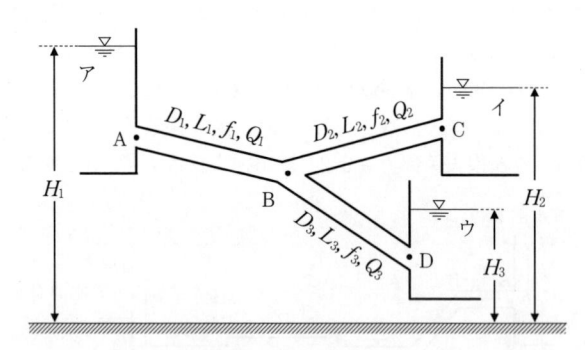

**図 6.22** 演習問題 6.14

【6.15】図 6.23 のような配水管網の各管路の流量を求めよ。節点 A への流入量 $Q_A = 0.3$ m³/s，節点 B からの流出量 $Q_B = 0.04$ m³/s，節点 C からの流出量 $Q_C = 0.22$ m³/s，節点 D からの流出量 $Q_D = 0.04$ m³/s とする。また，マニングの粗度係数 $n = 0.014$ とし，各管路の長さ $l_i$，管径 $D_i$ は以下のとおりであった。損失水頭の誤差が 0.01 m 以下となるまで計算せよ。

管路 AB：$l_1 = 400$ m，$D_1 = 350$ mm
管路 BC：$l_2 = 300$ m，$D_2 = 400$ mm
管路 CD：$l_3 = 400$ m，$D_3 = 300$ mm
管路 DA：$l_4 = 300$ m，$D_4 = 500$ mm

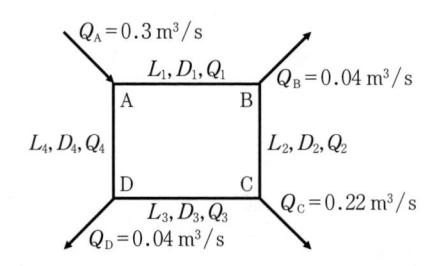

**図 6.23** 演習問題 6.15

# 【応用編】
# 7 開水路の定常流
## 水路や河川での流れの解析法を理解する

### 確認クイズ

7.1 等流と不等流の違いはなにか。
7.2 開水路非定常流の連続式を記せ。
7.3 管路における動水勾配は開水路ではなにに相当するか。
7.4 水深と径深がほぼ等しくなるのはどのような場合か。
7.5 比エネルギーとはなにか。
7.6 「比エネルギーが最大となるとき,限界流が生じる」は正しいか。
7.7 比エネルギーが一定の場合,流量が最大となるのは流れがどんなときか。
7.8 水深が $h$ のとき,水面に与えた擾乱の上下流への伝播速度の式を記せ。
7.9 「水面に与えた擾乱が上流に伝播するのは射流のときである」は正しいか。
7.10 フルード数の定義式を記せ。
7.11 流れが常流となるのは,フルード数がどのような値のときか。
7.12 「流れが常流状態で突起部を通過するとき,水位は増大する」は正しいか。
7.13 跳水は,「常流から射流」または「射流から常流」のいずれに遷移するときに生じるか。
7.14 交代水深とはなにか。
7.15 共役水深とはなにか。
7.16 「限界水深は,単位幅流量のみの関数となる」は正しいか。
7.17 堰を越える流れの支配断面におけるフルード数はいくらになるか。
7.18 堰上げ背水状態の流れは,常流・限界流・射流のいずれか。
7.19 常流でも射流でも水路が十分長ければ,水深は限界水深・等流水深のいずれに近づく

## 7.1 開水路流れの分類

開水路流れは，流速や断面積が時間的に変化しない定常流と時間的に変化する非定常流（**不定流**）に分けられる。定常流は，流速や断面積が場所的に変化しない**等流**（uniform flow）と，場所的に変化する**不等流**（non-uniform flow）に分けられる。不等流は場所的な変化が緩やかな**漸変流**（gradually varied flow）と急激に変化する**急変流**（rapidly varied flow）に分けられる。また，水面に与えられた擾乱が上流に伝播するかどうかによって**常流**（subcritical flow）と**射流**（supercritical flow）に分けられる。これらをまとめると，**図 7.1** のようになる。

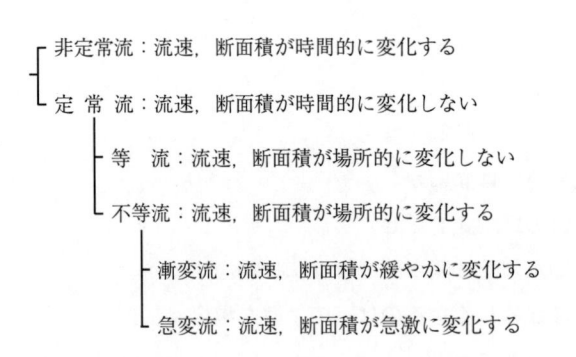

```
┌ 非定常流：流速，断面積が時間的に変化する
└ 定 常 流：流速，断面積が時間的に変化しない
      ┌ 等  流：流速，断面積が場所的に変化しない
      └ 不等流：流速，断面積が場所的に変化する
            ┌ 漸変流：流速，断面積が緩やかに変化する
            └ 急変流：流速，断面積が急激に変化する
┌ 常流：水面に与えられた擾乱が上流に伝播する
└ 射流：水面に与えられた擾乱が上流に伝播しない
```

**図 7.1** 開水路流れの分類

## 7.2 開水路流れの基礎式

開水路流れの連続式は，管路と同様に 1 次元流れの連続式（式（5.130）および式（5.122））である。

$$\frac{\partial A}{\partial t} + \frac{\partial Q}{\partial x} = 0 \tag{5.130}$$

$$Q = \int_A \bar{u}\,dA \tag{5.122}$$

式（5.130）は非定常流の連続式である。開水路では河道を遡上する津波やゲートの開放時に発生する段波や洪水波などの解析には非定常流の連続式が用いられる。一方，定常流では，断面積の時間的変化がないため，次式が連続式として用いられる。

$$\frac{\partial Q}{\partial x} = 0 \tag{7.1}$$

### 開水路流れの実際への応用

開水路（河川や水路）の流れの理論を理解したとして，それを実際にどう生かすのであろうか．河川においては，河川管理上重要な地点を基準点と定め，その場所での流量や水位によって，河川整備計画および洪水防御計画を策定している．近年は，基準点のみならず，河川沿いに上流から下流まで洪水氾濫のリスクを明らかにすることが水防法の改正によって求められるようになってきた．

河川に関する計画策定・設計や洪水ハザードマップを作成するにおいても，リアルタイムで洪水を予測するにしても，洪水の追跡計算が必要となる．

開水路流れの計算は，洪水対策の基礎である．表7.1に，計算法と応用例の関係を示す．等流計算は，人工水路の設計などにおいて1次元解析を行い，断面平均の流速・水位を取り扱う．2次元解析は縦断方向と横断方向の流れを考慮するもので，水深方向は平均して（静水圧分布が適用できるとして）取り扱う．ただし，準2次元解析では，複断面の断面区分ごとに水深平均流速を考える．長い実際の河川においては，3次元解析を実施することは計算負荷の観点から難しいので，1次元の不定流解析を行うことが多い．

**表7.1** 開水路流れに関する計算法と応用例

| 流れの種類 | | 定常流 | | 非定常流 |
|---|---|---|---|---|
| | | 等流 | 不等流（漸変流） | 不定流 |
| 流量 | | 一定 | 一定 | 大きく変動する |
| 水位 | | 一定 | 緩やかに変化 | 大きく変動する |
| 河道断面・勾配 | | 一定 | 緩やかに変化 | 場所ごとに異なる |
| 解析法* | 1次元 | ○ | ○ | ○ |
| | 準2次元** | × | ○ | ○ |
| | 2次元 | × | ○ | ○ |
| | 準3次元 | × | ○ | △ |
| | 3次元 | × | △ | △ |
| 応用の場面 | | 人工水路 | 流れ方向に変化の少ない河川の一部，河道計画など | 自然河川・洪水流 |

\* ○：実用されている，△：計算は可能，×：実用されていない
\*\* 準2次元解析法は，断面内の粗度状況が一様または変化する複断面河道に適用される．

国土交通省の河川砂防技術基準・調査編では，洪水流解析の目的として以下のような項目を挙げている．

1) 所与の出水条件の下での最高水位等の洪水位の算定
2) 構造物等（河岸や樹木を含む）に作用する外力の算定
3) 水防関係水位の算定
4) 河道特性の把握・河川環境管理・河川利用空間管理のための水理量・水理環境の算定
5) 氾濫計算のための外水氾濫条件の算定
6) 水位・流量の伝播特性の把握
7) 河道変化予測のための水理量の算定

式 (7.1) の両辺を積分すると次式のように書き換えられる。

$$Q = vA = 一定 \tag{7.2}$$

開水路も管路と同様に，ほとんどは乱流である。したがって，6.1節での説明と同様に，開水路流れの運動方程式でもエネルギー補正係数 $\alpha$，運動量補正係数 $\beta$ はともに1として扱う。

ここで，開水路流れにおける圧力水頭と位置水頭について考えよう。**図7.2**のように，水深 $h$，基準面からの水路床高 $s$，断面平均流速 $v$ の開水路におけるベルヌーイの定理を考える。水路床からの高さ $d$ の位置での位置水頭 $z$ は $s+d$ とおける。静水圧分布を考えると水路床からの高さ $d$ の位置での圧力水頭 $p/\rho g$ は $d$ 地点より上方にある単位面積当りの水柱の高さであるため，$h-d$ とおける。したがって，開水路におけるピエゾ水頭は次式のように水面の高さ $h+s$ で表現できる。

$$z + \frac{p}{\rho g} = (s+d) + (h-d) = h+s \tag{7.3}$$

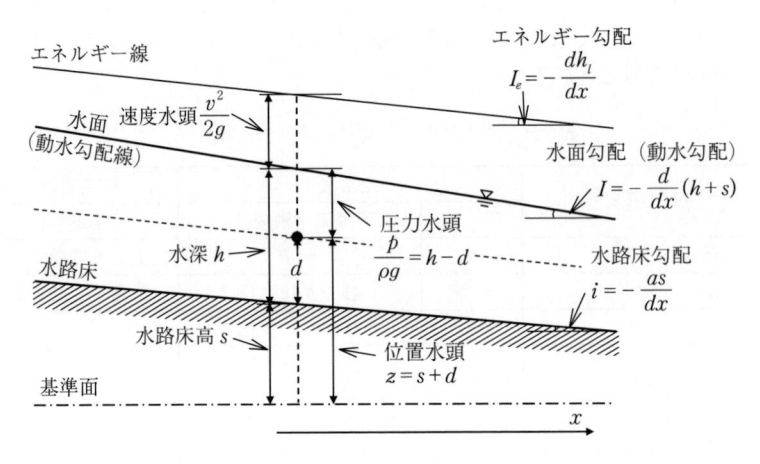

**図7.2** 開水路の動水勾配とエネルギー勾配

このため，開水路定常流における全エネルギーである全水頭 $H$ は，断面平均流速で表現される速度水頭を加えた次式で表すことができる。

$$H = \frac{v^2}{2g} + h + s \tag{7.4}$$

以上より，開水路における動水勾配線は開水路の水面に等しく，動水勾配は水面勾配に等しい。**水路床勾配 $i$，水面勾配 $I$，エネルギー勾配 $I_e$** はそれぞれ以下のような式で表現される。

$$i = -\frac{ds}{dx} \tag{7.5}$$

$$I = -\frac{d}{dx}(h+s) = -\frac{dh}{dx} + i \tag{7.6}$$

$$I_e = \frac{dh_l}{dx} = I - \frac{d}{dx}\left(\frac{v^2}{2g}\right) \tag{7.7}$$

式 (7.4) を管路の1次元非定常流の運動方程式 (式 (6.3)) に適用すると，開水路の1次元非定

常流の運動方程式（式（7.8））が得られることがわかる。

$$\frac{1}{g}\frac{\partial v}{\partial t} + \frac{\partial}{\partial x}\left(\frac{v^2}{2g} + z + \frac{p}{\rho g}\right) + \frac{\partial h_l}{\partial x} = 0 \tag{6.3}$$

$$\frac{1}{g}\frac{\partial v}{\partial t} + \frac{\partial}{\partial x}\left(\frac{v^2}{2g} + h + s\right) + \frac{\partial h_l}{\partial x} = 0 \tag{7.8}$$

定常流では流速の時間による変化はないため，$\partial v/\partial t = 0$ である。したがって，式（7.8）は次式のように変形できる。

$$\frac{\partial}{\partial x}\left(\frac{v^2}{2g} + s + h\right) + \frac{\partial h_l}{\partial x} = 0 \tag{7.9}$$

式（7.9）は場所によって流速，水深が変化する式となっており，開水路不等流の基礎式となっている。流速，水深が場所的に変化しない等流では，$\partial v/\partial x = 0$，$\partial h/\partial x = 0$ であるため，式（7.9）は次式のように変形される。

$$\frac{\partial s}{\partial x} + \frac{\partial h_l}{\partial x} = 0 \tag{7.10}$$

損失水頭 $h_l$ を式（6.10）のダルシー・ワイズバッハの式で表すと，式（7.10）は次式となる。

$$\frac{\partial s}{\partial x} + \frac{f'}{R}\frac{v^2}{2g} = 0 \tag{7.11}$$

$\partial s/\partial x$ を水路床勾配 $i$ で表すと $\partial s/\partial x = -i$ である。したがって，式（7.11）は次式のように変形できる。

$$v = \sqrt{\frac{2gRi}{f'}} \tag{7.12}$$

式（7.12）は 6.2 節でも述べた平均流速公式と同じ形である。開水路等流では，動水勾配を水路床勾配 $i$ とした平均流速公式が運動方程式となる。

$$v = C\sqrt{Ri} \quad :シェジーの平均流速公式 \tag{7.13}$$

$$v = \frac{1}{n}R^{2/3}i^{1/2} \quad :マニングの平均流速公式（m, s単位系） \tag{7.14}$$

## 7.3 等　　　　流

### 7.3.1 等流状態における力の釣合い

7.1 節，7.2 節において，等流とは場所的に水深，流速が一定な流れであることが説明された。これは言い方を変えれば，エネルギー勾配 $I_e$ と水面勾配 $I$ および水路床勾配 $i$ が同じとなる流れである。このような流れは重力と水路壁面の摩擦力が釣り合っている状態であり，同じ断面，水路床勾配の水路が長く続くと，水深が一定となった等流状態となる。このときの水深を**等流水深**（normal depth）と呼ぶ。

等流の釣合い状態を図7.3に示す。断面Ⅰ，Ⅱ間の水塊にかかる力の釣合いを考える。断面Ⅰ，Ⅱにおいて水塊に作用する単位幅当りの全水圧 $P_1$，$P_2$ は，断面Ⅰ，Ⅱの水深が同じであるため，$P_1 = P_2 = h^2/2$ と釣り合っている。断面Ⅰ，Ⅱ間の距離を $L$，断面Ⅰ，Ⅱにおける断面積を $A$ とすると，断面Ⅰ，Ⅱ間の水塊の体積は $AL$ であり，流体の密度を $\rho$ とすると水塊に作用する重力は $\rho LAg$ である。したがって，水路床の勾配を $\theta$ とすると流下方向に作用する重力は $\rho LAg \sin\theta$ で表される。一方，壁面摩擦応力を $\tau_0$，水路断面の潤辺を $S$ とすると，断面Ⅰ，Ⅱ間の水路壁面に作用する摩擦力は $\tau_0 LS$ とおける。断面Ⅰ，Ⅱ間で流速，流量は変化しないので運動量も変化しない。したがって，断面Ⅰ，Ⅱ間での運動量方程式は，次式のように壁面に作用する摩擦力と水塊が下流側へすべり落ちようとする重力が釣り合った式で表される。

$$0 = \rho g AL \sin\theta - \tau_0 SL \tag{7.15}$$

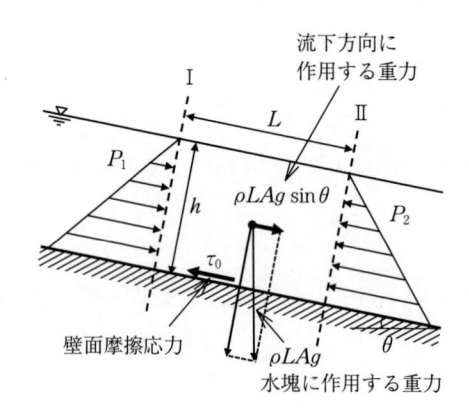

**図7.3** 等流における力の釣合いの説明

水路勾配を $i$ で表し，式（7.15）を整理すると，壁面摩擦応力 $\tau_0$ は次式で表される。

$$\tau_0 = \rho g \frac{A}{S} \sin\theta = \rho g Ri \tag{7.16}$$

一方，$\tau_0$ は式（6.16）で示したように流速の二乗に比例する。式（7.16），式（6.16）および $4f' = f$ より，次式のような平均流速公式が導かれる。

$$v = \sqrt{\frac{2g}{f'}} \sqrt{Ri} = C\sqrt{Ri} \tag{7.17}$$

これより，開水路における平均流速公式は，等流状態を仮定した流れの運動方程式と考えられる[†]。

### 7.3.2 等流の計算

等流状態の流量は，断面積，潤辺，径深といった断面を特徴づける諸量（断面諸量）と水路床勾配より平均流速公式を用いて算出される。以下に代表的な断面形状における計算例を示す。

### 例題 7.1　長方形断面

**図 7.4** のような断面が長方形となっている水路を**長方形断面水路**，もしくは**矩形断面水路**と呼ぶ。長方形断面水路の断面諸量を求めよ。

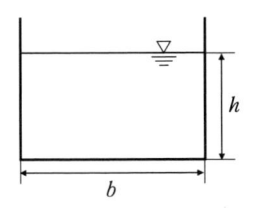

**図 7.4**　長方形断面水路

【解　答】

水路幅 $b$，水深 $h$ の長方形断面水路における断面積 $A$，潤辺 $S$，径深 $R$ は以下のように求められる。

断面積：$A = bh$ (7.26)

潤　辺：$S = b + 2h$ (7.27)

径　深：$R = \dfrac{A}{S} = \dfrac{bh}{b+2h}$ (7.28)

---

前頁[†]　等流の平均流速と平均流速公式の理論的意味

式 (5.106)，式 (7.16) より

$$u_* = \sqrt{\tau_0/\rho} = \sqrt{gRi} \quad (7.18)$$

であるため，粗面乱流の流速分布を表す式 (5.121) を用いて開水路断面平均流速を求めれば次式となる。

$$v = \left(5.75\log_{10}\frac{R}{k_s} + 6.0\right)u_* = \left(5.75\log_{10}\frac{R}{k_s} + 6.0\right)\sqrt{g}\sqrt{Ri} \quad (7.19)$$

式 (7.13) および式 (7.14) の平均流速公式と比較すると，シェジー係数 $C$ とマニングの粗度係数 $n$ は以下のように表され，それぞれ壁面の相当粗度 $k_s$ と径深 $R$ の関数であることがわかる。

$$C = \left(5.75\log_{10}\frac{R}{k_s} + 6.0\right)\sqrt{g} \quad (7.20)$$

$$n = \left(5.75\log_{10}\frac{R}{k_s} + 6.0\right)^{-1}\frac{R^{1/6}}{\sqrt{g}} \quad (7.21)$$

平均流速公式では，これらの係数が定数であると仮定している。一方，**ストリクラー**（Strickler）は，河床材料の平均粒径 $d_M$ よりつぎのような実験式を導き出した。

$$n = 0.0417 d_M^{1/6} \quad (7.22)$$

河床材料の平均粒径 $d_M$ は相当粗度 $k_s$ とみなすことができる。式 (7.21) は次式のように変形できる。

$$n = \left(5.75\log_{10}\frac{R}{k_s} + 6.0\right)^{-1}\left(\frac{R}{k_s}\right)^{1/6}\frac{k_s^{1/6}}{\sqrt{g}} = f\left(\frac{R}{k_s}\right)\frac{k_s^{1/6}}{\sqrt{g}} \quad (7.23)$$

上式において，$f(R/k_s) \approx 0.13$ とすると，式 (7.22) と同様な関係式が導き出される。

$$n = 0.0417 k_s^{1/6} \quad (7.24)$$

式 (7.14) と式 (7.24) を合わせた次式を**マニング・ストリクラーの式**（Manning-Stricler's equation）と呼ぶ。

$$v = 7.66\left(\frac{R}{k_s}\right)^{1/6}\sqrt{gRi} \quad (7.25)$$

### 例題 7.2　広幅長方形断面

きわめて水路幅が広い長方形断面水路を**広幅長方形断面水路**，もしくは**広幅矩形断面水路**と呼ぶ。広幅長方形断面水路の断面諸量を求めよ。

【解　答】

水路幅 $b$ は水深 $h$ より十分大きい（$b \gg h$）ため，潤辺 $S = b + 2h \fallingdotseq b$ と考えられる。したがって，広幅長方形断面水路の断面諸量は以下のように求められる。

断面積：$A = bh$　　　　　　　　　　　　　　　　　　　　　　　　　　　　(7.29)

---

#### コラム　斜面上の流れと流出解析

流域に雨が降ると河川に流出してくる。この過程を取り扱うのが流出解析である。河川流域は，降雨を入力として河川流量を出力とする入出力系とみなせるから，その応答関係を数学的に記述する方法（単位図法），流域における雨水貯留量と河川流量を関係づける方法（貯留関数法やタンクモデル）が，1930年代から1950年代に考案されてきた。それらとは異なる立場，すなわち，雨水が河川流域を流下してくるのであるから，水理学的に追跡すべきであるという観点からの解析手法も考案されてきた。雨水流法，特性曲線法あるいは Kinematic Wave 法と呼ばれる。

開水路の1次元解析においては，連続式で右辺をゼロとし流量が一定の下での計算がなされるが，この右辺を横流入 $q$ として河道を洪水が流下するにしたがって流量が増えることを考える。さらにその横流入は斜面から流れ下ってきた流出量であると考える。岩垣・末石（1954）や末石（1955）は，このようにして，斜面系からの雨水追跡と開水路の洪水追跡とを結びつけた。

すなわち，斜面を矩形とし，矩形斜面の末端（下流端）で直線河道と連結していると考える。斜面の上流端境界では水深・流量はゼロ，斜面を幅広の長方形断面の水路とみなし，その上に降る雨を斜面への横流入とみなして連続式右辺の $r$ とする。こうして，特性曲線法によって斜面上の雨水の流下を開水路の1次元解析法で計算し，下流端での流量 $q$ が求められる。一方，開水路（河道）では，上流端流量が与えられ，横流入 $q$ を考慮しながら1次元的洪水追跡を行う。

降雨においては，その損失をいかに有効降雨として算定するか，また，斜面においては，一様とみなした矩形斜面の勾配・長さ・粗度をどのように見積もるかなど，水文過程を考慮する必要があるが，これらの定数を同定することができれば，斜面流出・河道流出を一貫して水理学的に解けることとなる。石原・髙樟（1959）らが，こうした考え方により，斜面および河道の洪水到達時間，浅い地中を流れる中間流出を考慮するなど，水理学的基礎を持つ水文過程の解析を発展させた。さらに近年では，数値地理情報やレーダーによる降雨の空間分布を取り入れた分布型流出モデルによって，任意地点の流出流量が算定できる流出解析モデルが開発されている。

岩垣雄一・末石富太郎（1954）：横から一様な流入のある開水路の不定流について―雨水の流出現象に関する水理学的研究（第1報）―，土木学会誌，**39**，11，pp.575～583

末石富太郎（1955）：特性曲線法による出水解析について―雨水の流出現象に関する水理学的研究（第2報）―，土木学会論文集，**29**，pp.74～87

石原藤次郎・髙樟琢馬（1959）：単位図法とその適用に関する基礎的研究，土木学会論文集，**60**，別冊3-3

7.3 等　　　　流　　143

潤　辺：$S = b$   (7.30)

径　深：$R = \dfrac{A}{S} = \dfrac{bh}{b} = h$   (7.31)

---

例題 7.3　**台形断面**

図 7.5 のような断面を持つ水路を**台形断面水路**と呼ぶ。台形断面水路の断面諸量を求めよ。

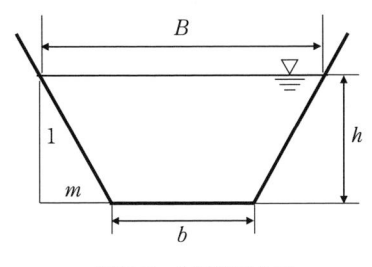

図 7.5　台形断面水路

【解　答】

水路床幅 $b$，壁面の勾配が $1:m$ の台形断面水路の断面諸量は以下のように求められる。

水面幅：$B = b + 2mh$   (7.32)

底　幅：$b = B - 2mh$   (7.33)

断面積：$A = \dfrac{1}{2}(b + B)h = h(b + mh)$   (7.34)

潤　辺：$S = b + 2h\sqrt{1 + m^2}$   (7.35)

径　深：$R = \dfrac{A}{S} = \dfrac{h(b + mh)}{b + 2h\sqrt{1 + m^2}}$   (7.36)

---

例題 7.4　**複合断面水路**

一般的な河道断面は，図 7.6 のように高水敷と低水路に分かれているものが多い。高水敷と低水路では粗度係数が異なることが普通であり，一度に計算することができない。このような**複合断面水路**では，断面を複数の領域に分割して計算を行う。高水敷の粗度 $n_1 = 0.035\,0$，低水路の粗度 $n_2 = 0.025\,0$，底幅 $b_1 = 140$ m，$b_2 = 42$ m，$b_3 = 90$ m，水深 $h_1 = 5$ m，$h_2 = 3$ m，高水敷の法面勾配 $1:m_1 = 1:2$，低水路の法面勾配 $1:m_2 = 1:3$，水路床勾配 $i = 1/1\,600$ の複合断面水路の流量を求めよ。

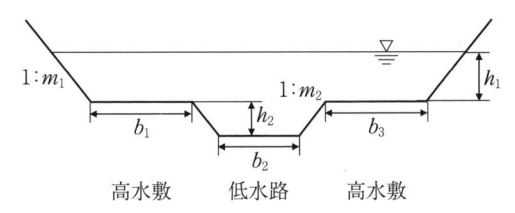

図 7.6　複合断面水路

## 【解 答】

図7.7のように，断面を高水敷（ABCC′ および F′FGH）と低水路（断面 C′CDEFF′）に分割する。

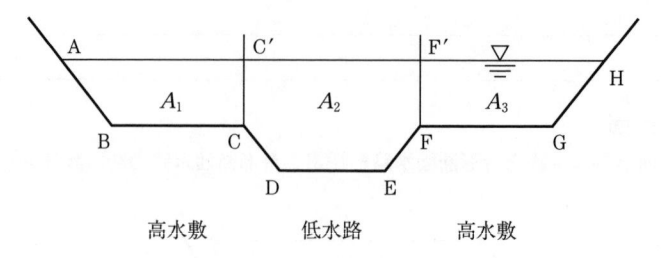

**図7.7** 複合断面水路の例

高水敷の計算

断面 ABCC′ ＋ 断面 F′FGH

断面積：$A' = A_1 + A_3 = h_1(b_1 + b_3 + m_1 h_1)$
$= 5 \times (140 + 90 + 2 \times 5) = 1\,200 \text{ m}^2$ (7.37)

潤　辺：$S' = S_1 + S_3 = 2h_1\sqrt{1+m_1^2} + b_1 + b_3$
$= 2 \times 5 \times \sqrt{1+2^2} + 140 + 90 = 252 \text{ m}$ (7.38)

径　深：$R' = A'/S' = 1\,200/252 = 4.76 \text{ m}$ (7.39)

流　量：$Q' = \dfrac{1}{n_1} A' R'^{2/3} i^{1/2} = \dfrac{1}{0.035\,0} \times 1\,200 \times 4.76^{2/3} \times \left(\dfrac{1}{1\,600}\right)^{1/2}$
$= 2\,430 \text{ m}^3/\text{s}$ (7.40)

低水路の計算（断面 C′CDEFF′）

断面積：$A' = A_2 = h_2(b_2 + m_2 h_2) + (b_2 + 2m_2 h_2)h_1$
$= 3 \times (42 + 3 \times 3) + (42 + 2 \times 3 \times 3) \times 5 = 453 \text{ m}^2$ (7.41)

潤　辺：$S_2 = 2\sqrt{1+m_2^2}\,h_2 + b_2$
$= 2 \times \sqrt{1+3^2} \times 3 + 42 = 61.0 \text{ m}$ (7.42)

径　深：$R_2 = A_2/S_2 = 453/61.0 = 7.43 \text{ m}$ (7.43)

流　量：$Q_2 = \dfrac{1}{n_2} A_2 R_2^{2/3} i^{1/2} = \dfrac{1}{0.025\,0} \times 453 \times 7.43^{2/3} \times \left(\dfrac{1}{1\,600}\right)^{1/2}$
$= 1\,720 \text{ m}^3/\text{s}$ (7.44)

したがって，複合断面水路における合計流量 $Q$ は，次式のように求められる。

$Q = Q' + Q_2 = 2\,430 + 1\,720 = 4\,150 \text{ m}^3/\text{s}$ (7.45)

---

**例題7.5** 等価粗度係数

壁面と水路床の粗度係数が異なり，一般の長方形断面水路のように等流計算ができない場合，壁面と水路床の粗度係数を複合した**等価粗度係数**を算出して等流計算を行う。図7.8のような，水路幅 $b = 2.0$ m，壁面の粗度係数 $n_1 = 0.010\,0$，水路床の粗度係数 $n_2 = 0.020\,0$，水路床勾配 $i = 1/1\,000$ の長方形断面水路で，水深 $h = 1.5$ m で通水しているときの流量を求めよ。

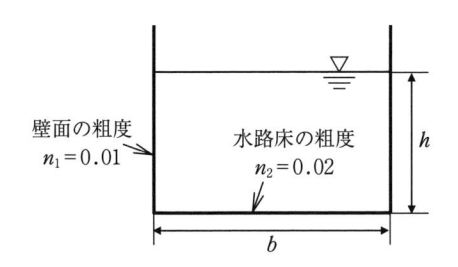

図7.8 長方形断面水路における等価粗度係数の算出

**【解　答】**
　全潤辺に対する等価粗度係数 $n$ を求める。左右の壁面の潤辺を $S_1$, $S_3$, 水路床の潤辺を $S_2$ とすると，$S_1 = 1.5\,\mathrm{m}$, $S_2 = 2.0\,\mathrm{m}$, $S_3 = 1.5\,\mathrm{m}$ であるため，等価粗度 $n$ は，次式のように表される。

$$n = \left(\frac{\sum_i^n S_i n_i^{3/2}}{\sum_i^n S_i}\right)^{2/3} = \left(\frac{S_1 n_1^{3/2} + S_2 n_2^{3/2} + S_3 n_1^{3/2}}{S}\right)^{2/3}$$

$$= \left(\frac{1.5 \times 0.0100^{3/2} + 2.0 \times 0.0200^{3/2} + 1.5 \times 0.0100^{3/2}}{5}\right)^{2/3} = 0.0144 \tag{7.46}$$

したがって，流量 $Q$ はマニングの平均流速公式を用いて次式のように求められる。

$$Q = Av = \frac{1}{n} R^{2/3} i^{1/2} A = \frac{1}{0.0144} \times 0.600^{2/3} \times \left(\frac{1}{1000}\right)^{1/2} \times 3 = 4.69\,\mathrm{m^3/s} \tag{7.47}$$

### 7.3.3 水理学的有利断面

　ある水路勾配と粗度係数が与えられたとき，同じ流量を最小の断面積で流す断面を**水理学的有利断面**（section of higher hydraulic efficiency），もしくは**経済断面**と呼ぶ。マニングの式を用いて流量 $Q$ を表すと

$$Q = Av = \frac{1}{n} R^{2/3} i^{1/2} A = \frac{1}{n} A^{5/3} S^{-2/3} i^{1/2}$$

となる。したがって，断面積 $A$ は次式のように表すことができる。

$$A = \left(\frac{nQ}{\sqrt{i}}\right)^{3/5} S^{2/5} \tag{7.48}$$

式（7.48）より，$n$，$i$，$Q$ が与えられたとき，潤辺 $S$ を最小とする断面が断面積 $A$ を最小とする水理学的に有利な断面である。

---

**例題7.6　水理学的に有利な長方形断面**

　水路勾配 $i = 1/1\,000$，マニングの粗度係数 $n = 0.0100$ の長方形断面水路に流量 $Q = 20\,\mathrm{m^3/s}$ を流したい。水理学的に有利な断面を求めよ。

**【解　答】**
　水理学的に有利な断面とは，潤辺 $S$ を最小とする断面である。水路幅を $b$，水深を $h$ とすると，長方形断面の断面積 $A$，潤辺 $S$ はそれぞれ式（7.26），式（7.27）で表される。潤辺 $S$ を $h$ で微分すると次式の

ように表される。

$$\frac{\partial S}{\partial h} = \frac{\partial}{\partial h}\left(\frac{A}{h} + 2h\right) = \frac{1}{h}\frac{\partial A}{\partial h} - \frac{A}{h^2} + 2 \tag{7.49}$$

$\partial S/\partial h = 0$, $\partial A/\partial h = 0$ のときが求める断面の条件であるため，式（7.49）より

$$b = 2h \tag{7.50}$$

が水理学的に有利な長方形断面の条件となる。したがって，式（7.48）を変形すると，次式を得る。

$$bh = \left(\frac{nQ}{\sqrt{i}}\right)^{3/5}(b + 2h)^{2/5} \tag{7.51}$$

式（7.51）に式（7.50）を代入し，$h$ について解くと

$$h = \left\{\frac{4^{2/5}}{2}\left(\frac{nQ}{\sqrt{i}}\right)^{3/5}\right\}^{5/8} = \left\{\frac{4^{2/5}}{2}\left(\frac{0.0100 \times 20}{\sqrt{1/1000}}\right)^{3/5}\right\}^{5/8} \simeq 1.83 \tag{7.52}$$

となり，式（7.52）を式（7.50）に代入すると，$b = 3.66$ を得る。したがって，水路幅 $b = 3.66$ m，水深 $h = 1.83$ m の断面が水理学的に有利な断面である。

## 7.4 常流と射流

### 7.4.1 比エネルギーと限界水深

開水路では自由水面があるため，同じ流量，エネルギー状態であっても流速，水深が異なる流れが存在する。この二つの流れを常流，射流と呼ぶ。常流と射流の流れの区分を説明するには，**比エネルギー**（specific energy）が非常に便利である。開水路において基準面の高さを水路床高 $s = 0$ とした全水頭を比エネルギー $E_s$ と呼び，次式で表す。

$$E_s = \frac{v^2}{2g} + h \tag{7.53}$$

簡単化のため，水路幅 $b$，水深 $h$ の長方形断面水路を仮定する。流量 $Q$ は断面積 $A$ と流速 $v$ の積で表せるため，長方形断面水路における流速 $v$ は次式で表せる。

$$v = \frac{Q}{bh} \tag{7.54}$$

式（7.54）を式（7.53）に代入すると，比エネルギー $E_s$ は次式のように変形できる。

$$E_s = \frac{Q^2}{2gb^2h^2} + h \tag{7.55}$$

式（7.55）より $Q$ が一定のとき，図 7.9 のような下に凸の曲線が描ける。式（7.55）を $h$ で微分すると次式が得られる。

$$\frac{dE_s}{dh} = -\frac{Q^2}{gb^2}\frac{1}{h^3} + 1 \tag{7.56}$$

流量一定の条件下で最小のエネルギーで流下する際の水深 $h_c$ を**限界水深**（critical flow depth）と呼び，このときの流れを**限界流**（critical flow）という。このように限界水深 $h_c$ において比エネル

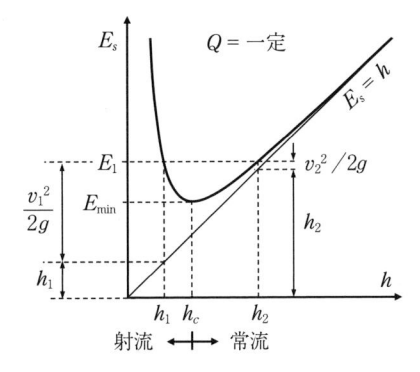

図7.9 比エネルギーと水深の関係（$Q=$一定）

ギーが最小となることを**最小比エネルギーの原理**または**ベスの定理**（Boss's theorem）といい，これより，限界水深は以下のように求めることができる．

$$\left.\frac{dE_s}{dh}\right|_{h=h_c} = -\frac{Q^2}{gb^2}\frac{1}{h_c^3} + 1 = 0 \tag{7.57}$$

$$h_c = \sqrt[3]{\frac{Q^2}{gb^2}} \tag{7.58}$$

このとき，同じ比エネルギーで水深の異なる二つの流れが存在する．限界水深より浅く速い流れを射流，限界水深より深く遅い流れを常流と呼ぶ．比エネルギーが同じで異なる二つの水深 $h_1$, $h_2$ を**交代水深**（alternative depth）という．

また，限界水深のときの流速を**限界流速**（critical flow velocity）と呼ぶ．限界流速 $v_c$ は，式（7.54），式（7.58）から求めることができる．

$$v_c = \frac{Q}{bh_c} = \sqrt[3]{\frac{gQ}{b}} \tag{7.59}$$

一方，式（7.55）を $Q$ について解くと次式が得られる．

$$Q = h\sqrt{2gb^2(E_s - h)} \tag{7.60}$$

比エネルギーが一定とすると，式（7.60）は**図7.10**のような上向きに凸な $h$-$Q$ 曲線を描くことができる．このとき，限界水深は，エネルギー一定の条件下で最大の流量を流す水深として定義できる．これは**最大流量の原理**，または**ベランジュの定理**（Belanger's theorem）と呼ばれる．式（7.60）を $h$ で微分すると次式が得られる．

$$\frac{dQ}{dh} = \sqrt{2gb^2(E_s - h)} - h\frac{gb^2}{\sqrt{2gb^2(E_s - h)}} \tag{7.61}$$

最大流量の原理より，$dQ/dh = 0$ のときの水深が $h_c$ なので

$$\left.\frac{dQ}{dh}\right|_{h=h_c} = \sqrt{2gb^2(E_s - h_c)} - h_c\frac{gb^2}{\sqrt{2gb^2(E_s - h_c)}} = 0 \tag{7.62}$$

式（7.62）よりつぎのような式が得られる．

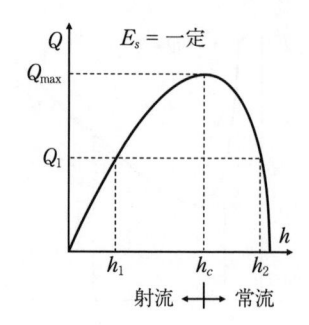

図 7.10 流量と水深の関係（$E_s = $ 一定）

$$h_c = \frac{2}{3} E_s \tag{7.63}$$

式（7.63）に式（7.55）を代入すると，最小比エネルギーの原理から求めた限界水深と同様の式（7.58）が得られる。これにより，最小比エネルギーの原理と最大流量の原理はそれぞれ表裏一体の関係となっているといえる。

### 課題 7.1

広幅長方形断面水路における限界水深を最小比エネルギーの原理および最大流量の原理より求めよ。

#### 7.4.2 フルード数

常流・射流は，水面に与えられた擾乱が上流へ伝播するか否かによって分類される。図 7.11 は開水路において水面に与えられた微小な波（擾乱）の伝播速度と流速を表した模式図である。水面に発生した擾乱の伝播速度 $c$ は開水路の水深 $h$ を用いた次式で表される。

$$c = \sqrt{gh} \tag{7.64}$$

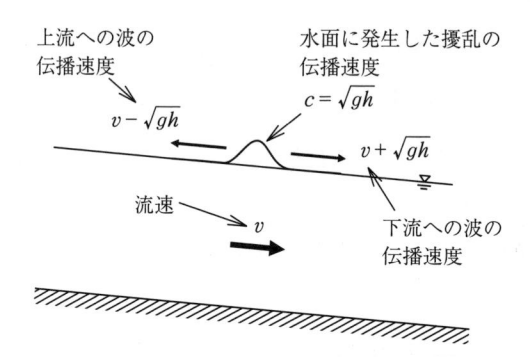

図 7.11 流速と水面の擾乱の速度

水面の擾乱が開水路の流速に逆らって上流へ伝播するためには，擾乱の伝播速度 $c$ が開水路の流速 $v$ よりも大きくなければならない。これより，擾乱が上流へ伝播する常流の条件は $v < \sqrt{gh}$，擾乱が上流へ伝播しない射流の条件は $v > \sqrt{gh}$ となる。擾乱の速度と流速が同じ流れは限界流であり限界流速 $v_c$ と限界水深 $h_c$ の関係は次式のように書ける。

$$v_c = \sqrt{gh_c} \tag{7.65}$$

流速と擾乱の伝播速度の比を表した以下の式を**フルード数**（Froude number）と呼び，常流，射流，限界流の判別に用いられる。

$$Fr = \frac{v}{\sqrt{gh}} \tag{7.66}$$

常流では $v < \sqrt{gh}$ であるため $Fr < 1$，射流では $v > \sqrt{gh}$ であるため $Fr > 1$ であり，限界流では $Fr = 1$ となる。

### 7.4.3 流れの遷移と水面形

長方形断面の開水路流れにおける全水頭 $E$ は，次式で表せる。

$$E = \frac{Q^2}{2gh^2b^2} + h + s \tag{7.67}$$

ここに，$Q$ は流量，$h$ は水深，$s$ は水路床高，$b$ は水路幅である。水路の流下方向を $x$ として式 (7.67) を $x$ で微分すると，以下のようになる。

$$\begin{aligned}
\frac{dE}{dx} &= \frac{d}{dx}\left(\frac{Q^2}{2gh^2b^2} + h + s\right) \\
&= \frac{d}{dx}\left(\frac{Q^2}{2gh^2b^2}\right) + \frac{dh}{dx} + \frac{ds}{dx} = \left(1 - \frac{Q^2}{gh^3b^2}\right)\frac{dh}{dx} + \frac{ds}{dx} \\
&= \left(1 - \frac{v^2}{gh}\right)\frac{dh}{dx} + \frac{ds}{dx} = \left(1 - Fr^2\right)\frac{dh}{dx} + \frac{ds}{dx}
\end{aligned} \tag{7.68}$$

対象区間内において摩擦などによるエネルギー損失がない（$dE/dx = 0$）と仮定すると，式 (7.68) より，水深変化の式は次式で表される。

$$\frac{dh}{dx} = \frac{1}{Fr^2 - 1}\frac{ds}{dx} \tag{7.69}$$

水面高 $H = h + s$ とすると，つぎのような水面形の式が得られる。

$$\frac{dH}{dx} = \frac{Fr^2}{Fr^2 - 1}\frac{ds}{dx} \tag{7.70}$$

例として，**図 7.12** のように，水路床に突起物がある水路での水面形の変化を考える。常流では $Fr < 1$ であるため $Fr^2/(Fr^2 - 0) < 0$，射流では $Fr > 1$ であるため $Fr^2/(Fr^2 - 1) > 0$ である。したがって，式 (7.70) より突起物の上流側と下流側の $dH/dx$, $ds/dx$ をまとめるとつぎのようになる。

|  | 水路床の傾き | 常流 ($Fr < 1$) | 射流 ($Fr > 1$) |
| --- | --- | --- | --- |
| 突起物上流側： | $\dfrac{ds}{dx} > 0$ | $\dfrac{dH}{dx} < 0$ | $\dfrac{dH}{dx} > 0$ |
| 突起物頂点　： | $\dfrac{ds}{dx} = 0$ | $\dfrac{dH}{dx} = 0$ | $\dfrac{dH}{dx} = 0$ |

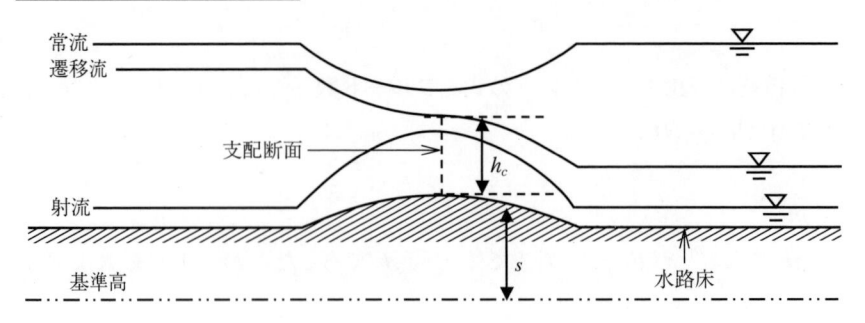

図 7.12　常流・射流における水面形の変化

突起物下流側：　　$\dfrac{ds}{dx}<0$　　　　$\dfrac{dH}{dx}>0$　　　　$\dfrac{dH}{dx}<0$

以上より，常流では突起物頂点で水面が凹み，射流では突起物頂点において水面が高くなることがわかる。

　常流において，突起物頂点で水面が低くなり限界水深に達すると，それより下流は射流となる。このように常流から射流に変わる流れを**遷移流**（transitional flow）と呼ぶ。流れが遷移する断面では限界水深が生じ，水面の擾乱が上流側に伝播する常流では流れの状態は下流側の条件に影響され，擾乱が上流側に伝播しない射流では流れの状態は上流側の条件に影響される。このような断面は上流側の常流，下流側の射流の状態を決定する断面であるため，**支配断面**（control section）と呼ばれる。

---

例題 7.7　**水路幅が変化する水路**

　**図 7.13** のような水路幅が変化する長方形断面水路の水面形の概形を示せ。

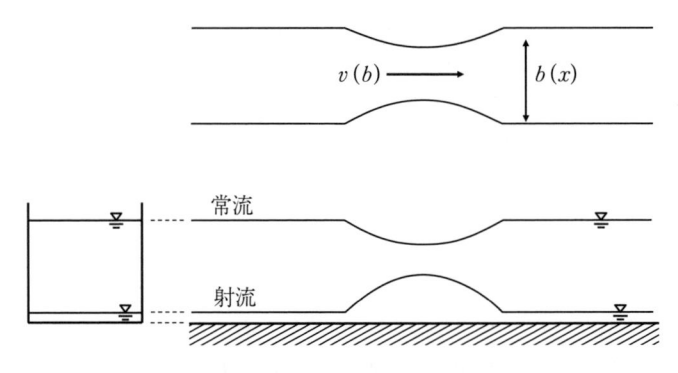

図 7.13　水路幅が変化する水路での水面形の変化

【解　答】

　水路床高は変化しないため $ds/dx=0$ である。したがって，全水頭 $E$ の $x$ による微分は以下のように表される。

$$\dfrac{dE}{dx}=\dfrac{d}{dx}\left(\dfrac{Q^2}{2gA^2}+h\right)=-\dfrac{Q^2}{gA^3}\dfrac{dA}{dx}+\dfrac{dh}{dx}=-\dfrac{Q^2}{gA^3}\left(b\dfrac{dh}{dx}+h\dfrac{db}{dx}\right)+\dfrac{dh}{dx}$$

$$= -\frac{Q^2}{gh^3b^2}\frac{dh}{dx} - \frac{Q^2}{gh^2b^3}\frac{db}{dx} + \frac{dh}{dx} = \left(1 - \frac{Q^2}{gh^3b^2}\right)\frac{dh}{dx} - \frac{Q^2}{gh^2b^3}\frac{db}{dx}$$

$$= \left(1 - \frac{v^2}{gh}\right)\frac{dh}{dx} - \frac{v^2}{gh}\frac{h}{b}\frac{db}{dx} = (1 - Fr^2)\frac{dh}{dx} - Fr^2\left(\frac{h}{b}\right)\frac{db}{dx} \tag{7.71}$$

対象区間内のエネルギー損失を $0$ $(dE/dx = 0)$ とすると,つぎの水面形の式が得られる.

$$\frac{dh}{dx} = \frac{Fr^2}{1 - Fr^2}\left(\frac{h}{b}\right)\frac{db}{dx} \tag{7.72}$$

$h$, $b$ はつねに正なので,水路幅が変化する区間での水面形は以下のとおりとなり,図7.13の縦断面図に示す水面形となることがわかる.

|  | 水路幅の変化 | 常流 $(Fr<1)$ | 射流 $(Fr>1)$ |
|---|---|---|---|
| 水路幅が減少する区間: | $\dfrac{db}{dx}<0$ | $\dfrac{dh}{dx}<0$ | $\dfrac{dh}{dx}>0$ |
| 水路幅が拡大する区間: | $\dfrac{db}{dx}>0$ | $\dfrac{dh}{dx}>0$ | $\dfrac{dh}{dx}<0$ |

---

### コラム  なぜ水位でなく流量を使うのか

川の流れを見ていると,川の表面の高さ(水位)が日に日に変化する.上流に雨が降ったら水位が上がるし,無降雨が続くと水位が下がる.水位はもちろん川を流れる水の量(流量)に依存する.水位は見た目に明らかであるが,流量はわかりにくい.

それなのに,河川の計画(河川整備基本方針,河川整備計画)においては,なぜ水位〔m〕ではなく流量〔m³/s〕を使うのであろうか.

洪水を防ぐために水をダムや遊水地に貯める.水源を確保するために水をダムや貯水池に貯める.さて,どれだけの水を貯めたらよいのだろうか.このようなことは流量を基本にしなければ計算できない.

また,開水路の水理学で習うように,同じ流量でも射流の場合と常流の場合とで異なる水位となる.同じ水位でも流れの状態によって流量が変わる.水位だけでは,流量がわからないのである.流量によって上流から下流まで一貫して水の流れを連続的に把握することができる.したがって,河川や水資源の計画では水の量が把握できる流量を使うのである.

洪水のときを考えてみよう.洪水が堤防を越えて溢れると浸水被害をもたらす.堤防を越えた流れは堤防を決壊させることもあるため甚大な被害をもたらす.住民は避難すべきかどうかの判断を迫られる.このとき,流量の数値を伝えられてもどうしたらよいかわからない.水位だとあと何m,何cm堤防の天端まで余裕があるのかないのかがわかる.したがって,洪水の予報・警報では水位情報を用いる.国土交通省では,平成18年度から,水位の危険度レベルを設定するとともに,区切りとなる水位の名称は,危険度レベルを認識できるよう改善した.水防団待機水位(レベル1),氾濫注意水位(レベル2),避難判断水位(レベル3),氾濫危険水位(レベル4),氾濫発生(レベル5)である.河川のそばの住民に対しては,レベル3の水位になったら避難指示が出される.

こういう場合は,逆に,流量よりも水位のほうがわかりやすく住民の判断もしやすいので,水位を使うのである.

## 7.4.4 跳水と比力

常流から射流に遷移する区間では，限界水深が生じる断面が支配断面となり，連続的に水面が変化する。しかし，射流から常流に変化する区間では，射流の流れは上流の条件に，常流の流れは下流の条件によって決定されるため，射流から常流に変わる区間では支配断面は存在せず，流れは不連続となる。そのような不連続な区間では**跳水**（hydraulic jump）が発生する。

跳水では渦によってエネルギーが消費されるため，跳水前後でエネルギーは保存されない。しかし，運動量は保存される。**図7.14**のような水平水路を考える。断面Ⅰ，Ⅱ間での摩擦を0とすると，跳水前後の運動量方程式は次式のように表される。

$$\rho q v_2 - \rho q v_1 = \frac{\rho g h_1^2}{2} - \frac{\rho g h_2^2}{2} \tag{7.73}$$

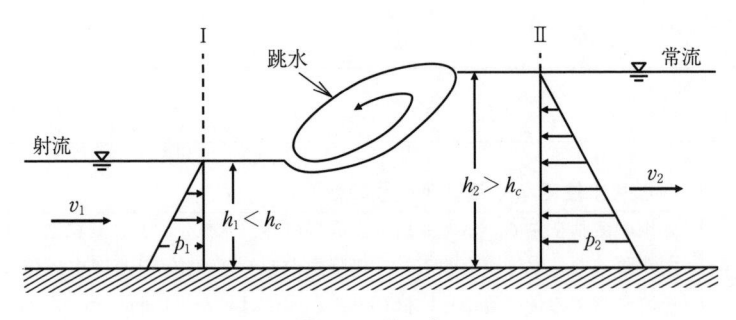

**図7.14 跳 水**

ここに，$v_1$，$v_2$ および $h_1$，$h_2$ はそれぞれ断面Ⅰ，Ⅱの流速および水深，$q$ は単位幅流量である。式 (7.73) の左辺は跳水前後の運動量変化，右辺は断面Ⅰ，Ⅱに作用する水圧であり，両辺を流体の密度 $\rho$ で除すると，次式のように変形できる。

$$\frac{q^2}{h_2} - \frac{q^2}{h_1} = \frac{g h_1^2}{2} - \frac{g h_2^2}{2} \tag{7.74}$$

左辺に断面Ⅰ，右辺に断面Ⅱに関係する項を集めると次式となる。

$$\frac{q^2}{g h_1} + \frac{h_1^2}{2} = \frac{q^2}{g h_2} + \frac{h_2^2}{2} \tag{7.75}$$

式 (7.75) は，つぎのような**比力** $F_s$（specific force）が跳水前後で保存されていることを示す。

$$F_s = \frac{q^2}{gh} + \frac{h^2}{2} \tag{7.76}$$

式 (7.76) の関係を図示すると**図7.15**のようになり，比力と水深が下に凸の関係にあることを示す。このとき，流量一定で比力を最小とする水深が限界水深である。式 (7.76) を $h$ で微分すると次式が得られる。

$$\frac{dF_s}{dh} = \frac{d}{dh}\left(\frac{q^2}{gh} + \frac{h^2}{2}\right) = -\frac{q^2}{gh^2} + h \tag{7.77}$$

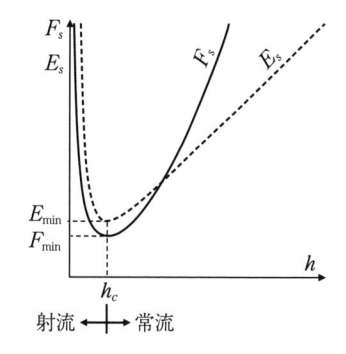

図7.15 比力と水深の関係

射流 ← | → 常流

$dF_s/dx = 0$ のときの水深を式 (7.77) より求めると，つぎのような限界水深の式が得られる．

$$h_c = \sqrt[3]{\frac{q^2}{g}} \tag{7.78}$$

---

**例題 7.8** **共役水深**

跳水前後の水深を**共役水深**（conjugate depths）と呼ぶ．比力保存の式より共役水深の理論式を導け．

【解　答】

式 (7.75) の比力保存の式を整理すると，次式が得られる．

$$h_1^2 + h_1 h_2 - \frac{2q^2}{gh_2} = 0 \tag{7.79}$$

2 次方程式の解より $h_1$, $h_2$ を求める．

$$h_2 = -\frac{h_1}{2} + \sqrt{\frac{h_1^2}{4} + \frac{2q^2}{gh_1}}, \quad h_1 = -\frac{h_2}{2} + \sqrt{\frac{h_2^2}{4} + \frac{2q^2}{gh_2}} \tag{7.80}$$

式 (7.80) を整理すると，以下のような $h_1$ と $h_2$ の比が得られる．

$$\frac{h_2}{h_1} = \frac{1}{2}\left(\sqrt{1 + 8Fr_1^2} - 1\right) \tag{7.81}$$

$$\frac{h_1}{h_2} = \frac{1}{2}\left(\sqrt{1 + 8Fr_2^2} - 1\right) \tag{7.82}$$

ここに，$Fr_1$, $Fr_2$ はそれぞれ断面Ⅰ，Ⅱにおける流れのフルード数である．

$$Fr_1 = \frac{q}{\sqrt{gh_1^3}} \tag{7.83}$$

$$Fr_2 = \frac{q}{\sqrt{gh_2^3}} \tag{7.84}$$

---

**例題 7.9** **跳水によるエネルギー損失**

跳水の区間では，渦の発生によりエネルギーが損失する．跳水によるエネルギー損失量（損失水頭）$\Delta E$ を求めよ．

## 【解 答】

跳水前後の全水頭を $E_1$, $E_2$ とすると，エネルギー損失量 $\Delta E$ は以下のように表される。

$$\Delta E = E_1 - E_2$$
$$= \left(\frac{q^2}{2gh_1^2} + h_1\right) - \left(\frac{q^2}{2gh_2^2} + h_2\right) = (h_1 - h_2) + \frac{q^2}{2g}\frac{h_2^2 - h_1^2}{h_1^2 h_2^2}$$
$$= \frac{(h_2 - h_1)^3}{4h_1 h_2} \tag{7.85}$$

跳水前後の水深 $h_1$, $h_2$ は $h_1 < h_2$ なので，$\Delta E > 0$ となる。したがって，跳水によるエネルギー損失は必ず発生する。

### 7.4.5 堰を越える流れ

図 7.16 のような長方形断面の堰を越える流れでは，堰上流側の水深（越流水深）を計測することにより，堰を越える流れの流量を計測することができる。堰の上流側の流れは常流であり，堰を越えた後の流れは必ず射流となっており，堰を越えるどこかに限界水深となる支配断面が存在する。したがって，堰を越える流れの単位幅流量 $q$ は，限界水深 $h_c$ を用いて次式で表すことができる。

$$q = v_c h_c = h_c \sqrt{gh_c} \tag{7.86}$$

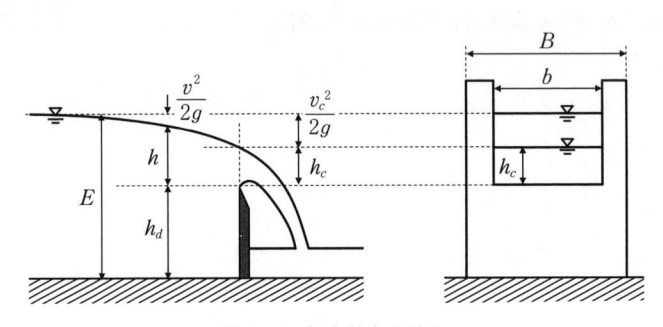

**図 7.16 堰を越える流れ**

ここに，基準高を堰の高さ $h_d$ とし，堰におけるエネルギー損失がないと仮定すると，堰より上流の箇所と越流箇所における比エネルギー保存の式は次式のように表される。

$$E = \frac{v^2}{2g} + h = \frac{v_c^2}{2g} + h_c \tag{7.87}$$

堰上流の流れはきわめて緩やかであるので，越流水深 $h$ の計測位置における流速 $v = 0$ と仮定すると，式 (7.87) より，越流水深 $h$ は次式となる。

$$h = \frac{v_c^2}{2g} + h_c = \frac{3}{2}h_c \tag{7.88}$$

したがって，単位幅流量 $q$ は次式のように表すことができる。

$$q = h_c \sqrt{gh_c} = \sqrt{g}\left(\frac{2}{3}h\right)^{3/2} \tag{7.89}$$

〔1〕 全 幅 堰

水路幅 $B$ と越流幅 $b$ が同じ堰を全幅堰と呼ぶ。全幅堰の理論的な越流量 $Q$ は式（7.89）より次式で表され，越流水深 $h$ の 3/2 乗に比例することがわかる。

$$Q = b\sqrt{g}\left(\frac{2}{3}h\right)^{3/2} \tag{7.90}$$

一般には，実験水路によって求められたつぎの経験式が用いられる。

$$Q = Cbh^{3/2}, \quad C = 1.785 + \left(\frac{0.00295}{h} + 0.0237\frac{h}{h_d}\right)(1+\varepsilon) \quad (\text{m, s 単位系}) \tag{7.91}$$

ここに，$h_d$ は堰の高さ，$\varepsilon$ は補正項（$h_d \leq 1$ m の場合 $\varepsilon = 0$，$h_d > 1$ m の場合 $\varepsilon = 0.55(h_d - 1)$）である。$B \geq 0.5$ m，$h_d = 0.3 \sim 2.5$ m，$h = 0.03 \sim 0.8$ m（ただし $h \leq h_d$，かつ $h \leq B/4$）が式（7.91）の適用範囲とされている。

〔2〕 四 角 堰

水路幅 $B$ と越流幅 $b$ が異なる長方形堰を四角堰と呼ぶ。全幅堰と同様に理論式は式（7.90）で表され，つぎの経験式が一般に用いられる。

$$Q = Cbh^{3/2}$$

$$C = 1.785 + \frac{0.00295}{h} + 0.0237\frac{h}{h_d} - 0.428\left(\frac{(B-b)h}{h_d B}\right)^{1/2} + 0.034\left(\frac{B}{h_d}\right)^{1/2} \quad (\text{m, s 単位系}) \tag{7.92}$$

〔3〕 三 角 堰

越流量 $Q$ は，支配断面の断面積 $A_c$ と限界流速 $v_c$ より，次式で表される。

$$Q = A_c v_c = A_c \sqrt{gh_c} \tag{7.93}$$

三角堰の支配断面 $A_c$ の断面積は，図 7.17 に示す頂点の角度 $\theta$ を用いて，次式で求められる。

$$A_c = h_c^2 \tan\frac{\theta}{2} \tag{7.94}$$

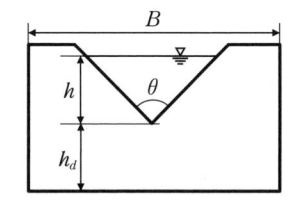

図 7.17 三角堰の断面

したがって，三角堰の越流量 $Q$ の理論式は次式となる。

$$Q = \tan\frac{\theta}{2}\sqrt{g}\,h_c^{5/2} = \tan\frac{\theta}{2}\sqrt{g}\left(\frac{2}{3}h\right)^{5/2} \tag{7.95}$$

三角堰の経験式としては，頂点の角度 $\theta$ を 90° とした場合の以下のような式が提案されている。

$$Q = Ch^{5/2}, \quad C = 1.354 + \frac{0.004}{h} + \left(0.14 + \frac{0.2}{h_d^2}\right)\left(\frac{h}{B} - 0.09\right)^2 \quad (\text{m, s 単位系}) \tag{7.96}$$

## 7.4.6 衝撃波

静止した水面に擾乱を与えると，**図7.18**（a）のように波は同心円状に広がる。常流の水面に擾乱を与えると，擾乱の伝播速度 $c$ は流速 $v$ より速いため，図7.18（b）のように同心円状の波は上流側にも広がる。一方，射流の水面に擾乱を与えると，擾乱の伝播速度 $c$ より流速 $v$ の方が速いため，図7.18（c）の PA および PA′ の範囲より外に擾乱は伝播せず，水面の不連続面が発生する。この水面の不連続面を**衝撃波**（shock wave）と呼ぶ。APA′ のなす角を $2\alpha$ とするとき，$\alpha$ を

---

### 画像で流量を計る

**コラム**

河川流量は，水資源や洪水防御の計画および施策にとって重要な基本量である。河川に堰や水門を作ったり，貯水池や水路の下流端に量水堰を作ったりしている場所では，穏やかな流れであれば，水理学的な理論に基づいて，流量を比較的容易に正確に計ることができる。

ところが，洪水時の流量計測は難しい。流れが速く乱れも大きいこと，また，計測そのものが危険だからである。伝統的な手法は，橋の上から複数の浮子を流して，その流下速度を計測し，各浮子が代表する部分断面の流量を算定し，それらを合計して河道全断面の流量とする，というもので，少なくとも五人以上の人員を要する。

流量観測においては，実務的観点から，安全性・迅速性・確実性が必須である。さらに，観測技術として，精度・安定性・観測コストの観点も重要である。

高速ビデオカメラ，画像取得・解析技術の発達により，画像解析による流量推定が現実的な方法として有望視されるようになってきた。すなわち，流水表面の模様，流下物の軌跡を画像に収録し，それを処理することによって水表面流速を計測し，河道内での流量を推定するのである。

街角のあちこちに防犯カメラが備え付けられ，犯罪の解決に役立っている現代である。同様に，河川管理のために，河川沿いに多数の CCTV カメラが設置されている。堤防上の支柱に設置されることが多く，大洪水時においても監視映像を取得できる。よって，観測員の安全の問題が回避できる。こうした観点から，CCTV カメラを利用した画像解析による流量観測が現実味を帯びてきた。

画像解析法には，トレーサー粒子を追跡して流速を求める PTV（Particle Imaging Velocimetry）法のほか，LSPIV（Large-Scale Particle Image Velocimetry）法，STIV（Space-Time Image Velocimetry）法があり，これらは流水表面流速を平面二方向あるいは主流方向流速で計測することが可能である。一方，画像から流量を推定するアルゴリズムも開発されつつある。PTV法は浮子流下軌跡の定量的な把握が可能であるため，伝統的な計測技術体系を大きく変えることなく浮子測法の観測精度の向上が期待できる。

常時固定の監視カメラであれば，安全性，安定性，観測コストの観点において優れている。また，移動式カメラであれば，場所を選ばず（カメラを設置する場所が見つかれば）どこでも観測可能という意味で確実性に優れる。河道断面方向の流速分布を画像として一度に（同一画面上で）取得できるという点で迅速性もある。一方，短所としては，撮影する角度（俯角）が必要であり，川幅の広い大河川で横断方向の画像取得が難しい，という点で確実性に欠ける。画像解析に時間がかかると迅速性の観点が損なわれる。夜間や暴風雨の最中に画像が確実に取れるかどうか，流水表面の画像だけでは河道掘削などによる断面変化はわからないので精度に問題が出てくる。

洪水時の現象の3次元解析の進歩が，画像解析精度の向上に大いに貢献することになる。

(a) $v=0$　　(b) $v<c$（常流）　　(c) $v>c$（射流）

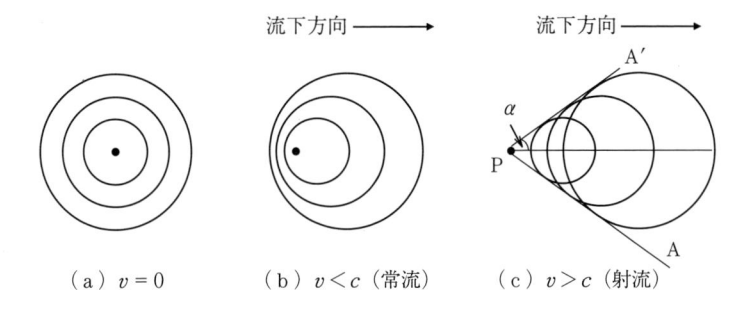

**図 7.18** 水面に与えられた擾乱と衝撃波

**マッハ角**（Mach angle）と呼び，次式で表される．

$$\sin\alpha = \frac{c}{v} \tag{7.97}$$

## 7.5 不等流（漸変流）

### 7.5.1 不等流の基礎式

　水深や流速が場所によって変化する開水路流れを不等流と呼ぶ．不等流のうち，水深や流速が緩やかに変化する流れを漸変流という．不等流の基礎式は式（7.9）で表される．流量 $Q$，断面積 $A$ を用いると，式（7.9）は次式となる．

$$\frac{d}{dx}\left(\frac{Q^2}{2gA^2}+h+s+h_f\right) = -\frac{Q^2}{gA^3}\frac{dA}{dh}\frac{dh}{dx}+\frac{dh}{dx}+\frac{ds}{dx}+\frac{dh_f}{dx} = 0 \tag{7.98}$$

水路の断面が水路幅 $B$ の長方形断面であれば，$h_c = \sqrt[3]{Q^2/gB^2}$，$dA/dh = B$ である．また，水路床勾配 $ds/dx = -i$ とおくと，式（7.98）は以下のように変形できる．

$$= \left(1-\frac{Q^2}{gA^3}B\right)\frac{dh}{dx}-i+\frac{dh_f}{dx} = \left(1-\frac{Q^2}{gB^2h^3}\right)\frac{dh}{dx}+i+\frac{dh_f}{dx}$$

$$= \left(1-\frac{h_c^3}{h^3}\right)\frac{dh}{dx}-i+\frac{dh_f}{dx} = 0 \tag{7.99}$$

これより，つぎのような不等流の水面形の式が得られる．

$$\frac{dh}{dx} = \frac{i-\dfrac{dh_f}{dx}}{1-\left(\dfrac{h_c}{h}\right)^3} \tag{7.100}$$

損失勾配 $dh_f/dx$ は，ダルシー・ワイズバッハの式を用いて，次式のように表される．

$$\frac{dh_f}{dx} = f'\frac{v^2}{2gR} = f'\frac{Q^2}{2gRA^2} \tag{7.101}$$

漸変流は同一流量の等流に遷移する．そこで，流量 $Q$ をシェジーの平均流速公式を用いて表現する．

$$Q = A_0 C\sqrt{R_0 i} \tag{7.102}$$

ここに，$A_0$，$R_0$ は等流状態の断面積，径深である．式（7.101）に式（7.102）を代入すると次式が得られる．

$$\frac{dh_f}{dx} = \frac{2g}{C^2}\frac{1}{2gRA^2}\left(A_0 C\sqrt{R_0 i}\right)^2 = \frac{R_0 A_0^2}{RA^2}i \tag{7.103}$$

また，広幅長方形断面を仮定すると，$R_0 \simeq h_0$，$A_0 = Bh_0$ であるため，式（7.100）は，最終的につぎのような簡単な式に変形できる．

$$\frac{dh}{dx} = i\frac{1-\left(\dfrac{h_0}{h}\right)^3}{1-\left(\dfrac{h_c}{h}\right)^3} \tag{7.104}$$

式（7.104）は，シェジーの平均流速公式を用いた不等流水面形の式である．同様に，マニングの平均流速公式を用いた場合の不等流水面形の式はつぎのとおりとなる．

$$\frac{dh}{dx} = i\frac{1-\left(\dfrac{h_0}{h}\right)^{10/3}}{1-\left(\dfrac{h_c}{h}\right)^3} \tag{7.105}$$

### 課題 7.2

マニングの平均流速公式を用いた広幅長方形断面における不等流水面形の式（式（7.105））を導出せよ．

### 7.5.2 限界勾配

流れが限界流となったときの水路床勾配を**限界勾配**（critical slope）と呼び，等流の流れ（水深は等流水深）が限界流（水深は限界水深）となった場合の水路床勾配と言い換えることができる．等流水深は等流状態における水深であり，等流状態の運動方程式は平均流速公式で表せるため，等流水深は平均流速公式より求めることができる．

シェジーの平均流速公式を用いた場合，長方形断面水路，広幅長方形断面水路の流量 $Q$ は次式で表される．

$$Q = Av = bhC\sqrt{Ri} \simeq bC\sqrt{h^3 i} \tag{7.106}$$

したがって，シェジー公式を用いた場合の等流水深 $h_0$ は次式となる．

$$h_0 = \sqrt[3]{\frac{Q^2}{b^2 C^2 i}} = \sqrt[3]{\frac{q^2}{C^2 i}} \tag{7.107}$$

同様に，マニングの平均流速公式を用いた場合の流量 $Q$ は

$$Q = Av = bh\frac{1}{n}R^{2/3}i^{1/2} \simeq b\frac{1}{n}h^{5/3}i^{1/2} \tag{7.108}$$

となるため，等流水深 $h_0$ は次式で表される．

$$h_0 = \left(\frac{nQ}{bi^{\frac{1}{2}}}\right)^{3/5} = \left(\frac{nq}{i^{\frac{1}{2}}}\right)^{3/5} \tag{7.109}$$

一方，限界水深は式（7.58）で表すことができる．限界勾配は $h_c = h_0$ のときの勾配なので，シェジー式を用いた場合は，次式を満足する $i$ が限界勾配となる．

$$h_0 = \sqrt[3]{\frac{Q^2}{b^2 C^2 i}} = \sqrt[3]{\frac{Q^2}{gb^2}} = h_c \tag{7.110}$$

したがって，シェジーの平均流速公式を用いた限界勾配 $i_c$ は，次式のように表される．

$$i_c = \frac{g}{C^2} \tag{7.111}$$

また，マニングの平均流速公式を用いた場合は，次式となる．

$$i_c = \frac{gn^2}{h_c^{1/3}} \tag{7.112}$$

限界勾配より急な勾配を**急勾配**（steep slope），緩やかな勾配を**緩勾配**（mild slope）と呼ぶ．式（7.107），式（7.109）の両式とも水路床勾配が分母にあるため，緩勾配では等流水深は限界水深より大きく，急勾配では小さくなることがわかる．

### 7.5.3 不等流水面形の概形

#### 〔1〕 不等流水面形の基本形

式（7.104）または式（7.105）より，水深が等流水深に近づく（$h \to h_0$）場合には $dh/dx \to 0$ となり，水深は緩やかに等流水深に漸近する．一方，限界水深に近づく（$h \to h_c$）場合には $dh/dx \to \infty$ となるため，限界水深付近では急激に水深が変化し，水面は垂直になろうとする．このように，式（7.104）や式（7.105）を用いれば，不等流の水面形の概形を調べることができる．以下，不等流の様々な勾配において出現する水面形の基本形について説明する．

**a）緩勾配水路**（$i < i_c$）： 緩勾配水路における水面形の概形を**図7.19**に示す．緩勾配水路では，等流水深は限界水深の上方に位置する（$h_0 > h_c$）．水深が等流水深より大きい場合（$h > h_0$），式（7.104）および（7.105）より，流下方向に向かって水深は増加する（$dh/dx > 0$）．この水面形は

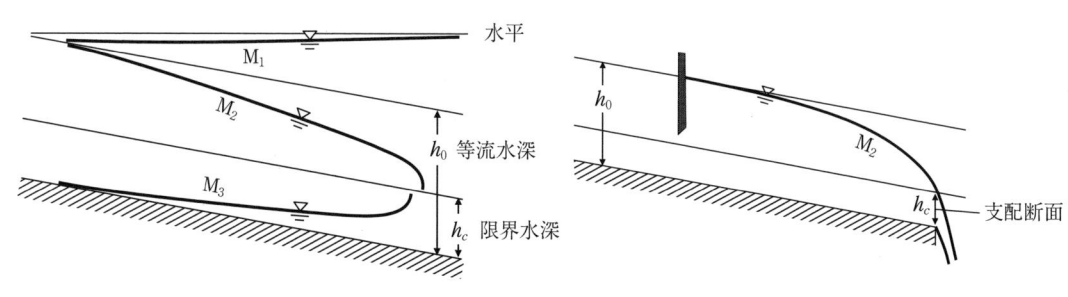

**図7.19** 緩勾配水路の水面形

**図7.20** ゲートと段落ちのある場合の緩勾配水路の水面形の例

$M_1$ 曲線と呼ばれ，堰や貯水池などで下流側の水位が高くなるときに生じる．特に，下流側に堰がある場合には堰上げ背水曲線と呼ばれる．水深が等流水深と限界水深の間にある場合 ($h_c < h < h_0$)，流下方向に向かって水位は減少する ($dh/dx < 0$)．この水面形は $M_2$ 曲線と呼ばれ，下流側に支配断面がある場合等に生じる．水深が限界水深より小さい場合 ($h < h_c$)，下流側に向かって水深は増加する ($dh/dx > 0$)．この水面形は $M_3$ 曲線と呼ばれ，上流側に限界水深よりも高さの低い開口部を持つゲートがある場合に生じる．開口部高さが限界水深よりも高いゲートが上流側に存在する場合には，下流側に段落ちなどによる支配断面が存在すれば，**図 7.20** のような $M_2$ 曲線となる．また，下流側に支配断面がなければ $M_1$ 曲線となる．

**b）急勾配水路**($i > i_c$)： 急勾配水路の水面形の概形を**図 7.21** に示す．急勾配水路では等流水深は限界水深の下に位置する．水深が限界水深の上にある場合 ($h > h_c$)，流下方向に向かって水深は増加する ($dh/dx > 0$)．この水面形は堰や貯水池により下流側の水位が高い場合に生じ，$S_1$ 曲線と呼ばれる．特に下流側に堰がある場合，緩勾配水路の場合と同様に堰上げ背水曲線と呼ばれる．水深が限界水深と等流水深の間にある場合 ($h_c > h > h_0$)，流下方向に向かって水深は減少する ($dh/dx < 0$)．この水面形は $S_2$ 曲線と呼ばれ，常流から支配断面を経て射流に遷移した場合等に生じる．水深が限界水深より下に位置する場合 ($h < h_0$)，下流側に向かって水深は増加 ($dh/dx > 0$) し，等流へと遷移する．この水面形は $S_3$ 曲線と呼ばれ，上流側にゲートがあり，ゲートの高さが等流水深よりも低い場合等に生じる．

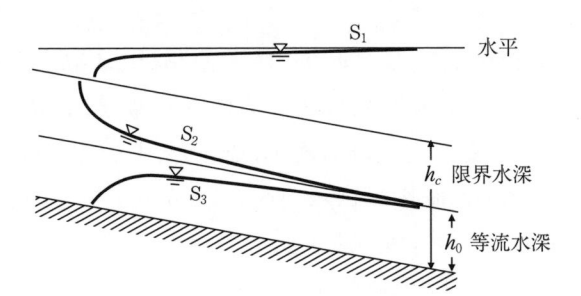

**図 7.21** 急勾配水路の水面形

**c）限界勾配水路**($i = i_c$)： 限界勾配では等流水深と限界水深は同じ高さとなる．限界勾配での水面形は**図 7.22** のように以下の三つに分類される．

$C_2$ 曲線：水深は等流水深となり，等流状態の流れである．

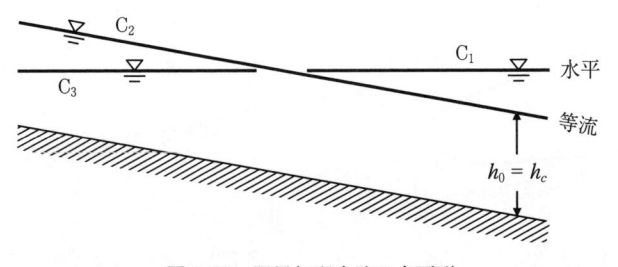

**図 7.22** 限界勾配水路の水面形

$C_1$ 曲線：式 (7.104) において，$i=i_c$ かつ $h_0=h_c$ の条件より $dh/dx=i_c$ となり，水面形は水平となる。$M_1$ 曲線，$S_1$ 曲線の極限である。

$C_3$ 曲線：$C_1$ 曲線と同様に水面形は水平。$M_3$ 曲線，$S_3$ 曲線の極限である。

**d） 水平勾配水路 ($i=0$)：** 水路床勾配 $i=0$ であるため，式 (7.107) または (7.109) より等流水深 $h_0=\infty$ となる。水平勾配水路は緩勾配水路の極端な例とみなされる。水平勾配水路の水面形は以下の二つに分類される（**図 7.23**）。

$O_2$ 曲線：$M_2$ 曲線の極端な状態

$O_3$ 曲線：$M_3$ 曲線の極端な状態

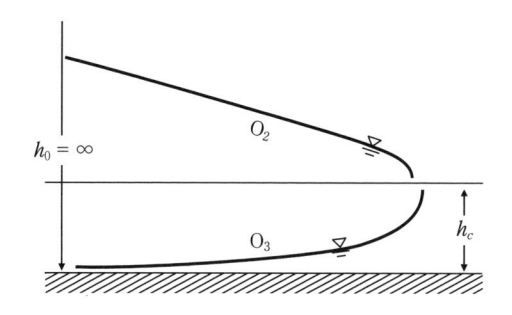

**図 7.23** 水平勾配水路の水面形

**e） 逆勾配水路 ($i<0$)：** $i<0$ のため等流水深は存在しない。水はエネルギーの高いほうから低いほうへ流れるので，エネルギー状態によっては水路床勾配が負であっても水は流れる。この場合の水面形は**図 7.24** に示す $A_2$ 曲線と $A_3$ 曲線に分類される。

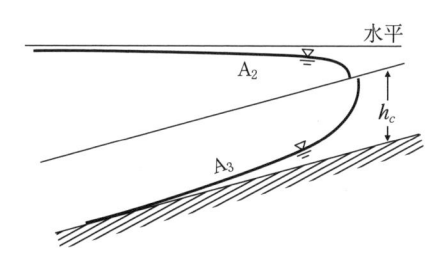

**図 7.24** 逆勾配水路の水面形

**課題 7.3**

緩勾配から急勾配に変化する十分長い水路の水面形および急勾配から緩勾配に変化する十分長い水路の水面形について論ぜよ。

## 〔2〕 堰を含む水路での水面形

堰のある水路における流れでは，どのような水面形となるだろうか？ 緩勾配水路では等流は常流となるので，堰より上流では，水深が上流に向かって徐々に減少し，等流水深に漸近する**図 7.25** のような水面形となる。このように堰に向かって徐々に水深が増加する現象を**堰上げ背水** (backwater) と呼ぶ。堰頂点より下流は射流となるので，堰頂点付近に支配断面が発生する。一方，急勾配水路では等流は射流となる。堰を乗り越える直前は緩勾配水路と同様に常流となるた

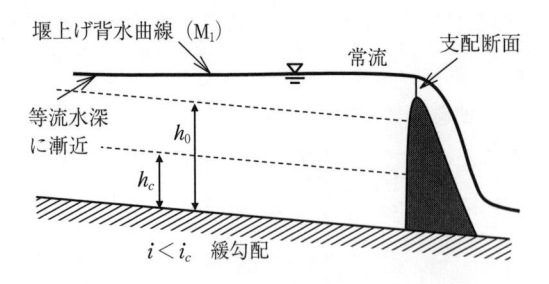

**図 7.25** 堰上流の水面形（緩勾配水路の場合）

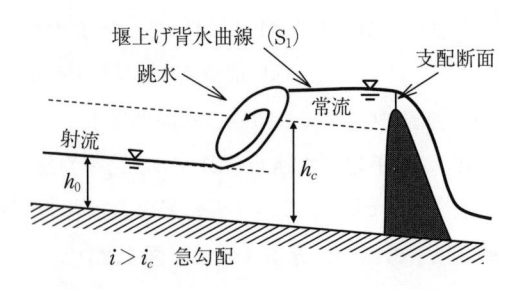

**図 7.26** 堰上流の水面形（急勾配水路の場合）

め，堰の上流側において，射流から常流への遷移，すなわち跳水が発生する**図 7.26**のような水面形となる。

　図 7.25 および図 7.26 のいずれにおいても，堰を越えた直後の流れは必ず射流となる。急勾配水路の場合，等流は射流となるので，堰を越えた後，$S_3$ 曲線にしたがって等流水深に漸近していく。緩勾配水路の場合，等流は常流となるため，どこかで射流から常流への遷移による跳水が発生する。したがって，**図 7.27**のように堰の下流で跳水が発生する。

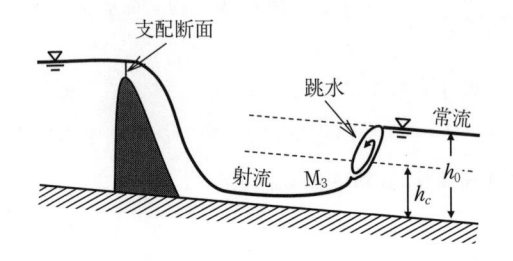

**図 7.27** 堰下流の水面形（緩勾配水路の場合）

### 〔3〕 ゲートを含む水路での水面形

　ゲートを含む水路では，どのような水面形となるだろうか？

　緩勾配水路では，限界水深は等流水深より低い。ゲートが限界水深より低い位置にある場合，ゲート通過直後は射流（$M_3$ 曲線）となる。ゲートより上流は $M_1$ 曲線となる。段落ちなどによる支配断面がゲート下流に位置している場合でも，ゲート下流から支配断面まで十分な距離があるときには，流れは必ず常流となるため，射流から常流への遷移による跳水が発生する。跳水は，下流の支配断面より算出される $M_2$ 曲線の水深 $h$ とゲートから算出される $M_3$ 曲線の水位に対応する共役水深 $h'$ の交わる箇所で発生する。段落ち部分では必ず支配断面が生じるため，段落ちから上流は $M_2$ 曲線により等流水深に漸近する。このため，水面形の概形は，**図 7.28**のようになる。

　ゲートが限界水深より高い位置にある場合，流れはつねに常流であり，水位は下流から計算される。ゲート直下ではゲート開口部より渦を伴った流れが生じ，すみやかに等流水深まで水位が上昇する。このときの水面形の概形は**図 7.29**のようになる。

　急勾配水路では，等流水深は限界水深より低い。ゲートが等流水深より低い場合，ゲートで流れが遮られるため，ゲート直上流部は常流となる。急勾配水路では等流は射流であるため，ゲートの前で射流から常流への遷移に伴う跳水が発生する。ゲート下流部では，ゲートの高さから $S_3$ 曲線で

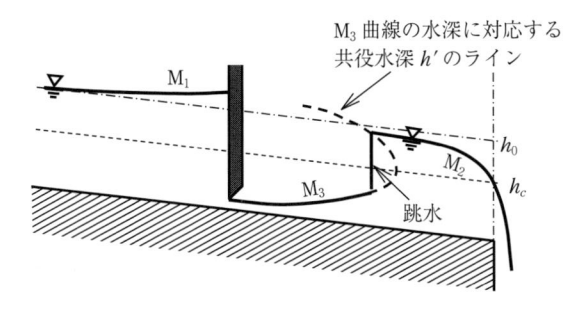

図7.28 ゲートのある緩勾配水路の水面形
（ゲートが限界水深より低い場合）

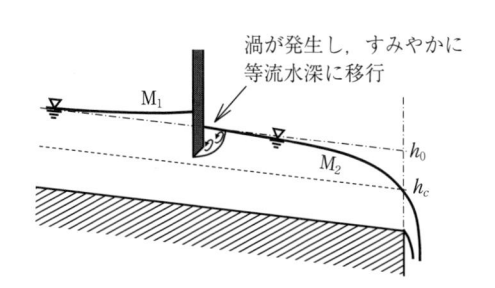

図7.29 ゲートのある緩勾配水路の水面形
（ゲートが限界水深より高い場合）

等流水深に漸近する。ゲート高さが等流水深より低い場合の水面形の概形は図7.30のようになる。

ゲート高さが等流水深より高い場合の水面形の概形を図7.31に示す。上流から等流水深で流れてきた場合はゲートに接触せずそのまま流下する（図7.31中の太破線）。ゲートの上流に貯水池などがあり，等流水深より高い位置にある場合，$S_2$ 曲線により等流水深に漸近する。ゲート位置における水深がゲートの高さより下であれば，そのままゲートに接触せず流下する（図7.31中の太一点鎖線）。ゲートの位置において水深がゲートの高さより上であれば，流れはゲートにより遮られるため，ゲート直前では常流となり，射流から常流への遷移に伴う跳水が発生する（図7.31中の太実線）。ゲートより下流は，ゲートの位置より $S_2$ 曲線に従い，等流水深へ漸近する流れとなる。

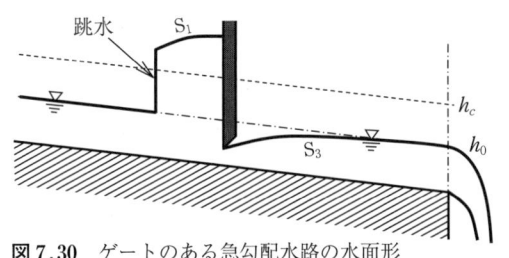

図7.30 ゲートのある急勾配水路の水面形
（ゲートが等流水深より低い場合）

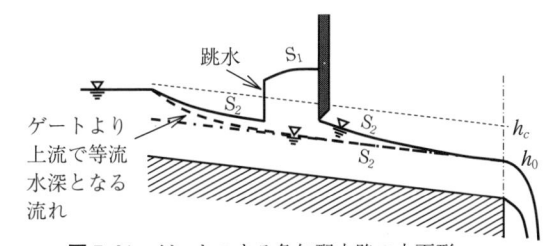

図7.31 ゲートのある急勾配水路の水面形
（ゲートが等流水深より高い場合）

## 演習問題

**【7.1】** 水路幅 $b=100$ m，マニングの粗度係数 $n=0.05$，水路床勾配 $i=1/900$ の広幅長方形断面水路で，流量 $Q=120$ m³/s で通水しているときの水深を求めよ。

**【7.2】** 水路底幅 $b=8$ m，マニングの粗度係数 $n=0.01$，水路床勾配 $i=1/1\,000$，両側壁の法勾配 1:2（$m=2$）の台形断面水路に，水深 $h=1.5$ m で通水しているときの流量を求めよ。

**【7.3】** 水路底幅 $b=8$ m，両側壁の法勾配 1:2（$m=2$），水路床勾配 $i=1/1\,000$，水路床と両側壁のマニングの粗度係数がそれぞれ $n_1=0.01$，$n_2=0.02$ の台形断面水路がある。水深 $h=2$ m で通水しているときの流量を求めよ。

**【7.4】** 側壁の勾配が $1:m=1:1.5$，水路勾配 $i=1/1\,500$，マニングの粗度係数 $n=0.015$ の台形断面水路に流量 $Q=30$ m³/s を流したい。水理学的に有利な断面を求めよ。

【7.5】 幅 $B=5$ m の長方形水路に流量 $Q=8$ m³/s の水が等流水深 $H=70$ cm で流れている。このとき，比エネルギー $E$ を求めよ。また，この流れが常流か射流かを三通りの方法でチェックせよ。

【7.6】 図 7.32 のような側壁勾配が 1:m で底幅が $b$ の台形断面水路における限界水深 $h_c$ と最小比エネルギー $E_{\min}$ の関係式を誘導せよ。

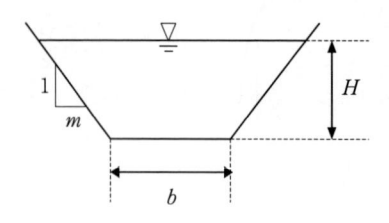

図 7.32 演習問題 7.6

【7.7】 シェジー係数 $C=50$，水路床勾配 $i=1/200$，水路幅 $B=20$ m の長方形断面水路において，水深 $h=0.8$ m で通水しているとする。以下の問いに答えよ。
 （1） 平均流速公式を用いて単位幅流量 $q$ を求めよ。
 （2） フルード数を求め，流れが常流・射流・限界流のいずれであるか判定せよ。
 （3） 比エネルギーを求めよ。
 （4） 限界水深を求めよ。

【7.8】 勾配が 0.0036 でマニングの粗度係数 $n=0.012$ の長方形断面水路に流量 $Q=16.4$ m³/s の水が流れている。この流れが限界流となるためには，水路の幅 $B$ はいくらでなければならないか。

【7.9】 勾配が 0.01 の長方形断面水路（マニングの粗度係数 $n=0.012$，幅 $B=4.57$ m）に流量 $Q=11.32$ m³/s の水が流れている。この流れが常流か射流かを勾配の値によって調べよ。

【7.10】 幅 $B=1.0$ m の長方形断面水路において水面勾配 $I=20/1000$ のとき，水深 $H=40$ cm，流量 $Q=0.65$ m³/s であった。この水路のマニングの粗度係数はいくらか。また，この流れは常流か射流かを調べよ。レイノルズ数の値も調べよ。

【7.11】 幅 $B=10$ m，勾配 $I=1/2000$ の長方形断面水路（マニングの粗度係数 $n=0.025$）において水が水深 $H=5$ m で流れているとき平均流速 $V$，流量 $Q$，摩擦速度 $u_*$，および底面に働くせん断応力 $\tau_0$ を求めよ。

【7.12】 幅 $B=3$ m，マニングの粗度係数 $n=0.015$，水路勾配が 0.001 の十分に長い長方形断面水路に水深 1.5 m の等流状態で水が流れている。以下の問いに答えよ。
 （1） 水路に突起物を設置するとき，その上で限界水深 $h_c$ が生じる突起物の最小高さを求めよ。
 （2） 狭窄部を設けたとき，その場所で限界水深を生じさせる最大幅を求めよ。

【7.13】 幅 $B=5$ m，流量 $Q=10$ m³/s の水路のある場所で跳水が発生している。跳水前の水深が $h_1=0.4$ m のとき，跳水後の水深 $h_2$ を求めよ。

【7.14】 幅の十分に広い長方形断面水路（マニングの粗度係数 $n=0.015$）の勾配が，途中で，$I_1=0.01$ から $I_2=0.001$ に変化している。単位幅流量が $q=2$ m²/s のとき，この水路に跳水が生じるかどうか調べよ。

【7.15】 マニングの粗度係数 $n=0.015$，水路床勾配 $i=1/400$，水路幅 $B=100$ m の長方形断面水路において，水深 $h=0.5$ m で通水しているとする。この水路を広幅長方形断面水路と仮定し，緩勾配水路か急勾配水路か判定せよ。

【7.16】 幅 $B=30\,\mathrm{cm}$ で可変勾配の長方形断面水路（マニングの粗度係数 $n=0.01$）に流量 $Q=0.03\,\mathrm{m}^3/\mathrm{s}$ の水を一定の状態で流している．水路勾配をいくらにすれば水深が限界水深となるか調べよ．また，そのときの流速を求めよ．つぎに，流量を変えずに水深を 20 cm にするには水路勾配をいくらに調整すればよいか．

【7.17】 図 7.33 は，ゲートを持つ湖から緩勾配の放流路につながる一定幅の水路の縦断図を示したものである．等流水深を破線，限界水深を一点鎖線で示し，この水路に発生し得る水面形を描け．

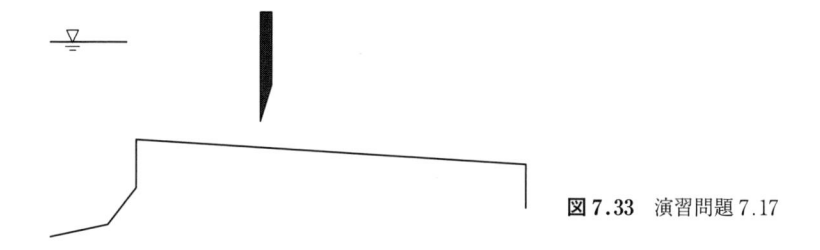

図 7.33　演習問題 7.17

【7.18】 図 7.34 は，ゲートを持つ湖から急勾配の放流路につながる一定幅の水路の縦断図を示したものである．等流水深を破線，限界水深を一点鎖線で示し，この水路に発生し得る水面形を描け．

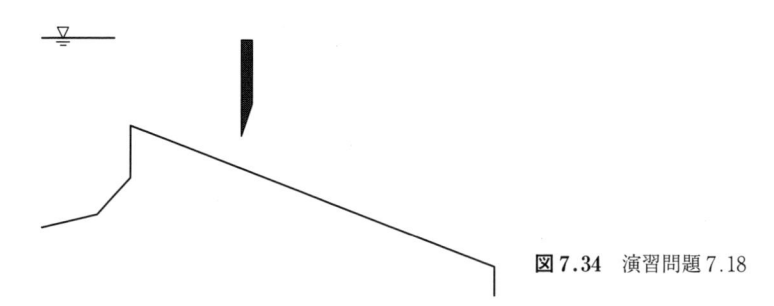

図 7.34　演習問題 7.18

【7.19】 図 7.35 のような水路の上流端の貯水池から水が流出し始めたとする．このときの水面形の概略を示せ．水路幅は一定とし，等流水深を破線，限界水深を一点鎖線で示したうえでスケッチせよ．図中の $i_c$ は限界勾配を指す．ただし，堰の先端は底面までの距離が，等流水深より大きい場合と小さい場合に分けて描くこと．

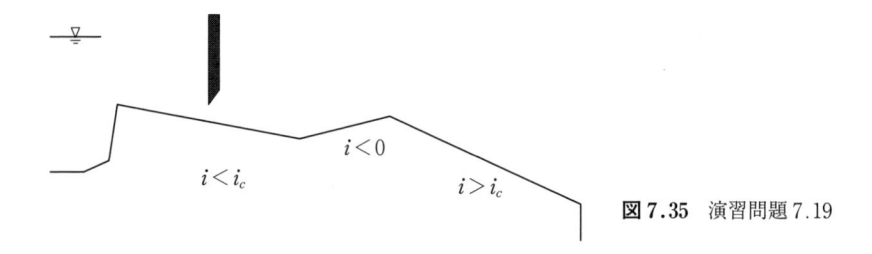

図 7.35　演習問題 7.19

# 【付録】
# A 次元解析

## 付録の内容

　本書では，力学の基本法則に基づく流体解析のイメージをつかむことを最大の目標としているため，本文中では単位について詳しく扱っていない。しかし，水理学では単位や次元を調べることで，現象の理解が容易になることも多い。このため，水理学における最低限の単位，次元および相似則に関する知識を付録としてまとめて示す。

## A.1 単位系と次元

### A.1.1 工学単位系と国際単位系（SI 単位系）

水理学で用いられる最も基本的な単位は，長さ〔m〕，時間〔s〕および力〔kgf または N〕または質量〔kg〕である。力と質量は，式 (2.2) に示すニュートンの運動の第 2 法則（ニュートンの運動方程式）で結びつけられる。例えば，質量 $m=1.0\,\mathrm{kg}$ の物体に作用する重力 $F$ は，重力加速度を $g=9.8\,\mathrm{m/s^2}$ とすれば，

$$F=mg=1.0\,\mathrm{kg}\times 9.8\,\mathrm{m/s^2}=9.8\,\mathrm{kg\cdot m/s^2} \tag{A.1}$$

と表される。国際単位系（SI 単位系）では，1 kg の物体を加速度 $1\,\mathrm{m/s^2}$ で動かすのに要する力を 1 N（ニュートン）と定義するため，式 (A.1) は，次式となる。

$$F=mg=1.0\,\mathrm{kg}\times 9.8\,\mathrm{m/s^2}=9.8\,\mathrm{kg\cdot m/s^2}=9.8\,\mathrm{N} \tag{A.2}$$

一方，工学単位系では，1 kg の物体に作用する重力を 1 kgf として表すため

$$F=mg=1.0\,\mathrm{kg}\times 9.8\,\mathrm{m/s^2}=9.8\,\mathrm{kg\cdot m/s^2}=1.0\,\mathrm{kgf} \tag{A.3}$$

と記述される。また，単位面積当りに作用する力（応力）は，SI 単位系では Pa（パスカル）または $\mathrm{N/m^2}$ で表され，工学単位系では $\mathrm{kgf/m^2}$ などが用いられる。

日本では以前は工学単位系がおもに用いられていたが，最近ではほとんどの場合，世界的な動きにしたがって，SI 単位系が使われるようになっている。

### A.1.2 次 元

工学単位系における基本単位は長さ，時間および力であり，これらの次元をそれぞれ [L]，[T] および [F] と表記する。こうした次元を LFT 系の次元という。一方，SI 単位系では，長さ，時間および質量が基本単位とされ，それぞれの次元は [L]，[T] および [M] と表される。このため，この場合には LMT 系の次元と呼ばれる。

上述の単位換算と同じく，これら二種類の次元はニュートンの運動方程式で関係づけられる。

**表 A.1** 水理学で用いるおもな力学量の次元と単位

| 力学量 | LFT 系 | LMT 系 | SI 単位 |
|---|---|---|---|
| 速度 | $LT^{-1}$ | $LT^{-1}$ | m/s |
| 加速度 | $LT^{-2}$ | $LT^{-2}$ | $\mathrm{m/s^2}$ |
| 質量 | $L^{-1}FT^2$ | M | kg |
| 力（重量） | F | $LMT^{-2}$ | N |
| 圧力，せん断応力 | $L^{-2}F$ | $L^{-1}MT^{-2}$ | Pa, $\mathrm{N/m^2}$ |
| 密度 | $L^{-4}FT^2$ | $L^{-3}M$ | $\mathrm{kg/m^3}$ |
| 単位重量 | $L^{-3}F$ | $L^{-2}MT^{-2}$ | $\mathrm{N/m^3}$ |
| 運動量 | FT | $LMT^{-1}$ | N·s |
| エネルギー | LF | $L^2MT^{-2}$ | J, N·m |
| 粘性係数 | $L^{-2}FT$ | $L^{-1}MT^{-1}$ | kg/(m·s) |
| 動粘性係数 | $L^2T^{-1}$ | $L^2T^{-1}$ | $\mathrm{m^2/s}$ |

$$[F] = [M] \times [L/T^2] = [LMT^{-2}] \tag{A.4}$$

水理学で用いられるおもな力学量の次元と単位を**表A.1**にまとめて示す。

## A.2 次 元 解 析

速度の単位はm/sなどで表せるため，長さ（距離）〔m〕を時間〔s〕で割ることで速度が求められることはだれもが知っている。これを次元で表せば

$$[L/T] = [L]/[T] \tag{A.5}$$

となる。こうした次元に基づく力学量間の関係を調べる方法を**次元解析**（dimension analysis）という。式（A.4）も次元解析の一つといえる。

4.2.1項で扱った例題4.6のような流体中の物体に作用する力を例として考えてみる。流速$U$の一様な流れの中に置かれた直径$d$の円柱に作用する流体力$F$は，流体の密度を$\rho$，水深を$h$とするとき，密度$\rho$，流れの垂直面への円柱の投影面積$dh$および流速$U$の関数として表せると考えられる。そこで，無次元の比例係数$C$を用いて次式の関係を仮定する。

$$F = C\rho^x(dh)^y U^z \tag{A.6}$$

式（A.6）中の力学量の次元は，LMT系でつぎのように表せる。

$$F : [LMT^{-2}] \tag{A.7}$$

$$\rho : [L^{-3}M] \tag{A.8}$$

$$dh : [L^2] \tag{A.9}$$

$$U : [LT^{-1}] \tag{A.10}$$

これらを用いて，式（A.6）を次元の関係式として表すと次式となる。

$$[LMT^{-2}] = C[L^{-3}M]^x[L^2]^y[LT^{-1}]^z \tag{A.11}$$

これを次元方程式という。両辺の各次元は一致しなければならないので，両辺を比較すると，つぎの連立方程式が得られる。

$$L : 1 = -3x + 2y + z \tag{A.12}$$

$$M : 1 = x \tag{A.13}$$

$$T : -2 = -z \tag{A.14}$$

式（A.12）～式（A.14）を解けば，$x=1$，$y=1$，$z=2$と求められ，これらを式（A.6）に代入すれば，流体力がつぎのように表される。

$$F = C\rho dh U^2 \tag{A.15}$$

この結果は式（4.51）と一致し，力学量間の次元の基本的な関係だけから現象を記述する式を導けることがわかる。

式（A.11）のような次元方程式から力学量間の関係を求める方法は**レイリーの方法**（Rayleigh's method）と呼ばれ，力学量が三つ以内の場合に有力な解析方法となる。

## A.3 相似則

河川や海岸での流れや波の現象を調べる際，力学的な解析が困難となる場合がある．例えば，実際の水理構造物の設計においては，地形条件が複雑となることが一般的であり，水理模型実験が有効な手法となる．模型実験を行う場合，実物（prototype）と模型（model）との縮尺を合わせることが必要になる．この縮尺としては，寸法比だけでなく，水理現象としての相似性も確保されなければならず，このための条件を相似条件という．

### A.3.1 相似条件

実物と模型との寸法比を一致させることを**幾何学的相似**という．$x$ 方向，$y$ 方向および $z$ 方向のそれぞれの寸法を $X$，$Y$ および $Z$ とすれば，**幾何学的縮尺** $\lambda_g$ は次式で表される．

$$\frac{X_m}{X_p} = \frac{Y_m}{Y_p} = \frac{Z_m}{Z_p} = \lambda_g \tag{A.16}$$

ここに，添字 $p$ および $m$ は，それぞれ実物および模型に関する寸法を表す．

流速成分の比を実物と模型で一致させることを**運動学的相似**という．各方向の流速を $u$，$v$ および $w$ とすれば，**運動学的縮尺** $\lambda_k$ は次式となる．

$$\frac{u_m}{u_p} = \frac{v_m}{v_p} = \frac{w_m}{w_p} = \lambda_k \tag{A.17}$$

流体内の力や加速度の比についても実物と模型で同一にする必要があり，これを**力学的相似**という．式 (5.16) のレイノルズ数 $Re$ を定義した考え方と同様に，ナビエ・ストークス方程式における各項の比を一致させることで，次式のように**力学的縮尺** $\lambda_d$ を定義できる．

$$\underbrace{\frac{U_m^2 L_m^{-1}}{U_p^2 L_p^{-1}}}_{\text{慣性力}} = \underbrace{\frac{g_m}{g_p}}_{\text{重力}} = \underbrace{\frac{U_m^2 L_m^{-1}}{U_p^2 L_p^{-1}}}_{\text{圧力}} = \underbrace{\frac{\nu_m U_m L_m^2}{\nu_p U_p L_p^2}}_{\text{粘性力}} = \lambda_d \tag{A.18}$$

ここに，$L$ および $U$ はそれぞれ代表長さおよび代表速度を表す．

これら三つの相似条件を満足させることを**水理学的相似**（hydraulic similitude）という．

### A.3.2 レイノルズの相似則

式 (A.18) において，粘性力と慣性力が支配的となる管路流れでは，力学的縮尺 $\lambda_d$ は次式となる．

$$\lambda_d = \frac{U_m^2 L_m^{-1}}{U_p^2 L_p^{-1}} = \frac{\nu_m U_m L_m^2}{\nu_p U_p L_p^2} \tag{A.19}$$

これを変形すれば，式 (5.16) のレイノルズ数 $Re$ が得られる．

$$Re = \frac{\text{慣性力}}{\text{粘性力}} = \frac{U_p L_p}{\nu_p} = \frac{U_m L_m}{\nu_m} \tag{A.20}$$

このため，粘性力と慣性力が卓越する流れでは，実物と模型のレイノルズ数を一致させることが力学的相似条件となる。

$$Re_p = Re_m \tag{A.21}$$

これを**レイノルズの相似則**（Reynolds' law of similarity）という。

### A.3.3　フルードの相似則

開水路や海の波では重力と慣性力が卓越するため，式（A.18）の力学的縮尺 $\lambda_d$ はつぎのように表される。

$$\lambda_d = \frac{U_m^2 L_m^{-1}}{U_p^2 L_p^{-1}} = \frac{g_m}{g_p} \tag{A.22}$$

上式を変形すれば，式（7.66）で定義されたフルード数 $Fr$ が得られる。

$$Fr = \frac{慣性力}{重力} = \frac{U_p^2}{g_p L_p} = \frac{U_m^2}{g_m L_m} \tag{A.23}$$

このため，重力と慣性力が卓越する流れでは，実物と模型のフルード数を一致させることが力学的相似条件となる。

$$Fr_p = Fr_m \tag{A.24}$$

これを**フルードの相似則**（Froude's law of similarity）という。

# 【付　録】
# B 水理学で必要となる数学

## 付録の内容

　水理学では多くの数学的な知識が必要となる。しかし，ほかの工学分野と同様に，水理学における数学はあくまで道具であり，道具としての利用のポイントを把握しておくことで，水理学の理解が容易になることも多い。この付録では，数学的な厳密さは追求せず，水理学で必要となる数学（道具）のイメージをつかむことを目的として，そのエッセンスを解説する。

## B.1 常微分・偏微分と全微分

### B.1.1 常微分

高等学校での数学で学んだように，ある関数 $f(x)$ が独立変数 $x$ のみの関数であるとき，$f(x)$ の $x$ 微分は次式で定義される。

$$\frac{df}{dx} = \lim_{\Delta x \to 0} \frac{f(x+\Delta x) - f(x)}{\Delta x} \tag{B.1}$$

式（B.1）の $df/dx$ は，$x$ における関数 $f(x)$ の接線の傾き，すなわち $x$ 方向の関数 $f(x)$ の変化率を意味しており，微分係数または常微分係数と呼ばれる。

### B.1.2 偏微分

ある関数 $f(x, y)$ が独立変数 $x$ と $y$ の関数であるとき，関数 $f(x, y)$ は $xy$ 平面上での曲面を表すとイメージできる（例えば，図 4.15 における関数 $\phi(x, y)$）。座標 $(x, y)$ を通り，$y$ 軸に垂直な平面で関数 $f(x, y)$ の曲面を切断した断面（$x$ 方向の切断面）を考えたとき，この切断面の曲線に関する接線の傾きは関数 $f(x, y)$ の $x$ 方向の変化率となり

$$\frac{\partial f}{\partial x} = \lim_{\Delta x \to 0} \frac{f(x+\Delta x, y) - f(x, y)}{\Delta x} \tag{B.2}$$

と表される。同様に，$y$ 方向の切断面に関する接線の傾き，つまり関数 $f(x, y)$ の $y$ 方向変化率は次式となる。

$$\frac{\partial f}{\partial y} = \lim_{\Delta y \to 0} \frac{f(x, y+\Delta y) - f(x, y)}{\Delta y} \tag{B.3}$$

$\partial f/\partial x$ や $\partial f/\partial y$ を偏微分係数と呼ぶ。こうした立体図形によるイメージからも明らかなように，偏微分係数 $\partial f/\partial x$ は $y$ を固定したときの関数 $f(x, y)$ の $x$ 方向変化率であり，$y$ を定数として扱ったときの関数 $f(x, y)$ の $x$ 微分によって求められる。

### B.1.3 全微分

ある関数 $f(x, y)$ が変数 $x$ と $y$ の関数であり，$x$ と $y$ が独立ではなく，媒介変数 $t$ によってつぎのように表されるときを考えてみる。

$$x = x(t), \quad y = y(t) \tag{B.4}$$

このとき $f(x, y)$ は $t$ の関数（合成関数）となるため，関数 $f(x, y)$ の $t$ に関する微分 $df/dt$ はつぎのように求められ，これを全微分係数と呼ぶ。

$$\frac{df}{dt} = \frac{\partial f}{\partial x}\frac{dx}{dt} + \frac{\partial f}{\partial y}\frac{dy}{dt} \tag{B.5}$$

$df$ は $t$ の変化量 $dt$ に対する関数 $f(x, y)$ の変化量を表しているが，$x$ および $y$ も変化 $dt$ に伴いそれぞれ $dx$ および $dy$ だけ変化する。このため，関数 $f(x, y)$ の変化量 $df$ は $x$ 方向および $y$ 方向の

それぞれの変化量 $(\partial f/\partial x)dx$ および $(\partial f/\partial y)dy$ をあわせてつぎのように表すことができる。

$$df = \frac{\partial f}{\partial x}dx + \frac{\partial f}{\partial y}dy \tag{B.6}$$

式（B.6）は全微分の公式と呼ばれる。このことは，つぎのようにして確認することもできる。

$$\begin{aligned}
df &= \lim_{\Delta x,\, \Delta y \to 0} \{f(x+\Delta x,\, y+\Delta y) - f(x,\, y)\} \\
&= \lim_{\Delta x,\, \Delta y \to 0} \frac{f(x+\Delta x,\, y+\Delta y) - f(x,\, y+\Delta y)}{\Delta x} \Delta x \\
&\quad + \lim_{\Delta x,\, \Delta y \to 0} \frac{f(x,\, y+\Delta y) - f(x,\, y)}{\Delta y} \Delta y \\
&= \frac{\partial f}{\partial x}dx + \frac{\partial f}{\partial y}dy
\end{aligned} \tag{B.7}$$

## B.2 テイラー展開

ある関数 $f(x)$ について，$x+\Delta x$ での関数の値 $f(x+\Delta x)$ は，$\Delta x$ が微小であるとき，次式で表される。

$$f(x+\Delta x) = f(x) + \Delta x \frac{df}{dx} + \frac{\Delta x^2}{2}\frac{d^2f}{dx^2} + \cdots \tag{B.8}$$

式（B.8）をテイラー展開という。図 **B.1** を用いて式（B.8）の意味を考えてみる。

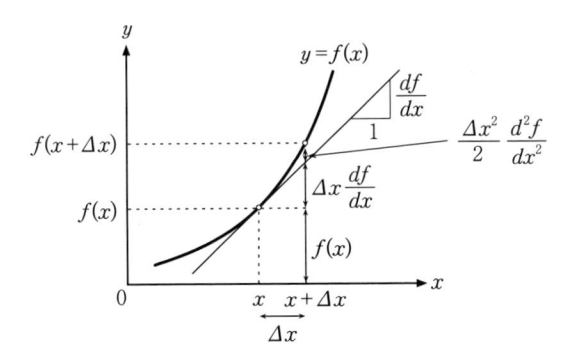

**図 B.1** テイラー展開の説明図

いま，$x$ における関数 $f(x)$ の値やその微分係数が既知であるとき，$x+\Delta x$ での関数の値 $f(x+\Delta x)$ を推定したいとする。例えば，乗り物で移動するときの位置を $x$，速度を $f(x)$ として，微小距離 $\Delta x$ だけ先の速度 $f(x+\Delta x)$ を推定する場合などがこれに相当する。また，株価のこれまでの変動から将来の株価を推定するときもこれに似ている。

$\Delta x$ が微小であるとき，$f(x+\Delta x)$ は $f(x)$ と大差はないと大雑把に考えれば

$$f(x+\Delta x) = f(x) \tag{B.9}$$

と扱うことができる。式（B.9）ではさすがに大まかすぎると判断するのであれば，$x$ での変化率 $df/dx$ を用いて直線的に近似して，$f(x)$ よりも $\Delta x(df/dx)$ だけ増加すると考え，$f(x+\Delta x)$ を次

式で推定することもできる．

$$f(x+\Delta x) = f(x) + \Delta x \frac{df}{dx} \tag{B.10}$$

さらに，$f(x)$ の変化は直線的ではなく，上に凸あるいは下に凸といった曲率を考慮したほうが正確と思えば，曲率の効果を $(\Delta x^2/2)(d^2f/dx^2)$ で評価して，つぎのように $f(x+\Delta x)$ を表すことも考えられる．

$$f(x+\Delta x) = f(x) + \Delta x \frac{df}{dx} + \frac{\Delta x^2}{2}\frac{d^2f}{dx^2} \tag{B.11}$$

このようにして近似精度を上げていったものが式（B.8）と理解できる．

## B.3 部分積分とグリーン・ガウスの定理

### B.3.1 式（2.36）の部分積分に関する説明

式（2.35）〜式（2.37）で示された部分積分について，つぎに再掲する式（2.36）を例としてその考え方を説明する．

$$\int_V v \frac{\partial u}{\partial y} dV = \int_S uv\cos(y,\boldsymbol{n})dS - \int_V u \frac{\partial v}{\partial y} dV \tag{2.36}$$

式（2.36）の体積積分において，$dV$ は流体塊（検査領域）$V$ の中にある任意の微小流体素分の体積とみなされる．図 **B.2** のような直交座標系では，$dx,\ dy,\ dz$ を各辺とする直方体が流体素分となる．このため

$$dV = dxdydz \tag{B.12}$$

と表記できることから，式（2.36）の左辺はつぎのように変形できる．

$$\int_V v \frac{\partial u}{\partial y} dV = \iiint v \frac{\partial u}{\partial y} dxdydz \tag{B.13}$$

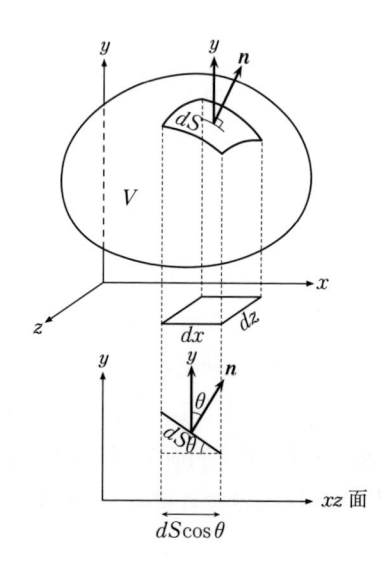

**図 B.2** 体積積分の部分積分に関する説明図

上式を部分積分すると，次式となる。

$$\int_V v\frac{\partial u}{\partial y}dV = \iint \underbrace{uvdxdz}_{xz\text{平面への微小面}dS\text{の投影面積}=dS\cos\theta=dS\cos(y,\,\boldsymbol{n})} - \iiint u\frac{\partial v}{\partial y}dxdydz \tag{B.14}$$

式 (B.14) の右辺第1項の $dxdz$ は，図 B.2 からもわかるように，微小面 $dS$ を $xz$ 平面に投影した部分の面積に相当しているため

$$dxdz = dS\cos\theta \tag{B.15}$$

と表される。ここに，$\theta$ は $y$ 方向と面 $dS$ の法線ベクトル $\boldsymbol{n}$ とのなす角であり，一般に $\cos\theta$ は方向余弦 $\cos(y,\,\boldsymbol{n})$ と表記される。以上より，式 (B.14) は式 (2.36) で表されることになる。

### B.3.2 グリーン・ガウスの定理

一つの閉曲面 $S$ で囲まれた体積 $V$ の領域を考える。この領域内において，$x,\,y,\,z$ の関数 $P,\,Q,\,R$ およびその導関数が連続な一価関数であるとき，次式が成立する。

$$\int_V \left(\frac{\partial P}{\partial x} + \frac{\partial Q}{\partial y} + \frac{\partial R}{\partial z}\right)dV$$
$$= \int_S \{P\cos(x,\,\boldsymbol{n}) + Q\cos(y,\,\boldsymbol{n}) + R\cos(z,\,\boldsymbol{n})\}dS \tag{B.16}$$

式 (B.16) は体積積分と面積分との間に成り立つ数学公式であり，グリーン・ガウスの定理または単にガウスの定理と呼ばれる。

式 (B.16) において，$P=\rho uu,\,Q=\rho uv,\,R=\rho uw$ として式 (2.34) の右辺第2項に適用すれば，式 (2.38) が得られることがわかる。

## B.4 ベクトル演算子

### B.4.1 ベクトル場の発散

ベクトル $\boldsymbol{u}=(u,\,v,\,w)$ の発散（divergence）$\text{div}\,\boldsymbol{u}$ は次式で定義される。

$$\text{div}\,\boldsymbol{u} = \frac{\partial u}{\partial x} + \frac{\partial v}{\partial y} + \frac{\partial w}{\partial z} \tag{B.17}$$

上式は式 (2.18) の左辺を表しており，非圧縮性流体の場合には，上式で表される発散がゼロとなる。このことから，発散の意味を考えてみる。

簡単のために，**図 B.3** に示すような $xy$ 平面内での2次元流れの中に領域 ABCD を設け，流体は領域の各辺から流入・流出しているとする。このとき，発散は次式で表される。

$$\text{div}\,\boldsymbol{u} = \frac{\partial u}{\partial x} + \frac{\partial v}{\partial y} \tag{B.18}$$

式 (B.18) の $\partial u/\partial x$ は，流速 $u$ の $x$ 方向の空間変化率である。$u(x_1)>u(x_2)$ の場合，$\partial u/\partial x$ は負の値となり，領域 ABCD 内には流体が貯まる。領域 ABCD 内で流体質量の増減が発生しない場

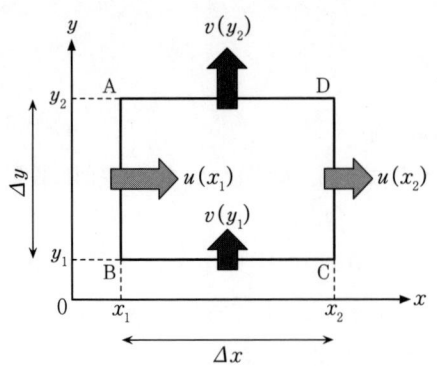

$x$ 方向の流れにより ABCD から流出する体積の割合
$$\frac{\partial u}{\partial x} = \lim_{\Delta x \to 0} \frac{u(x_2)-u(x_1)}{\Delta x} = \frac{1}{\rho} \lim_{\Delta x \to 0} \frac{\rho u(x_2)-\rho u(x_1)}{\Delta x}$$

$y$ 方向の流れにより ABCD から流出する体積の割合
$$\frac{\partial v}{\partial y} = \lim_{\Delta y \to 0} \frac{v(y_2)-v(y_1)}{\Delta y} = \frac{1}{\rho} \lim_{\Delta y \to 0} \frac{\rho v(y_2)-\rho v(y_1)}{\Delta y}$$

⇩

─ 2次元流れの連続式 ─
$$\frac{\partial u}{\partial x} + \frac{\partial v}{\partial y} = 0$$
流出率の総和＝発散（divergence）

**図 B.3** 2次元流れにおける流体の質量収支と連続式の関係

合，こうした $x$ 方向の流れで増加した流体は $y$ 方向の収支として減少する．つまり，$v(y_1) < v(y_2)$ となる．これにより，$\partial v/\partial y$ は正の値をとり，$(\partial u/\partial x)+(\partial v/\partial y)$ はゼロとなる．質量流束 $\rho u$ や $\rho v$ の空間変化率 $\partial(\rho u)/\partial x$ や $\partial(\rho v)/\partial y$ は領域からの流出率を表し，各方向の流出率の総和がゼロとなることによって，領域内での質量が保存される．

一方，水道からホースで水が入っているように，領域 ABCD 内に流体が供給される場合には，式 (B.18) はゼロとはならず，供給された流体の体積（質量）増加率に対応する．このとき，div $\boldsymbol{u}$ は正の値を示し，その体積積分は，式 (B.16) のグリーン・ガウスの定理より，外向きの流量に等しくなる．つまり，div $\boldsymbol{u}$ は湧出し流量を表す．逆に，領域 ABCD 内に排出口がある場合のように，流体が流れ出ているときには，式 (B.18) の $-$div $\boldsymbol{u}$ は吸込み流量を示す．

このように，発散 div $\boldsymbol{u}$ はある領域における流体が領域外に出て行く割合を表していると理解される．

### B.4.2 ベクトル場の回転

ベクトル $\boldsymbol{u} = (u, v, w)$ の回転 (rotation) rot $\boldsymbol{u}$ は式 (2.54) や式 (2.55) で定義され，再掲するとつぎのとおりである．

$$\boldsymbol{\omega} = \mathrm{rot}\,\boldsymbol{u} = \nabla \times \boldsymbol{u} = \begin{vmatrix} \boldsymbol{i} & \boldsymbol{j} & \boldsymbol{k} \\ \partial/\partial x & \partial/\partial y & \partial/\partial z \\ u & v & w \end{vmatrix} = (\omega_x, \omega_y, \omega_z) \tag{2.54}$$

$$\omega_x = \frac{\partial w}{\partial y} - \frac{\partial v}{\partial z},\ \omega_y = \frac{\partial u}{\partial z} - \frac{\partial w}{\partial x},\ \omega_z = \frac{\partial v}{\partial x} - \frac{\partial u}{\partial y} \tag{2.55}$$

上式の意味，すなわち回転ベクトル $\boldsymbol{\omega}$ の各成分の意味を考えるために，**図 B.4** に示すような $xy$ 平面内での2次元流れの中に置かれた水車の回転速度を求めてみる．水車の半径を $r$，回転軸は $xy$ 平面に垂直（$z$ 軸に平行）とし，簡単のために $z$ 方向の流速成分 $w$ はゼロとする．

流れが一様で $y$ 方向のみに流れ，水車の左右で流速が等しい場合には，水車は回転しない．しかし，水車の左右の流れに速度差が存在する場合には，この流速差がトルクとなって水車に作用する

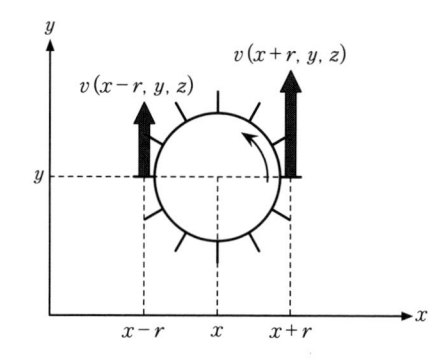

**図 B.4** 2次元流れにおけるベクトルの回転に関する説明図

ため，水車は回転する。回転運動における接線速度は半径×角速度（つまり，回転速度）で表されるため，水車の回転速度は次式から求められることになる。

$$\frac{1}{r}\{v(x+r,\ y,\ z)-v(x-r,\ y,\ z)\} \tag{B.19}$$

なお，上式では，左回り（反時計回り）の回転を正としている。水車を極限まで小さくすれば半径 $r \to 0$ と扱えるので，式（B.19）は式（B.2）の偏微分の定義より，次式となる。

$$\lim_{r \to 0}\frac{1}{r}\{v(x+r,\ y,\ z)-v(x-r,\ y,\ z)\}$$
$$=2\lim_{2r \to 0}\frac{v(x+r,\ y,\ z)-v(x-r,\ y,\ z)}{2r}=2\frac{\partial v}{\partial x} \tag{B.20}$$

$x$ 方向の流速成分による水車の上下の流速差によって水車が回転する場合には，式（B.20）と同様に，微小水車の回転速度は次式で表される。

$$\lim_{r \to 0}\frac{1}{r}\{-u(x,\ y+r,\ z)+u(x,\ y-r,\ z)\}=-2\frac{\partial u}{\partial y} \tag{B.21}$$

以上より，任意方向の流れを考えた場合には，式（B.20）と式（B.21）の和として，微小水車の回転速度は次式で表されることになる。

$$2\frac{\partial v}{\partial x}-2\frac{\partial u}{\partial y}=2\omega_z \tag{B.22}$$

これより，回転ベクトル $\boldsymbol{\omega}=\mathrm{rot}\,\boldsymbol{u}$ の $z$ 成分は $z$ 軸に平行な回転軸を持つ微小水車の回転速度の半分に一致することがわかる。3次元流れで考えた場合には，微小水車は流体粒子とみなすことができるため，回転ベクトル $\boldsymbol{\omega}=\mathrm{rot}\,\boldsymbol{u}$ の各成分は流体粒子の回転速度に対応した値になると理解できる。

## B.5 複素数の基礎

### B.5.1 虚数単位と複素数

高等学校の数学では，$i^2=-1$ を満足する $i$，すなわち

$$i=\sqrt{-1} \tag{B.23}$$

を虚数単位と定義し，実数 $x$ および $y$ を用いて

$$z = x + iy \tag{B.24}$$

と表される $z$ を複素数として扱うことを学んだ．式（B.24）において，$x$ を複素数 $z$ の実部（または，実数部分），$y$ を複素数 $z$ の虚部（または，虚数部分）と呼び

$$x = \mathrm{Re}[z],\ y = \mathrm{Im}[z] \tag{B.25}$$

と表す．

### B.5.2 複素平面

水理学だけでなく，一般的な工学の分野において，式（B.23）で定義される虚数単位の存在を議論することはほとんどない．複素数は実部と虚部で構成される一組の変数のペアを表している．こうした変数のペアを一つの変数として扱うことができるものとして複素数は有用なアイディアとなっている．

いま，**図 B.5** に示すように，実部を $x$ 軸，虚部を $y$ 軸とした平面を考えてみる．この平面を複素平面または**ガウス平面**といい，$x$ 軸を実軸，$y$ 軸を虚軸と呼ぶ．このとき，式（B.24）の複素数 $z$ は複素平面における点 P として扱われる．線分 OP の長さを $r$，線分 OP と $x$ 軸とのなす角を $\theta$ とすると

$$x = r\cos\theta,\ y = r\sin\theta \tag{B.26}$$

となるため，複素数 $z$ は次式のように表せる．

$$z = x + iy = r(\cos\theta + i\sin\theta) \tag{B.27}$$

式（B.27）を複素数 $z$ の極形式表示といい，$r$ を複素数 $z$ の絶対値，$\theta$ を複素数 $z$ の偏角と呼ぶ．

$$r = |z| = \sqrt{x^2 + y^2},\ \theta = \mathrm{Arg}\,z = \arctan\frac{y}{x} \tag{B.28}$$

特に，$0 \leq \theta < 2\pi$ または $-\pi \leq \theta < \pi$ として $\theta$ の範囲を限定したとき，これを主値と呼び，$\mathrm{Arg}\,z$ と表記する．

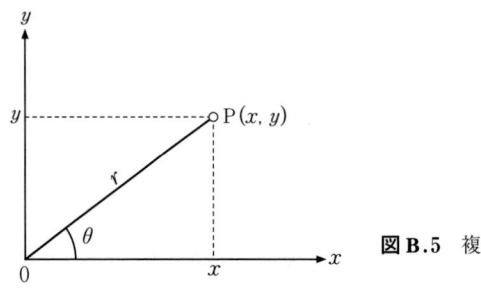

図 B.5 複素平面

### B.5.3 オイラーの公式

式（B.27）はオイラーの公式

$$e^{i\theta} = \cos\theta + i\sin\theta \tag{B.29}$$

を用いて，次式で表すことができる．

$$z = re^{i\theta} \tag{B.30}$$

オイラーの公式は，指数関数のべき級数展開

$$e^z = 1 + \frac{z}{1!} + \frac{z^2}{2!} + \frac{z^3}{3!} + \frac{z^4}{4!} + \cdots \tag{B.31}$$

において，$z = i\theta$ として得られる

$$\begin{aligned}
e^{i\theta} &= 1 + \frac{i\theta}{1!} + \frac{(i\theta)^2}{2!} + \frac{(i\theta)^3}{3!} + \frac{(i\theta)^4}{4!} + \frac{(i\theta)^5}{5!} + \cdots \\
&= \left(1 - \frac{\theta^2}{2!} + \frac{\theta^4}{4!} - \cdots\right) + i\left(\theta - \frac{\theta^3}{3!} + \frac{\theta^5}{5!} - \cdots\right)
\end{aligned} \tag{B.32}$$

に対して三角関数のべき級数展開

$$\sin\theta = \theta - \frac{\theta^3}{3!} + \frac{\theta^5}{5!} - \cdots, \quad \cos\theta = 1 - \frac{\theta^2}{2!} + \frac{\theta^4}{4!} - \cdots \tag{B.33}$$

を適用することにより得られる．

# 索　　引

## 【あ】
圧縮率　　　　　　　　　　7
圧力水頭　　　　　　　　 21
圧力方程式　　　　　　　 72
アルキメデスの原理　　　 42

## 【い】
位置水頭　　　　　　　　 20
移　流　　　　　　　　　 14

## 【う】
ウォーターハンマー　　　123
渦あり　　　　　　　　　 29
渦　度　　　　　　　　　 29
渦動粘性係数　　　　　　103
渦度ベクトル　　　　　　 29
渦なし　　　　　　　　　 29
運動学的縮尺　　　　　　169
運動学的相似　　　　　　169
運動量方程式　　　　　　 27
運動量補正係数　　　　　110
運動量保存則　　　　　　  2
運動量流束　　　　　　　101

## 【え】
枝状管路　　　　　　　　129
エネルギー勾配　　 116, 138
エネルギー散逸関数　　　111
エネルギー線　　　　54, 116
エネルギー補正係数　　　110
エネルギー保存則　　　　  2

## 【お】
オイラー
　──の運動方程式　　 25
　──の方法　　　　　  9
　──の連続式　　　　 22
オイラー表示　　　　　　  9
オリフィス　　　　　　　 59

## 【か】
ガウス平面　　　　　　　178
拡張されたベルヌーイの定理　72
カルマン定数　　　　　　105
緩勾配　　　　　　　　　159
完全流体　　　　　　　　  9
管　網　　　　　　　　　131

## 【き】
幾何学的縮尺　　　　　　169
幾何学的相似　　　　　　169
擬塑性流体　　　　　　　  8

## 【く】
喫水深　　　　　　　　　 44
キャビテーション　62, 123, 126
急勾配　　　　　　　　　159
急変流　　　　　　　　　136
共役水深　　　　　　　　153
共有結合　　　　　　　　  6

## 【く】
空洞現象　　　　　　62, 123
クエット流れ　　　　　　 94
矩形断面水路　　　　　　141

## 【け】
経済断面　　　　　　　　145
形状損失　　　　　　　　118
傾　心　　　　　　　　　 44
径　深　　　　　　　　　 88
ゲージ圧　　　　　　　　 35
限界勾配　　　　　　　　158
限界水深　　　　　　　　146
限界流　　　　　　　　　146
限界流速　　　　　　　　147
限界レイノルズ数　　　　 88
検査領域　　　　　　　　 18

## 【こ】
交代水深　　　　　　　　147
合流管路　　　　　　　　130
抗　力　　　　　　　　　 65
抗力係数　　　　　　　　 65
コーシー・リーマンの関係式　73
混合距離　　　　　　　　102

## 【さ】
差圧計　　　　　　　　　 37
差圧式マノメーター　　　 37
最小比エネルギーの原理　147
最大流量の原理　　　　　147
サイホン　　　　　　　　126
サージタンク　　　　　　123

## 【し】
シェジー係数　　　　　　122
シェジーの平均流速公式
　　　　　　　　　 122, 139
軸動力　　　　　　　　　129
次元解析　　　　　　　　168
実在流体　　　　　　　　  9
実質微分　　　　　　　　 15
実揚程　　　　　　　　　127
質量保存則　　　　　　 2, 4
質量流束　　　　　　　　 22
質量力　　　　　　　　　 24
支配断面　　　　　　　　150
射　流　　　　　　　　　136
縮　流　　　　　　　　　 59
縮流係数　　　　　　　　 60
潤　辺　　　　　　　　　 88
衝撃波　　　　　　　　　156
常　流　　　　　　　　　136
伸縮ひずみ速度　　　　　 85

## 【す】
水撃作用　　　　　　　　123
吸込み　　　　　　　　　 22
吸込み流れ　　　　　　　 78
水　車　　　　　　　　　126
水　頭　　　　　　　　　 20
水面勾配　　　　　　　　138
水理学的相似　　　　　　169
水理学的有利断面　　　　145
水理水頭　　　　　　　　 54
水路床勾配　　　　　　　138
スチームハンマー　　　　123
ストリクラー　　　　　　141

## 【せ】
静　圧　　　　　　　　　 57
静水圧　　　　　　　　　 35
　──の基礎式　　　　　 35
静水圧分布の式　　　　　 35
堰上げ背水　　　　　　　161
接近速度水頭　　　　　　 59
絶対圧　　　　　　　　　 35
遷移流　　　　　　　　　150
全水頭　　　　　　　　　 21
せん断変形速度　　　　　 85
漸変流　　　　　　　　　136
全揚程　　　　　　　　　127

## 【そ】
総　圧　　　　　　　　　 57
総合効率　　　　　　　　127
相対的静止　　　　　　　 47
総落差　　　　　　　　　126
層　流　　　　　　　　　 86
速度水頭　　　　　　　　 21
速度ポテンシャル　　　　 70
損失勾配　　　　　　　　116

## 【た】
台形断面水路　　　　　　143
体積力　　　　　　　　　 24
代表時間　　　　　　　　 88
代表速度　　　　　　　　 88
代表長さ　　　　　　　　 88

| | | |
|---|---|---|
| ダルシー・ワイズバッハの式 117 | 比　力 152 | 【め】 |
| 【ち】 | 広幅矩形断面水路 142 | 面　力 24 |
| 力のポテンシャル 24 | 広幅長方形断面水路 142 | 【ゆ】 |
| 跳　水 152 | ビンガム流体 8 | 有効落差 126 |
| 長方形断面水路 141 | 【ふ】 | 【よ】 |
| 【て】 | 負　圧 35 | 揚　水 127 |
| 定常流 3, 136 | 複合断面水路 143 | よどみ点 56 |
| テイラー展開 14 | 複素速度 76 | 【ら】 |
| 【と】 | 複素速度ポテンシャル 75 | ラグランジュの方法 9 |
| 動　圧 57 | 浮　心 43 | ラグランジュ微分 15 |
| 等価粗度係数 144 | 浮　体 43 | ラグランジュ表示 9 |
| 動水勾配 54, 116 | 浮体の安定条件式 46 | ラプラス方程式 71 |
| 動水勾配線 54, 138 | 付着条件 90 | 乱　流 86 |
| 動粘性係数 8, 85 | 不定流 136 | 【り】 |
| 等　流 136 | 不等流 136 | 力学的縮尺 169 |
| 等流水深 139, 158 | プラントル | 力学的相似 169 |
| トリチェリ | ――の仮定 105 | 理想流体 9 |
| ――の実験 37 | ――の混合距離モデル 101 | 流跡線 11 |
| ――の定理 59 | 浮　力 42 | ――の方程式 11 |
| 【な】 | フルード数 149 | 流　線 11 |
| 流れ関数 73 | フルードの相似則 170 | ――の方程式 12 |
| ナビエ・ストークス方程式 85 | 分岐管路 129 | 流速係数 60 |
| 【に】 | 分子間力 7 | 流体素分 18 |
| ニュートンの粘性法則 8 | 分子動粘性係数 103 | 流体力学的微分 15 |
| ニュートン流体 8 | 分離流線 75 | 流　量 4 |
| 【ね】 | 【へ】 | 理論水力 126 |
| 粘　性 7 | ベスの定理 147 | 【れ】 |
| 粘性係数 8 | ベナコントラクタ 60 | レイノルズ応力 101 |
| 粘性項 85 | ベランジュの定理 147 | レイノルズ数 88 |
| 粘性底層 106 | ベルヌーイの定理 21, 29 | レイノルズの相似則 170 |
| 粘性流体 9 | ベンチュリメーター 58 | レイノルズ方程式 101 |
| 【は】 | 【ほ】 | レイリーの方法 168 |
| ハーゲン・ポアズイユ流れ 97 | ポアソン方程式 73 | 連続式 5 |
| パスカルの原理 37 | ポテンシャル流れ 70 | 【ろ】 |
| 発　散 22 | 【ま】 | ローマ水道 4 |
| バッファー層 107 | 摩擦速度 105 | 【わ】 |
| ハーディ・クロス法 131 | 摩擦損失係数 117 | 湧出し 22 |
| 【ひ】 | 摩擦損失水頭 117 | 湧出し流れ 78 |
| 非圧縮性流体 7 | マッハ角 157 | 【英文】 |
| ピエゾ水頭 54 | マニング | control section 18 |
| 比エネルギー 146 | ――の粗度係数 122 | control volume 18 |
| 比　重 44 | ――の平均流速公式 122, 139 | divergence 22 |
| 非定常流 3, 136 | マニング・ストリクラーの式 141 | Mariotte's bottle 79 |
| ピトー管 56 | マノメーター 36 | |
| 非ニュートン流体 8 | マリオット瓶 79 | |
| | 【み】 | |
| | 水動力 129 | |
| | 水粒子 9 | |

―――― 著者略歴 ――――

**篠田　成郎**（しのだ　せいろう）
- 1982 年　岐阜大学工学部土木工学科卒業
- 1984 年　岐阜大学大学院工学研究科修士課程修了
　　　　　（土木工学専攻）
- 1986 年　京都大学大学院工学研究科博士後期課程
　　　　　中退（土木工学専攻）
- 1986 年　岐阜大学助手
- 1993 年　博士（工学）（京都大学）
- 1994 年　岐阜大学助教授
- 1995 年　米国コーネル大学客員研究員
- 2003 年　岐阜大学教授
　　　　　現在に至る

**藤田　一郎**（ふじた　いちろう）
- 1977 年　神戸大学工学部土木工学科卒業
- 1979 年　神戸大学大学院工学研究科修士課程修了
　　　　　（土木工学専攻）
- 1979 年　神戸大学助手
- 1990 年　学術博士（神戸大学）
- 1990 年　岐阜大学助教授
- 1995 年　米国アイオワ大学水理研究所客員助教授
　〜96 年
- 1999 年　神戸大学助教授
- 2003 年　神戸大学教授
- 2020 年　神戸大学名誉教授
- 2020 年　一般財団法人建設工学研究所理事
　　　　　現在に至る

**児島　利治**（こじま　としはる）
- 1993 年　岐阜大学工学部土木工学科卒業
- 1995 年　岐阜大学大学院工学研究科修士課程修了
　　　　　（土木工学専攻）
- 1998 年　京都大学大学院工学研究科博士後期課程
　　　　　修了（土木工学専攻）
　　　　　博士（工学）
- 1998 年　株式会社パスコ勤務
- 2002 年　京都大学助手
- 2004 年　岐阜大学助教授
- 2007 年　岐阜大学准教授
　　　　　現在に至る

**寶　　馨**（たから　かおる）
- 1979 年　京都大学工学部土木工学科卒業
- 1981 年　京都大学大学院工学研究科修士課程修了
　　　　　（土木工学専攻）
- 1981 年　京都大学助手
- 1990 年　工学博士（京都大学）
- 1990 年　岐阜大学助教授
- 1992 年　米国コーネル大学客員研究員
　〜93 年
- 1994 年　京都大学助教授
- 1998 年　京都大学教授
- 2022 年　京都大学名誉教授

## 事例・演習でよくわかる水理学
― 基本をイメージして理解しよう ―
Comprehensible Hydraulics through Examples and Exercises
− Let's Build up Fundamental Ideas by Imaging −

　　　　　　　　　　　　　　　Ⓒ Shinoda, Fujita, Kojima, Takara　2015

2015 年 10 月 13 日　初版第 1 刷発行　　　　　★
2023 年 1 月 15 日　初版第 3 刷発行

| 検印省略 | 著　者 | 篠　田　成　郎 |
| | | 藤　田　一　郎 |
| | | 児　島　利　治 |
| | | 寶　　　　　馨 |
| | 発行者 | 株式会社　コロナ社 |
| | | 代表者　牛来真也 |
| | 印刷所 | 萩原印刷株式会社 |
| | 製本所 | 有限会社　愛千製本所 |

112-0011　東京都文京区千石 4-46-10
発行所　株式会社　コロナ社
CORONA PUBLISHING CO., LTD.
Tokyo Japan
振替 00140-8-14844・電話(03)3941-3131(代)
ホームページ https://www.coronasha.co.jp

ISBN 978-4-339-05246-6　C3051　Printed in Japan　　　　　（鈴木）

〈出版者著作権管理機構　委託出版物〉
本書の無断複製は著作権法上での例外を除き禁じられています。複製される場合は、そのつど事前に、出版者著作権管理機構（電話 03-5244-5088, FAX 03-5244-5089, e-mail: info@jcopy.or.jp）の許諾を得てください。

本書のコピー、スキャン、デジタル化等の無断複製・転載は著作権法上での例外を除き禁じられています。購入者以外の第三者による本書の電子データ化及び電子書籍化は、いかなる場合も認めていません。
落丁・乱丁はお取替えいたします。